Study on Dynamic Mechanical Properties of Concrete

混凝土动态力学特性研究

宁英杰　夏新华　陈徐东　白丽辉　等　编著

人民交通出版社股份有限公司
北　京

内 容 提 要

地震、爆炸、车船撞击等冲击动载作用下,混凝土材料与结构的动力学性能、失效模式以及破坏机理等问题,一直是混凝土结构安全评价的重点和难点之一。混凝土本身的安全直接影响混凝土构件的安全和耐久性。本书依托桥梁立柱、盖梁、防撞护栏和梁板等混凝土构件,通过理论分析、试验研究以及数值模拟相结合的方法,基于大量动态力学试验对混凝土在高应变率加载下的力学特性进行了深入全面的科学探究,研究了不同加载方式下混凝土材料的动态力学性能及损伤演化规律,揭示了不同初始损伤对混凝土高应变率力学性能的影响。

本书可供混凝土材料或结构相关研究、设计、施工技术人员和高校师生参考使用。

图书在版编目(CIP)数据

混凝土动态力学特性研究/宁英杰等编著. —北京:人民交通出版社股份有限公司, 2022.11

ISBN 978-7-114-18157-3

Ⅰ. ①混… Ⅱ. ①宁… Ⅲ. ①混凝土—力学性能—动态特性—研究 Ⅳ. ①TU528

中国版本图书馆 CIP 数据核字(2022)第 149999 号

Hunningtu Dongtai Lixue Texing Yanjiu

书 名: 混凝土动态力学特性研究

著 作 者: 宁英杰 夏新华 陈徐东 白丽辉 等

责任编辑: 黎小东

责任校对: 席少楠

责任印制: 刘高彤

出版发行: 人民交通出版社股份有限公司

地 址: (100011)北京市朝阳区安定门外外馆斜街 3 号

网 址: http://www.ccpcl.com.cn

销售电话: (010)59757973

总 经 销: 人民交通出版社股份有限公司发行部

经 销: 各地新华书店

印 刷: 北京市密东印刷有限公司

开 本: 787 × 1092 1/16

印 张: 12.25

字 数: 262 千

版 次: 2022 年 11 月 第 1 版

印 次: 2022 年 11 月 第 1 次印刷

书 号: ISBN 978-7-114-18157-3

定 价: 80.00 元

(有印刷、装订质量问题的图书,由本公司负责调换)

前言

混凝土广泛应用于各类民用、军用及工业建筑中，是土木工程领域最重要的建筑材料。实际工程运营中，混凝土结构常常会遭受到意外的动力荷载冲击作用，如地震、车船撞击以及强台风、燃气(粉尘)爆炸等等偶然荷载作用，战争和恐怖袭击中的武器侵彻、爆炸作用，再比如海上钻井平台、堤坝等常受到强大的水浪冲击作用。当混凝土承受动态荷载时，它所表现出来的力学特性与其在静载作用时的力学特性存在较大差异。结构设计时应充分考虑到动态冲击作用的不利影响，并有必要对结构进行抗动力安全性评价。因此，开展混凝土类材料的动态力学性能研究，对于确保工程结构的安全性、可靠性与耐久性，具有重要的工程价值。

混凝土结构在强动载作用下，受力特征表现为荷载强度高、应变率大并且持续时间短，因此动载会对结构造成更加严重的损伤与破坏。基于当前试验研究方法和技术手段的不断进步，混凝土的动态特性研究已成为近年来研究的热点课题。随着对混凝土动态力学特性研究的逐渐深入，学者们在试验结果中也达成某些共识。但由于试验方法和理论分析存在差异，关于试验结果的解释还存在分歧，故仍需要对此开展深入细致的研究，以促进混凝土技术的发展与推广。

基于以上背景，本书全面介绍了混凝土动态力学特性研究成果，主要分为 9 章。第 1 章为绪论，介绍了本书的研究背景和意义，总结了混凝土动态力学研究现状以及本书的主要研究内容；第 2 章改进了传统分离式霍普金森压杆技术，通过改变子弹形状和铜片对比了不同整形技术的整形结果，提出了可消除弥散效应的动态压缩试验方法；第 3 章优化了冲击层裂试验方法，通过试验与模拟结合，探究了混凝土拉伸强度的应变率效应；第 4 章针对无切口棱柱体混凝土试件开展了冲击弯曲试验，通过应力传播过程分析，提出了适用于瞬时动态分析的长梁模型；第 5 章针对混凝土开展了不同弧度加载的巴西圆盘试验，得出了接近于理想劈拉受力状态的加载条件，并借助统计学方法分析了不同加载方式下混凝土动态拉伸强度相关性；第 6 章针对混凝土开展了系统动态加载试验，获得了混凝土动态提高因子、弹性模量、临界应变在高应变率下的变化规律，建立了不同应变率下混凝土材料拉压本构关系模型；第 7 章探究了初始静动载作用对混凝土动态力学性能的影响，阐释了混凝土动态压缩强度和动态拉伸强度在初始荷载历史作用下的损伤机制；第 8 章研究了不同高温作用后混凝土动态压缩力学性能变化，建立了同时考虑应变率效应和温度效应的动态本构模型；第 9 章针对不同程度冻融损伤后的混凝土试件开展了动态压缩和拉伸试验，揭示了低温环境下混凝土的动态力学特性劣化机理。

本书的研究成果将进一步完善混凝土材料动力特性的理论知识，建立动荷载作用下混凝土内部损伤与宏观力学性能的内在关系，揭示混凝土结构损伤破坏机理和失效模式，对于促进混凝土技术在抗冲击建筑结构的应用具有重大意义。

本书由浙江交工集团股份有限公司、河海大学、浙江交工新材料有限公司和路歌交通建设集团有限公司等组织编写。参与本书具体编写的人员有：宁英杰、夏新华、陈徐东、白丽辉、陈宝铨、楼树桢、叶林杰、吴迪高、赵颖超、刘慧丽、郑俊林、葛利梅、钱萍萍、袁昊天、陈敏、石丹丹等。

本书的完成还要感谢国家自然科学基金（青年科学基金）资助项目（51509078）、江苏省自然科学基金（青年基金）资助项目（BK20150820）的支持。

鉴于编者水平有限，书中难免存在不足或错误之处，敬请广大专家、读者批评指正。

作　者

2022 年 6 月

目录

第1章

绪论

1.1 研究背景及意义

混凝土材料广泛应用于各种民用和军用建筑结构,在其使用寿命期限内会不可避免地受到动态荷载的作用。结构在动态荷载(地震、冲击等)作用下的安全评价包含三个方面的内容,即:确定动力作用(作用)、计算结构的响应(效应)和确定材料的动态性能(抗力)。国内外的现有研究项目主要针对结构的动态响应进行研究,且取得了大量的科研成果。而作为混凝土结构安全评价的其他两个关键问题,也就是作为前提的动力作用和作为评判依据的材料动态抗力的研究,由于问题的复杂性和缺乏必要的研究工具及手段而显得十分薄弱,尤其是作为混凝土结构安全评价依据的材料动态抗力问题。对于混凝土材料而言,其抗拉强度安全余量小,因此,动态拉伸强度成为至关重要的设计参数。然而,由于高应变率下混凝土拉伸试验难度大,当前现有的相关研究成果极少,还存在基础理论和试验技术等多个方面亟待进一步解决的难题。

混凝土在承受动态荷载时所表现出来的力学特性,与其在静载作用时的力学特性存在较大差异。目前,国际上普遍采用应变率来反映混凝土的动态力学行为变化规律。近几十年来,有学者对混凝土的动态力学特性进行了系统研究,在试验结果中达成了某些共识,但由于试验方法和理论分析存在差异,关于试验结果的解释还存在分歧,因此,需要对此进行深入细致的研究,以促进混凝土技术的发展推广。分离式霍普金森压杆(SHPB)试验可以实测冲击荷载下材料的应变、应力、应变率和时间的关系曲线,是当前研究混凝土材料动态力学特性的重要手段。然而,对于混凝土这类非均质材料,试验时要求压杆直径足够大,否则压杆内脉冲传播时会造成严重的高频振荡现象和弥散效应问题,从而影响试验结果的准确性。因此,针对不同材料种类和试件尺寸,有必要针对现有 SHPB 试验技术进行改进。

混凝土材料具有多尺度特性,在不同的尺度上表现出不同的力学特性。同时,现有研究表明,混凝土内部含有微观裂纹、孔隙和夹杂物,在外荷载作用下,这些初始微观缺陷不断地发展,形成新的裂纹和缺陷。混凝土材料的宏观力学性能与细观组成和微观缺陷息息相关。然而,当前关于混凝土材料力学性能的研究,主要集中在材料本构关系这一点上。近年来,国内外学者尤其重视对冲击爆炸等强动载作用下混凝土材料本构关系的研究,而这些研究大多将混凝土材料视为均质材料,却忽略了混凝土内部的微观缺陷和细观结构组成。

1.2　研究现状

1.2.1　脉冲整形技术研究进展

最早的分离式霍普金森压杆装置是由 Kolsky[1] 提出的,示意图如图 1-1 所示。该装置可以实测冲击荷载下材料的应变、应力、应变率和时间的关系曲线,但对于一些非均质材料(如混凝土)而言,则要求压杆直径足够大,这将影响应力脉冲在压杆中的传播特性。

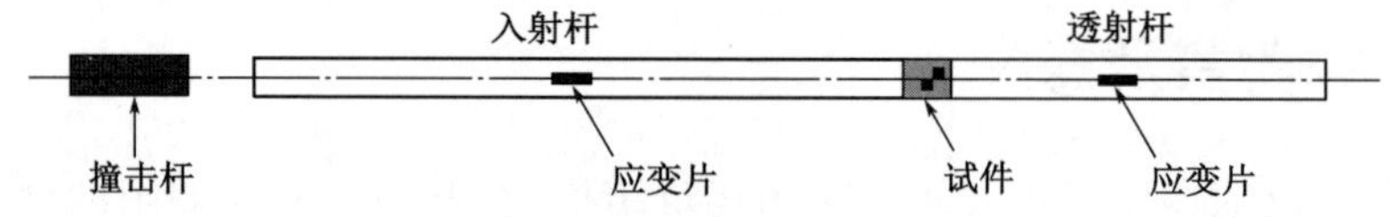

图 1-1　传统 SHPB 装置示意图

为了解决大直径压杆内脉冲传播时严重的高频振荡现象和弥散效应导致试验结果出现较大误差的这一问题,国内外学者提出很多改进技术来消除这种误差。基于 SHPB 试验,脉冲整形技术主要包括脉冲整形器的设计[2-5]、子弹截面类型[6-7]的改变以及入射杆截面的改进。

1. 脉冲整形器的改进

脉冲整形器所选用的材料需要具有良好的延展性,因此,一般选用合金[8-12]、橡胶[13]或者黄油[14]等材料,通过改进所选材料的形状或尺寸来探究其对入射脉冲的影响。Abotula1 和 Chalivendra[15] 选用 C182 和 C11000 两种合金材料,比较分析 6 种不同厚径比(t/d)的铜片整形器对入射脉冲的影响以及使试件达到应力平衡的条件。Heard 等[16]探究环形铜片整形器对大直径 SHPB 试验的整形效果,研究发现,环形整形器可以提供良好的测试条件,不仅可以实现恒定应变率加载,还能达到动态应力平衡。戴凯等[13]比较了黄油、铝片、橡胶、铜片 4 种脉冲整形器材料的整形效果,结果表明,不同的整形材料对入射脉冲的上升沿时影响不同,黄油的整形效果优于铝片,铜片的整形效果优于铝片,而橡胶材料的整形效果最佳。

另外,有研究者[17-18]设计了复合型整形器,研究发现,将塑性较好的黄铜材料叠加一个尺寸较小的硅橡胶制成组合型整形器,结果获得的入射脉冲上升沿时较长,通过调整冲击速度,同样可以实现常应变率加载。

2. 子弹类型的改进

Cloete 等[19]采用如图 1-2 所示的圆锥形截面子弹进行冲击,产生的入射脉冲上升平缓,与试件加载速率相匹配,实现了恒定应变率加载。

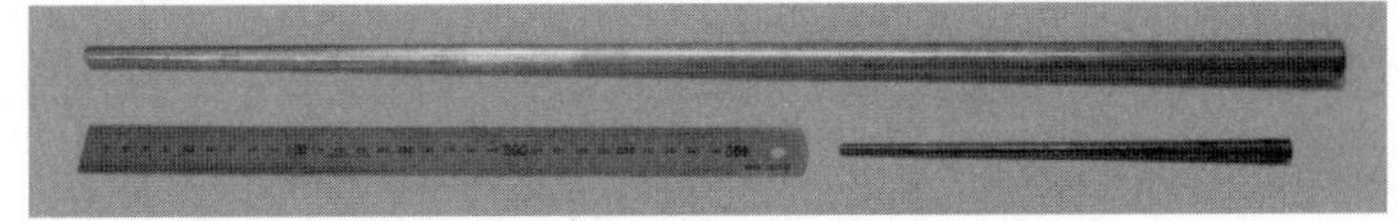

图1-2 长、短铝制不锈钢锥形子弹

王鲁明等[20]使用“圆台-圆柱-圆台”式异形炮弹代替常规的等直径圆柱形子弹,如图1-3所示。他们得到半正弦波的加载脉冲,且获得了较长的上升沿时。

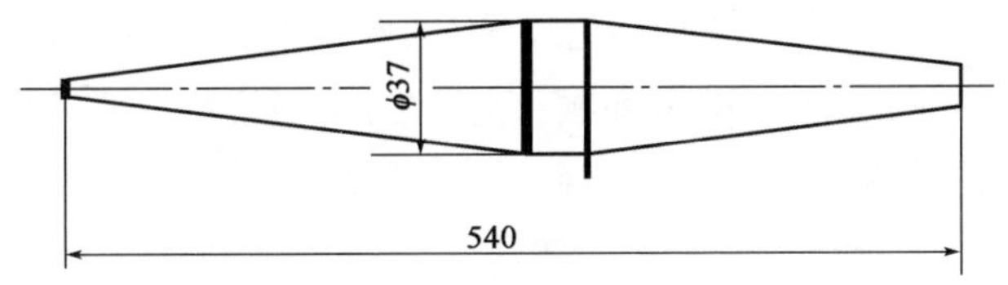

图1-3 异形炮弹示意图(尺寸单位:mm)

Li等和Zhou等[21-24]为解决常规SHPB试验加载过程中出现的脉冲弥散效应、脉冲振荡、应力不平衡以及应变率变化大等几个关键问题,提出了半正弦波的加载方式并采用纺锤形子弹进行冲击。图1-4给出了不同杆径的纺锤形子弹系列。试验结果表明,使用这种子弹确实能有效解决上述问题,但难点是子弹的设计与制造需要满足特定的加载应力条件。

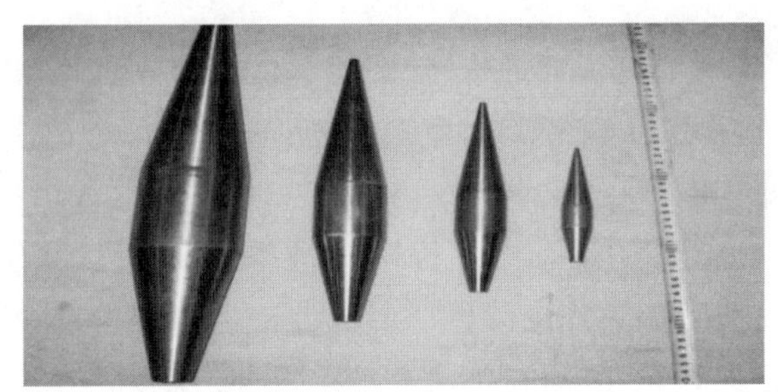

图1-4 不同杆径的纺锤形子弹系列

3. 入射杆截面的改进

刘孝敏等[25]将ϕ37mm等直径的SHPB装置改造为直锥变截面试验装置,而其中直锥变截面入射杆的设计尺寸是关键。研究发现,当输入矩形脉冲时,透射波的峰值仅仅与压杆大端与小端的直径比有关。过渡段的长度对脉冲前部分的影响很明显,且长度越小,高频振荡现象越严重。故增加过渡段的长度,可以有效改善应力分布的均匀性。另外,还有一些学者基于有限元软件[26-32]进行数值模拟,探究不同的脉冲整形效果。例如,周子龙等[33]运用有限元软件LS-DYNA输入改进的半正弦脉冲和传统矩形脉冲,并且考虑入射杆直径的影响,探讨压杆中的脉冲弥散效应。研究发现,当输入矩形波时,入射脉冲的弥散效应比较大,且随着杆径的增大而增大,P-C振荡加强。而当输入半正弦波时,杆径的改变对脉冲的形状以及上升沿时无太大影响,这进一步验证了半正弦波是SHPB试验的理想加载脉冲。

综上所述,研究者主要通过设计不同材料、直径、厚度的脉冲整形器,采用不同形状、长度的子弹或者改变入射杆的形状等方法对入射脉冲进行整形,尽管研究方法不尽相同,但是基本都能不同程度地改善入射脉冲。然而,却没有文献综合分析这三种方法的整形效果,本书将进行该方面的探究,详见第 2 章。

1.2.2 重复冲击作用下混凝土类材料的动态特性研究

近年来,国内外学者开始对多次冲击荷载作用下混凝土类材料的动态力学特性及损伤规律进行试验研究。李夕兵等[34]利用 ϕ75mm 的 SHPB 装置进行重复冲击下混凝土动态压缩试验,其示意图如图 1-5 所示。以单次冲击下混凝土试件发生破坏时临界入射能的 75% 能量水平进行重复冲击试验,并采用 Weibull 分布模型计算其损伤特性。研究发现,适当的冲击可使混凝土变得密实;随着冲击次数的增加,混凝土结构遭到破坏,形成大量裂纹,这些裂纹逐渐扩大并贯穿,使混凝土的力学性能出现劣化,变形能力及抗压强度降低,直至最终失效。

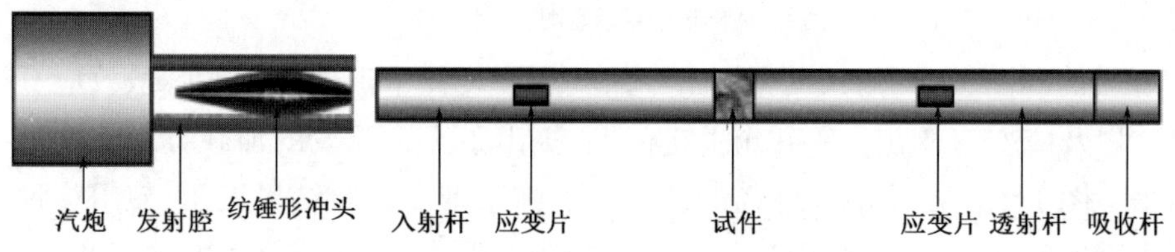

图 1-5　SHPB 试验装置示意图

Lai 和 Sun[35]探究了重复冲击荷载对超高性能水泥基材料(UHPCC)的动态损伤以及应力-应变关系的影响,认为随着冲击次数的增加,UHPCC 的峰值应力、弹性模量降低,而应变率、动态损伤及峰值应变却逐渐提高。Wang 等[36-37]探究了重复冲击荷载作用下不同体积掺量的超短钢纤维混凝土(SFRC)的动态力学特性,认为随着冲击次数的增加,SFRC 的韧性和延性均有相应的提高,而动态压缩强度降低,损伤增加。与素混凝土相比,SFRC 的强度衰减小,损伤累积过程缓慢,总体而言,钢纤维混凝土的抵抗冲击能力大大提高。朱晶晶等[38]探究了多次冲击荷载作用下砂岩的动态力学特性,认为随着冲击次数的增加,试件的屈服应变增大,而屈服应力和弹性模量减小。Lai 等[39]利用大直径 SHPB 试验装置研究活性粉末混凝土(RPC)在重复冲击荷载作用下的动态力学特性,他们利用超声波法测试不同冲击次数后 RPC 的损伤情况,同时利用 LS-DYNA 有限元软件和 HJC 本构模型进行数值模拟,模拟结果与试验值吻合得比较好。梁磊等[40]对包裹有芳纶纤维布的混凝土进行重复冲击试验,并对每次冲击前后试件内部的损伤情况进行无损检测,结果表明,在应变率保持不变的情况下,随着冲击次数的增加,动态峰值应力基本保持不变,而峰值应变增加,应力-应变曲线上升段的弹性模量减小,损伤增大,且损伤因子与冲击次数呈线性关系。

综上所述,尽管试验方案、研究对象以及计算方法存在差异,文献中呈现出的试验结论却基本保持一致,即随着冲击次数的增加,混凝土类材料的动态强度降低,而峰值应变和累积损伤均相应地增加。有的研究学者还讨论了材料的应变率、韧性、脆性以及应力-应变曲线上升段的弹性模量等变化特征。

但是,这里需要指出的是,上述文献中累积损伤 D 的计算方法有所不同。李夕兵等[34]和朱晶晶等[38]认为材料的 D 服从 Weibull 分布,其表达式为:

$$D = \int_0^F P(y)\,\mathrm{d}y = 1 - \exp\left[-\left(\frac{F}{F_0}\right)^m\right] \tag{1-1}$$

经过化简和推理得:

$$D = 1 - \exp\left[-\frac{1}{m}\left(\frac{\varepsilon}{\varepsilon_m}\right)^m\right] \tag{1-2}$$

式中:m、F_0——拟合参数[41]。

通过计算可以获得试件的损伤-应变曲线。

Lai 等[35,39]和梁磊等[40]利用超声波法测试每次试件冲击后的速度情况,将损伤定义为:

$$D = 1 - \frac{E_n}{E_0} = 1 - \frac{V_n^2}{V_0^2} \tag{1-3}$$

式中:E_0——初始弹性模量;

V_0——超声波速度;

E_n——经过第 n 次冲击后的弹性模量;

V_n——经过第 n 次冲击后的超声波速度。

Wang 等[37]通过计算应力-应变曲线上升段的弹性模量来计算损伤,计算公式为:

$$D = 1 - \frac{E_n}{E_1'} \tag{1-4}$$

式中:E_1'——经过第 1 次冲击后的弹性模量。

对以上文献中关于损伤的试验结果进行整理归纳,如图 1-6(a)、(b)所示。由图 1-6 可知,损伤相应于冲击次数或者应变是一个累积增加的过程。两者所不同的是,损伤随着应变增加是一个连续过程,而对于图 1-6(a),只能获得每次冲击后的损伤,是一个阶段性的损伤情况。因此,采用 Weibull 分布统计模型来计算损伤更加准确合理。

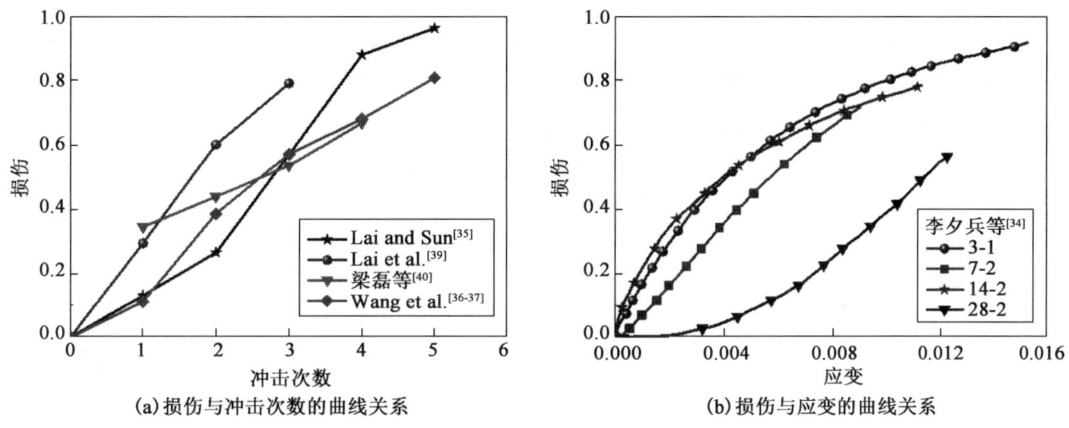

图 1-6 损伤与冲击次数及应变的曲线关系

以上文献涉及的研究对象分别为 SFRC、RPC、UHPCC 以及砂岩等,而对于普通素混凝土的相关研究则比较缺乏。因此,本书利用 SHPB 装置对多次冲击荷载作用下普通素混凝土的动态力学特性和损伤规律进行试验研究,并且考虑整形技术手段,采用高径比为 2 的圆盘试件进行多次冲击压缩试验;同时,基于 Weibull 分布统计理论以及适合本书的损伤模型,计算混凝土的累积损伤并且利用 LS-DYNA 有限元软件[42-45]进行数值模拟验证,并与试验结果进行对比分析。

1.2.3 考虑初始损伤对混凝土类材料动态力学特性的影响

混凝土类材料在预先遭受某一静态或者动态荷载作用下,材料或者结构的某些力学性能(如残余刚度、强度等)会出现变化而在材料内部产生一定的损伤情况。初始荷载历史包括静态拉伸(劈拉、弯拉和轴拉)荷载历史[46-53]、静态压缩荷载历史[54-58]以及循环荷载历史[59]。除了初始荷载作用之外,不同服役条件,如高温[60-61]、冻融作用[62-65]也会对混凝土性能造成一定程度的降低。不同初始损伤的组合对混凝土类材料的动态力学性能均会产生不同的影响,因此需要对其作全面探讨。

1. 预拉静荷载的影响

Cook 和 Chindaprasirt[66]探究了持续预拉荷载对混凝土拉伸特性的影响,预加荷载水平分别为 0%、40%、60%。研究发现,持续拉伸荷载历史会降低混凝土的峰值应变和强度,而其弹性模量降低幅度不大。Cornelissen 和 Reinhardt[67]研究了预加静载对素混凝土残余强度的影响,认为预加静态拉伸荷载对混凝土拉伸或压缩的强度和刚度影响很小,而预加静态压缩荷载却显著降低混凝土的拉伸强度和刚度,且对混凝土的压缩强度和刚度没有影响。

Zheng 等[68]分别预加了 0%、40%、80% 的静载,试验结果表明,随着预加静载的增加,混凝土的动态拉伸强度会先增大后减小。周继凯等[69]采用了 MTS 动静万能试验机在不同预加静载下对湿筛混凝土进行动态弯拉特性的试验研究,初始静载水平分别为 0%、40%、80%、90%。他们认为,随着预加静载水平的增加,混凝土弯拉强度呈现出先增大后减小的趋势,并且在 80% 的初始静载时增至最大值。

Xiao 等[70]在不同应变率下施加荷载历史为 0%、45%、60%、75% 的极限拉伸强度进行了动态拉伸试验,认为混凝土的极限应变和拉伸强度随着应变率的增加而增大;同时,初始静载的存在会降低混凝土的损伤阈值和动态拉伸强度。Wu 等[71]在不同应变率下分别预加 0%、30%、50%、70%、100% 的静态拉伸荷载,试验结果表明,随着预加静载的增加,材料的动态强度先增大后减小。

Singh 等[72]对预劈拉静载下混凝土单轴压缩强度进行了试验研究,并改进了传统的巴西圆盘试验。研究表明,当预加不超过 50% 的拉伸应力时,预加静载对混凝土单轴拉伸强度的影响可忽略;但是预加超过 50% 的拉伸应力后,会大幅度地降低混凝土的单轴压缩强度。

关于初始拉伸静载下混凝土类材料的动态特性,上述不同文献的研究结果却不尽相同。为了更好地了解预加静载的影响,将部分文献数据结果汇总,如图 1-7 所示。从图中可以看出,初始静载对材料动态强度的影响比较明显;当初始静载在某一范围内时,动态强度不断增大,但是对于这个“范围”,不同的学者有不同的见解。

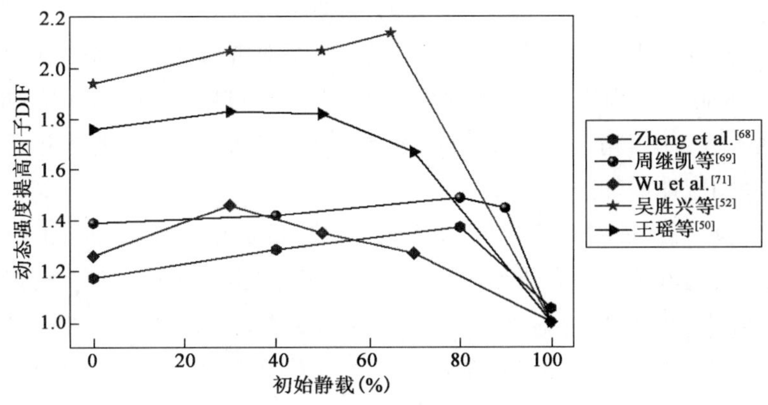

图 1-7 不同预拉静荷载对混凝土类材料动态拉伸强度的影响

2. 预压静荷载的影响

Cook 和 Chindaprasirt[73]探究了持续预压荷载对混凝土压缩特性的影响,选用尺寸为 ϕ100mm × 200mm 的圆柱体试件,分别预加 0%、40%、60% 的静载。研究发现,持续荷载历史使混凝土抗压强度少量提高,而初始弹性模量相比抗压强度却显著提高,峰值应变呈降低趋势。

Liners[74]对预加静态压缩荷载作用下混凝土的拉伸强度进行了探究,预压荷载为 50% ~ 95% 的极限压缩应力,随后进行劈裂拉伸试验。研究发现,当预压超过 40% 的压缩强度时,混凝土的拉伸强度明显降低,并且拉伸应力最大损失 50%。Gettu 等[75]探究了预加单调压缩静载对高强混凝土劈拉强度的影响,预压荷载为养护 28d 的立方体试件的 25% ~ 85% 抗压强度。研究发现,预压静载可以导致高强混凝土的劈拉强度下降 25% 左右;当预加低于 60% 的压缩荷载时,其对高强混凝土产生的损伤可以忽略不计,而超过 60% 时,损伤演化就变得异常迅速。

Yan 和 Lin[76]探究了预加静载对混凝土变形特性和动态压缩强度的影响,预加静载分别为 0%、28%、56% 和 80% 的混凝土压缩强度,同时考虑 5 组不同的应变率。试验结果表明,随着应变率的提高,单调荷载下混凝土的极限强度逐渐提高,切线模量也同时提高,而峰值应力对应的应变并没有变化太多;混凝土的极限动态强度却随着预加静态应力的提高而逐渐降低。Xiao 等[70]研究了应变率和加载历史对混凝土压缩损伤特性的影响,并且考虑不同的应变率,在同一应变率下分别施加荷载历史为 0%、30%、50%、75% 的极限压缩强度。他们认为,混凝土抗压强度与初始弹性模量随着应变率的增大而提高,极限应变降低;在同一应变率下,随着初始荷载的提高,混凝土的动态压缩强度降低,而初始切线模量是不依赖荷载历史的变化而变化的,他们将损伤定义为切线模量的降低。

肖诗云等[77]分别探究了不同荷载历史和不同应变率对混凝土的单轴动态抗压性能及损

伤特性的影响，选用尺寸为100mm×100mm×100mm的立方体受压试件，并且设计$10^{-2}s^{-1}$、$10^{-3}s^{-1}$、$10^{-4}s^{-1}$、$10^{-5}s^{-1}$四组应变率，分别预加0%、30%、50%、75%的极限抗压强度后进行单轴动态抗压试验。他们给出了一个"新"名词，即"损伤应力槛值"，文献中取5%的损伤对应的应力值为"损伤应力槛值"。试验结果表明，应变率对混凝土的动态压缩强度的影响比较显著，并随之增加而增加；在同一应变率的情况下，当不超过"损伤应力槛值"时，混凝土的动态压缩强度变化不大，而当超过这个槛值时，随着预加荷载的提高，动态压缩强度就会明显降低，同时损伤也会相应地增加。

为了更清晰地理解预加静载的影响，将上述文献中的数据结果汇总，如图1-8所示。从图中可以清楚地看出，随着预加静态压缩荷载水平的提高，混凝土的动态压缩强度逐渐降低，应变率对动态压缩强度的影响同样显著，且随着应变率的增大而提高，这反映出混凝土是一种应变率敏感性材料。但是需要注意的是，在同一应变率下，混凝土的动态压缩强度与预加压缩静载的水平在某一范围内下降的幅度有所不同。

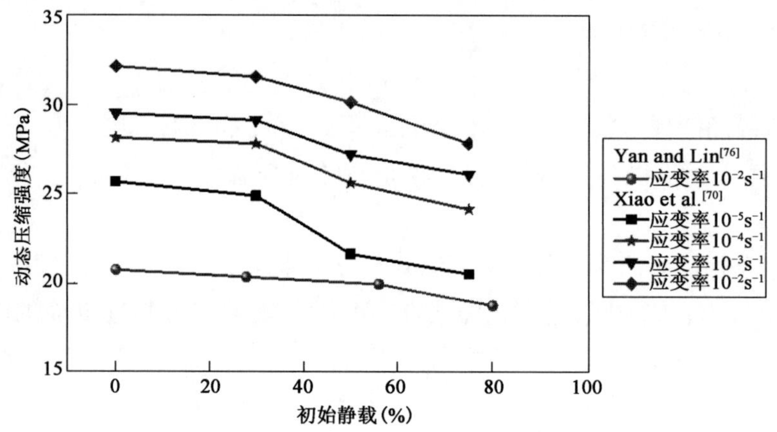

图1-8　不同应变率、不同预压静荷载对混凝土动态压缩强度的影响

对于以上初始拉伸或者压缩荷载对混凝土类材料的动态拉伸强度或者压缩强度的影响，可以从微观结构微裂缝扩展情况这一点来解释。图1-9为预压荷载引起结构内部裂缝开展对材料拉伸特性的影响示意图。从图中可以发现，开始预加压缩静荷载时，基体将会沿着骨料颗粒表面形成纵向裂缝，这会导致基体发生拉伸变形，从而使得拉伸强度下降。高压性损伤下极限拉应变显著增加也是这个原因。拉伸强度主要受横向裂缝的影响，而纵向裂缝只在压缩损伤的开始阶段才与横向裂缝共同作用，从而影响拉伸强度的大小。

另外，高、低应变率对混凝土结构破坏的影响可以用图1-10来解释。在低应变率加载时，有足够的时间允许微裂缝沿着最小阻力的路径扩展，也就是说，通过强度较差的骨料并沿着基质和骨料之间延伸。因此，断裂面主要发生在两者的结合处，如图1-10(a)所示。在高应变率加载时，微裂缝一般发展得非常迅速且沿着更短的路径扩展，于是就会穿过强度较高的界面和骨料，从而导致更多骨料的破坏，如图1-10(b)所示。材料的断裂仍然需要更多的能量和外力，因此，高应变率下的断裂特性值较高。

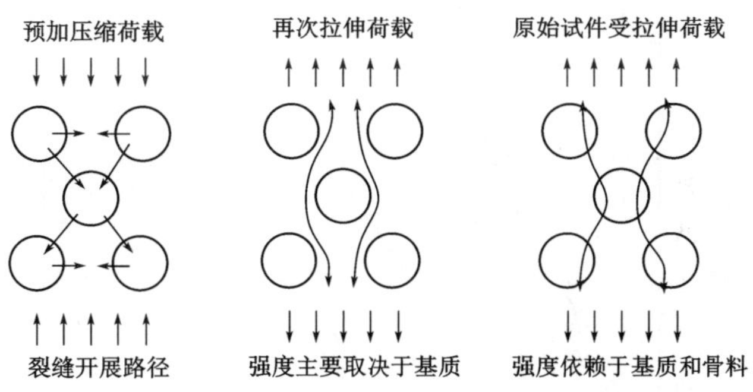

图 1-9　预压荷载引起的裂缝开展对材料拉伸特性的影响

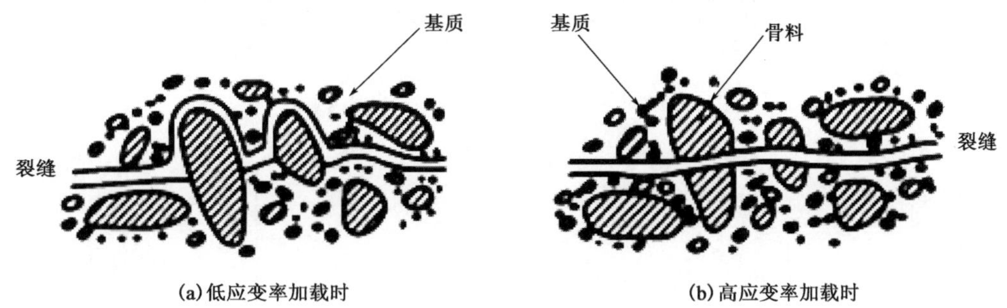

图 1-10　混凝土在不同应变率下的破坏示意图

3. 循环荷载历史的影响

Bennet 和 Muir[78]研究发现,混凝土试件在预加循环荷载情况下,其静态压缩强度要比未施加预荷载试件的强度值高出约 20%。Cook 和 Chindaprasirt[73]探究了循环荷载历史对混凝土压缩特性的影响,以控制应变率加载的方式进行加载,不断往复加载—卸载—再加载的过程,典型的循环加载序列如图 1-11 所示。研究发现,在预加循环荷载作用下,混凝土的压缩强度降低,初始弹性模量显著降低,尤其对于 60% 的预加荷载水平;同时,峰值应力对应的应变也是降低的。

Cook 和 Chindaprasirt[66]还探究了循环荷载历史对混凝土拉伸特性的影响,同样以控制应变率加载的方式进行加载,典型的循环加载序列如图 1-12 所示。研究发现,预加循环荷载对混凝土的拉伸强度没有显著的影响,而混凝土的弹性模量降低幅度也不大,但对于低强度的混凝土而言,其弹性模量显著降低。

Tinic 和 Brühwiler[79]选用尺寸为 ϕ150mm × 3000mm 的圆柱体试件,探究了高应变率下预加循环荷载对混凝土拉伸强度的影响,认为预加循环荷载产生的压缩损伤会导致混凝土拉伸强度大幅下降,在以变形控制的静态试验中,应变率对拉伸强度的影响很明显,高应变率可以提高混凝土的拉伸强度。在初始压缩应变历史的影响下,当为低应变率时,裂缝沿着骨料和浆体间的界面进行扩展、延伸;而在高应变率情况下,它们的界面变得很脆弱,从而裂缝开展的路径转变为从骨料和浆体自身穿过。

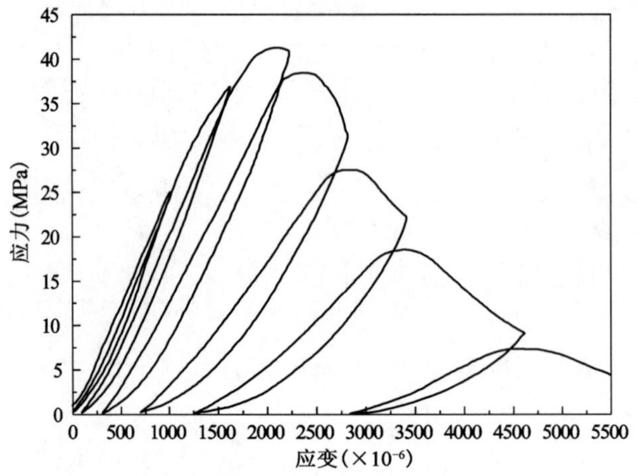

图 1-11　典型的循环加载至破坏的序列(引自文献[73])

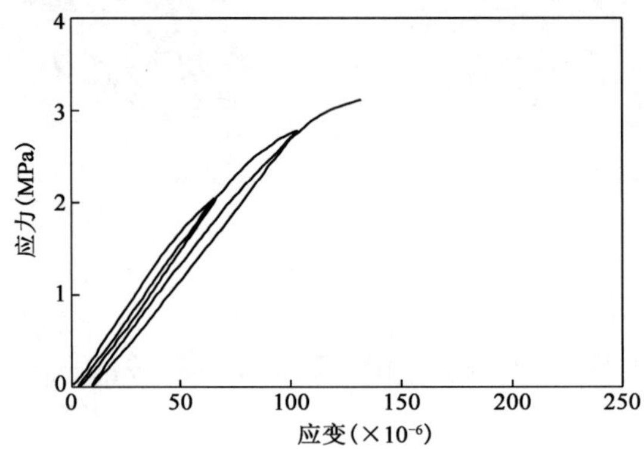

图 1-12　典型的循环加载至破坏的序列(引自文献[66])

林皋等[80]探究了预加循环荷载对混凝土断裂韧度和断裂能的影响,分别预加 60%、75%、90% 的最大劈裂荷载,并进行荷载频率为 10Hz 的高频拉伸试验。试验结果表明,预加的循环拉伸荷载对混凝土的抗裂特性有不利影响,相比预加载次数对混凝土断裂性能的影响,预加荷载幅值的影响更为显著。

Ballatore 和 Bocca[81]选用尺寸为 ϕ45.5mm × 140mm 的圆柱体试件,分别预加 0%、10%、20% 的循环荷载,探究了预加低循环荷载对混凝土压缩力学特性的影响。他们认为,低强度(10% ~20%)和短历时(循环次数 N = 7200,加载频率 F = 1Hz)的初始循环荷载明显提高了混凝土的破坏荷载,而大大降低了变形能力。Bocca 和 Crotti[82]进行了预加循环荷载作用下混凝土的静态压缩试验研究,分别预加 0%、20%、60%、80% 的循环荷载,F = 1Hz,N = 3600,混凝土试件为 ϕ60mm × 120mm 的圆柱体。他们认为,预加循环荷载可以增加混凝土的破坏应力及变形刚度,降低破坏应变,从而增加了材料的脆性。

4. 高温作用的影响

目前对高温作用后混凝土的性能研究主要集中于静态力学方面,而对高温作用后混凝土的动态力学特性研究较少。

高温作用后混凝土试件的抗压强度降低,如图 1-13(a)所示。除了混凝土的配合比、测试方式的不同之外,试件大小、应力历史等因素也会影响高温作用后混凝土的力学性能。因此,为了减少其他因素可能造成的影响,图中得到的强度数据都是无应力历史的高温作用后立方体混凝土试件的残余抗压强度。

由图 1-13(a)可知,在加热过程中,混凝土的残余抗压强度经历了下列三个阶段:

(1)室温 ~300℃时,混凝土的残余抗压强度变化不大,甚至会有小幅提高。

(2)300 ~800℃时,混凝土的抗压强度急剧减小。

(3)800℃后,混凝土基本丧失抗压强度。

高温作用后混凝土的残余劈拉强度、残余抗弯强度和残余弹性模量分别如图 1-13(b) ~(d)所示。数据的收集方式与残余抗压强度的收集方式相似。类似于上述混凝土残余抗压强度的变化特征,其残余劈拉强度、残余抗弯强度和残余弹性模量随着温度的升高而降低,但是其变化关系接近于线性。

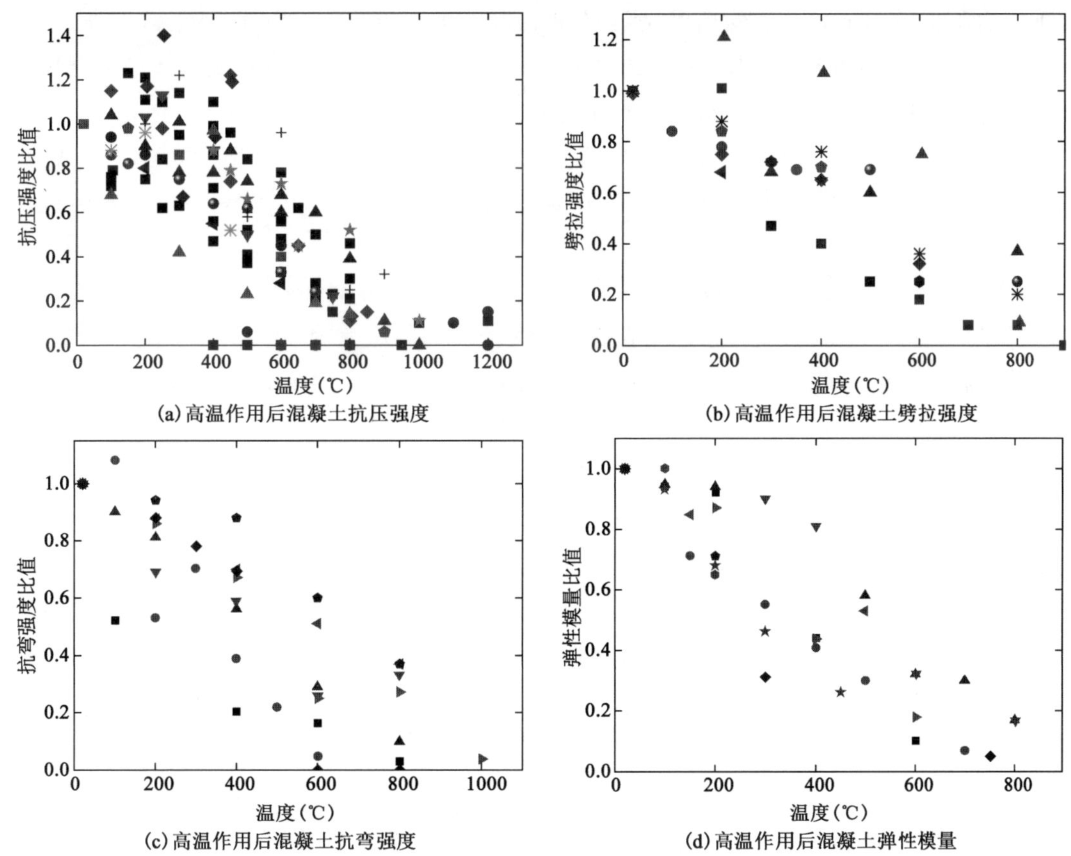

(a)高温作用后混凝土抗压强度

(b)高温作用后混凝土劈拉强度

(c)高温作用后混凝土抗弯强度

(d)高温作用后混凝土弹性模量

图 1-13　高温作用后混凝土力学性能变化[60]

目前,许多学者研究了高温作用后混凝土的应力-应变关系。人们已经发现,随着温度的升高,混凝土的应力-应变曲线变得平缓,其中的峰值应力降低且位置靠右。这些研究结果表明,随着温度的升高,混凝土应力-应变曲线中的峰值应力和弹性模量都随之降低,但是峰值应力对应的应变却增大。

5. 冻融循环作用的影响

混凝土经冻融循环作用后,不仅微观结构会发生极大的变化,其力学性能也有显著改变。因此,许多学者对混凝土受冻后的宏观性能进行了大量研究,比如动弹性模量、失重率、抗压、抗折强度等,关于混凝土冻融循环作用后以及荷载和冻融循环共同作用下的抗冻性能试验研究已经取得了一定的成果[62-65]。

在实际的工程中,混凝土结构所处的环境复杂多样,在遭受冻融循环作用的过程中,还伴随着冲击、往复荷载等作用。目前,针对冻融损伤混凝土在动态力学性能方面的研究还很少,但是对普通混凝土在这方面的研究已有不少成果。

自 1917 年 Abrams[83]对混凝土进行压缩试验时发现混凝土抗压强度存在速率敏感性后,一些学者开始对混凝土材料进行各种力学性质的动态加载试验研究。Watstein[84]采用落锤装置对强度分别为 17.4MPa 和 45.1MPa 的两种素混凝土圆柱体试件进行了应变速率从 $10^{-6}s^{-1}$ 到 $10s^{-1}$的单轴压缩试验。试验结果表明,两种混凝土的强度分别增加了 84% 和 85%。

Tedesco 等[85]利用 SHPB 装置,在 $10^{-1} \sim 10^{3}s^{-1}$的应变速率范围内对混凝土进行劈拉试验和单轴压缩试验,得到了单轴压缩条件下混凝土的应力-应变曲线。

Zheng 等[86]在扩展的 SHPB 装置上对直径为 75mm 的圆柱形试件进行动态压缩试验,研究了弹性模量和应力-应变关系,在考虑损伤延迟的基础上建立了单轴本构模型,并构造了动态破坏准则。

王祥林等[87]利用直径为 30mm 的 SHPB 装置对石棉纤维增强水泥砂浆进行冲击压缩试验,发现掺入石棉纤维能明显改善试件在高应变率下的弹性模量和韧性。

胡时胜等[88]利用改装的直锥变截面(杆径为 74mm)大尺寸 SHPB 装置对混凝土材料进行冲击压缩试验,系统研究了混凝土的应变率硬化效应;设计损伤冻结装置,通过控制套在试件外面的刚环高度来实现不同的损伤程度,对混凝土材料在冲击载荷下的损伤软化效应进行了系统研究,给出了冲击载荷下混凝土的损伤演化方程。

李夕兵、王世鸣等[89]利用大杆径 SHPB 装置进行冲击压缩试验,研究在不同冲击条件下、不同龄期混凝土(C20)的力学特性。结果表明,龄期 7d 以前,混凝土的强度和弹性模量在 50% 临界入射能的冲击下有所增加;龄期 7d 以后,无论是 75% 还是 50% 临界入射能的冲击,混凝土的强度和弹性模量都会降低。

Ross 等[90]在 SHPB 装置上对圆柱体混凝土试件进行了直接拉伸、劈拉和直接压缩试验。试件直径为 19 ~51mm,长度为 45 ~51mm。压杆的直径为 51mm 或 76mm。在拉伸试验中,试验的应变速率在 $10^{-7} \sim 20s^{-1}$之间变化。结果发现,当应变速率为 $17.8s^{-1}$时,动态提高因子(DIF)达到 6.47。

John 等[91]在 SHPB 装置上对混凝土试件进行了 6 种劈拉试验,试件高度分别为 6.4mm 和 12.7mm,直径分别为 12.7mm、25.4mm 和 50.8mm,应变速率范围从 $5\times10^{-7}s^{-1}$到 $70s^{-1}$,测

量到的 DIF 值达到 4.8。

Rossi 等[92-93]对内部含水率为 100% 和 0% 的两种混凝土在应变速率为 $10^{0}\sim10^{0.3}s^{-1}$ 和 $10^{-6}s^{-1}$ 下进行动态拉伸试验,研究了含水率对混凝土直接拉伸强度和杨氏模量的影响。对于干燥混凝土,杨氏模量降低了 4.5%;对于湿混凝土,杨氏模量提高了 26.6%。干燥混凝土所表现出的率敏感性较湿混凝土的差。

Ross 等[94]对直径为 51mm 的混凝土试件在干燥、半干和湿三种湿度条件下进行了劈拉和直接压缩试验,发现随着应变速率的增加,抗拉强度增加明显。

刘呈呈[95]利用大直径 ϕ74mm 的 SHPB 装置对冻融损伤混凝土试件进行了一维应力和三维应力状态下的不同应变率的冲击压缩试验,研究了试件在多轴荷载下和冻融循环后的动态冲击力学性能,获得了普通混凝土试件的应力-应变曲线以及带钢制套筒混凝土试件的等效应力-应变曲线。试验研究表明,在被动围压下,试件的抗破坏能力较普通混凝土试件明显增强,钢制套筒对混凝土材料起着保护作用。

1.2.4 霍普金森压杆试验数值模拟技术研究进展

随着有限元等数值计算技术的不断进步与完善,数值模拟在 SHPB 试验中的重要性逐渐受到关注。由于 SHPB 试验冲击过程的时间极短,一般技术难以获得试验过程中材料的损伤过程,而高速摄像机等设备会大大增加试验成本。然而,通过数值模拟可以很方便地掌握混凝土试件的损伤破坏过程。由此可见,数值模拟与 SHPB 试验技术的结合可以更好地分析试验过程,得到更精确的结果。

有限元方法的理论与应用发展已经十分成熟,目前用于混凝土冲击爆炸问题的数值模拟方法主要是有限单元法。国内外开发了多种大型通用有限元软件,比如 ADINA、AUTODYN、NASTRAN、MARC、ANSYS、LS-DYNA 和 ABAQUS 等。其中,大型通用有限元软件 LS-DYNA 和 ABAQUS 具有十分丰富的内置单元库和材料库,可以模拟大部分实际工程的材料和结构,对相对简单的线性分析和具有一定挑战性的非线性分析等各种问题都能得到很好的解答,由此得到广泛的应用[96]。

多位学者都进行了 SHPB 试验的数值模拟研究。1975 年,Bertholf 和 Karnes[97]首先利用二维有限差分法进行 SHPB 试验的数值模拟,在不同端面摩擦及三种长径比的条件下,分析惯性效应和端面摩擦效应对 SHPB 试验结果的影响,并发现端面摩擦会对冲击性能产生较大的影响。谭柱华等[98]利用 LS-DYNA 对 SHPB 试验进行模拟,探讨试件的高径比和端面摩擦效应对试件截面应力均匀性和材料动态屈服应力的影响,模拟结果表明,当试件高径比 λ 在 0.5~0.6 范围内且摩擦系数 μ 为 0.15 时,试验结果与模拟结果比较吻合。董钢和巫绪涛等[99]利用 LS-DYNA 软件,模拟了 ϕ74mm 变截面压杆的撞击破坏过程,分析了应力波的弥散效应特征及其对试验结果的影响。Li 等[100]运用 ABAQUS 软件模拟了圆环砂浆试件的 SHPB 冲击试验,并指出当试件的外径不变时,随着内径的减小,应变率效应更加明显。Hao 等[101]采用 AUTODYN 软件模拟 SHPB 试验,系统分析了试件尺寸端面摩擦和骨料含量对试验结果的影响。

在混凝土类材料的动态数值模拟过程中,材料模型的选取至关重要。Mohr-Coulomb 破坏准则、Drucker-Prager 破坏准则以及在其基础上发展起来的多参数破坏准则,能够较好地模拟混凝土的性能特征,由此得到了广泛的应用。大型通用有限元软件都自带有全面的混凝土模型,比如 ABAQUS 中扩展的 Drucker-Prager 模型[102],LS-DYNA 中的 HJC 模型[103]和 KCC 模型[104],AUTODYN 的 RHT 模型[105]。研究表明[106],LS-DYNA 中的 HJC 模型可以较好地描述混凝土的静动态力学特性,并在混凝土动态试验的数值模拟中得到广泛应用。

1.3 本书主要研究工作与研究方法

针对现阶段混凝土动态力学性能研究较少,影响因素复杂且研究不系统以及适用的理论分析模型缺乏的情况,本书首先对混凝土材料的动态力学性能进行试验研究,在此基础上,研究不同应变率下力学性能的基本规律以及水胶比及含水率等因素的影响规律,探讨不同加载方式下静动态抗拉力学性能的相关性,并提出动态拉压力学性能的本构预测模型。同时,对大量混凝土芯样的静动态力学性能进行试验研究,结合数理统计相关理论进行离散程度的定量分析,以期对实际工程中混凝土的动态力学性能起到一定的预测作用。本书拟展开的具体研究内容如下:

(1)基于分离式霍普金森压杆技术的混凝土脉冲整形技术。

基于 SHPB 动态冲击压缩试验,通过改变子弹的条件(形状、长度)、紫铜片的条件(厚度、直径、形状)以及合理的撞击速度,研究其整形技术。

(2)不同应变率下混凝土的动态拉压本构关系。

通过对净浆、砂浆及混凝土开展动态拉压力学性能试验,得到其应力-应变曲线、破坏模型、动态提高因子、弹性模量、临界应变在高应变率下的变化规律。基于试验现象及现有材料模型,提出考虑应变率与损伤变化的动态拉压本构模型。

(3)基于一维应力波理论的混凝土层裂试验方法与拉伸性能。

通过 SHPB 层裂试验研究混凝土的动态拉伸强度,指出现有试验方法的不足并提出相应的改进意见。通过试验探讨加载率对拉伸强度的影响,并结合试件破坏的断裂面形状,分析混凝土拉伸强度的应变率效应,并与 LS-DYNA 模拟的结果进行比较分析。根据现有模型和试件内的应力波对试验过程中损伤演化的影响给出定量分析。

(4)混凝土动态三点弯拉力学性能。

对无切口的棱柱体试件进行冲击弯曲试验。分析试件中的应力传播过程,针对其应力不平衡现象,提出新的合理的模型(即长梁模型)并进行试验过程的瞬时动态分析。根据模型的计算结果,实现脉冲平移过程中入射波时间和反射波时间的一一对应,由此计算弯拉强度,并对弯拉强度提高因子进行模型拟合。对试验过程进行有限元模拟,验证长梁模型的合理性。

(5)基于数值模拟的混凝土动态劈拉试验及强度分析。

基于已有的 SHPB 装置,采用 ISRM 标准圆弧和不同弧度(15°、20°和 30°)加载试验方法,对巴西圆盘混凝土开展动态劈拉试验研究。比较分析不同试验方法所得到的混凝土试件应力平衡、起裂位置和破坏形态，得出接近于理想劈拉受力状态的加载条件。对不同加载弧度所得到的劈拉强度进行单因素方差分析，探讨加载弧度对劈拉强度的影响显著程度，结合 Weibull 统计分析，得出不同加载弧度和冲击速度对劈拉强度的影响。

(6)初始荷载历史作用对混凝土动态性能的影响。

基于 SHPB 试验技术，开展不同初始预加荷载下混凝土的动态力学试验。通过引入 Weibull 分布统计模型，探究不同初始静动载历史对混凝土动态力学特性的影响。应用 LS-DYNA有限元软件模拟重复冲击作用，并研究其对混凝土动态受压特性的影响。

(7)高温作用后的混凝土动态力学性能。

基于 SHPB 技术，对不同高温作用后的混凝土进行动态轴压加载试验，从能量的角度研究混凝土的动态本构关系，同时对高温作用后混凝土的基本性质、力学特性与温度、应变率之间的关系进行研究探讨。

(8)冻融损伤后的混凝土动态力学性能。

利用 SHPB 装置对不同次数冻融循环后的混凝土开展动态压缩、劈拉和弯拉试验研究，探讨冻融损伤下混凝土的动态抗压强度、动态劈拉强度和动态断裂韧度随冻融循环次数的变化规律，并建立相应的预测模型。

本章参考文献

[1] Kolsky H. An investigation of the mechanical properties of materials at very high rates of loading [J]. Proceedings of the Physical Society: Section B,1949,62(11):676-700.

[2] Frew D J, Forrestal M J, Chen W. A split Hopkinson pressure bar technique to determine compressive stress-strain data for rock materials[J]. Experimental Mechanics,2001,41(1):40-46.

[3] Frew D J,Forrestal M J,Chen W. Pulse shaping techniques for testing brittle materials with a split Hopkinson pressure bar[J]. Experimental Mechanics,2002,42(1):93-106.

[4] Frew D J,Forrestal M J,Chen W. Pulse shaping techniques for testing elastic-plastic materials with a split Hopkinson pressure bar[J]. Experimental Mechanics,2005,45(2):186-195.

[5] Lee O S,Kim S H,Han Y H. Thickness effect of pulse shaper on dynamic stress equilibrium and dynamic deformation behavior in the polycarbonate using SHPB technique[J]. Experimental Mechanics,2006,21(1):51-60.

[6] 邓志方，黄西成，谢若泽. SHPB 实验入射波形分析[C]//中国计算力学大会 2010 (CCCM2010)暨第八届南方计算力学学术会议(SCCM8)论文集,2010:1606-1610.

[7] 邹广平，王新征，陈剑杰，等. 空心锥撞击杆对分离式霍普金森压杆入射脉冲弥散的抑制效果分析[J]. 兵工学报,2012,33(11):1346-1351.

[8] 翟毅，许金余，李为民，等. 碳纤维增强混凝土 SHPB 试验研究[C]//第十二届全国纤维混

凝土学术会议论文集,2008:95-97.

[9] 王扬卫,于晓东,王璀轶,等. 准脆性 SiCp/Al 复合材料 SHPB 试验中入射波整形技术[J]. 北京理工大学学报,2010,30(4):488-491.

[10] Vecchio K S,Jiang F. Improved pulse shaping to achieve constant strain rate and stress equilibrium in split-Hopkinson pressure bar testing[J]. Metallurgical And Materials Transactions a-Physical Metallurgy and Materials Science,2007,38(11): 2655-2665.

[11] 李为民,许金余,沈刘军,等. ϕ100mm SHPB 应力均匀及恒应变率加载试验技术研究[J]. 振动与冲击,2008,27(2):129-132.

[12] 李为民,许金余. 大直径分离式霍普金森压杆试验中的脉冲整形技术研究[J]. 兵工学报,2009(3):350-355.

[13] 戴凯,刘彤,王汝恒,等. 混凝土 SHPB 试验的脉冲整形材料研究[J]. 西南科技大学学报,2010(1):24-29.

[14] 袁璞,马芹永,张海东. 轻质泡沫混凝土 SHPB 试验与分析[J]. 振动与冲击,2014,33(17):116-119.

[15] Abotula S,Chalivendra V. Effect of aspect ratio of cylindrical pulse shapers on force equilibrium in Hopkinson pressure bar experiments[J]. Dynamic Behavior of Materials,2011,1: 453-461.

[16] Heard W F,Martin B E,Nie X,et al. Annular pulse shaping technique for large-diameter Kolsky bar experiments on concrete[J]. Experimental Mechanics,2014,54(8): 1343-1354.

[17] 柳慧鹏,刘玉祥,牛海成,等. 脆性材料 SHPB 试验方法改进探讨[J]. 建井技术,2006,27(001): 19-21.

[18] 赵习金,卢芳云,王悟,等. 入射波整形技术的试验和理论研究[J]. 高压物理学报,2004,18(3): 231-236.

[19] Cloete T J,Van Der Westhuizen A,Kok S,et al. A tapered striker pulse shaping technique for uniform strain rate dynamic compression of bovine bone[J]. EDP Sciences,2009,1: 901-907.

[20] 王鲁明,赵坚,华安增,等. 脆性材料 SHPB 实验技术的研究[J]. 岩石力学与工程学报,2003,22(11): 1798-1802.

[21] 李夕兵,宫凤强,周子龙,等. 岩石类材料 SHPB 实验中的几个关键问题[C]//第六届全国爆炸力学实验技术学术会议论文集,2010: 6-19.

[22] Li X B,Lok T S,Zhao J,et al. Oscillation elimination in the Hopkinson bar apparatus and resultant complete dynamic stress-strain curves for rocks[J]. International Journal of Rock Mechanics and Mining Sciences,2000,37(7): 1055-1060.

[23] Zhou Z,Hong L,Li Q,et al. Calibration of split Hopkinson pressure bar system with special shape striker[J]. Journal of Central South University of Technology,2011,18: 1139-1143.

[24] Li X B,Zhou Z L,Hong L,et al. Large diameter SHPB tests with a special shaped striker[J]. ISRM News Journal,2009,12: 76-79.

[25] 刘孝敏,胡时胜. 应力脉冲在变截面 SHPB 锥杆中的传播特性[J]. 爆炸与冲击,2000,20(2):110-114.

[26] 谭柱华,盖秉政,庞宝君,等. 影响 Hopkinson 压杆试验结果因素的数值模拟分析[J]. 哈尔滨工业大学学报,2007,39(3):363-366.

[27] 曹吉星,陈虬,张吉萍. 混凝土 SHPB 试验的数值模拟及应力均匀性[J]. 西南交通大学学报,2008,43(1):67-70.

[28] 杨友山,陈小伟,刘娟娟. 紫铜脉冲整形器的设计研究[J]. 价值工程,2013(2):29-32.

[29] Baranowski P,Malachowski J,Gieleta R,et al. Numerical study for determination of pulse shaping design variables in SHPB apparatus[J]. Bulletin of the Polish Academy of Sciences-Technical Sciences,2013,61(2):459-466.

[30] Lu Y B,Li Q M. Appraisal of pulse-shaping technique in split Hopkinson pressure bar tests for brittle materials[J]. International Journal of Protective Structures,2010,1(3):363-390.

[31] 罗鑫,许金余,李为民,等. 应力脉冲在 SHPB 试验中弥散效应的数值模拟与频谱分析[J]. 试验力学,2010 (4):451-456.

[32] 卢玉斌,张松燕. 脆性材料 SHPB 试验中实现近似恒应变率加载必要性的研究[J]. 西南科技大学学报,2012,27(3):47-51.

[33] 周子龙,李夕兵,赵国彦,等. 岩石类 SHPB 试验理想加载波形的三维数值分析[J]. 矿冶工程,2005,25(3):18-20.

[34] 李夕兵,王世鸣,宫凤强,等. 不同龄期混凝土多次冲击损伤特性试验研究[J]. 岩石力学与工程学报,2012,31(12):2465-2472.

[35] Lai J Z,Sun W. Dynamic damage and stress-strain relations of ultra-high performance cementitious composites subjected to repeated impact[J]. Science China Technological Sciences,2010,53(6):1520-1525.

[36] Wang Z,Tang Y,Wang J. Strength and toughness properties of steelfibre reinforced concrete under repetitive impact[J]. Magazine of Concrete Research,2011,63(11):883-891.

[37] Wang Z L,Zhu HH,Wang J G. Repeated-impact response of ultrashort steel fiber reinforced concrete[J]. Experimental Techniques,2013,37(4):6-13.

[38] 朱晶晶,李夕兵,宫凤强,等. 冲击载荷作用下砂岩的动力学特性及损伤规律[J]. 中南大学学报(自然科学版),2012,43(7):2701-2707.

[39] Lai J,Sun W,Xu S,et al. Dynamic properties of reactive powder concrete subjected to repeated impacts[J]. ACI Materials Journal,2013,110(4):463-472.

[40] 梁磊,顾强康,原璐. AFRP 约束混凝土多次冲击试验研究[J]. 振动与冲击,2013,32(5):90-95.

[41] 曹文贵,赵明华,刘成学. 基于 Weibull 分布的岩石损伤软化模型及其修正方法研究[J]. 岩石力学与工程学报,2004,23(19):3226-3231.

[42] 巫绪涛,李耀,李和平.混凝土HJC本构模型参数的研究[J].应用力学学报,2010,27(2):340-344.

[43] 常永奎,常凯,许超.对LS-DYNA中混凝土HJC模型的探讨[J].吉林建筑工程学院学报,2013,30(2):27-29.

[44] Teng T L,Chu Y A,Chang F A,et al. Development and validation of numerical model of steel fiber reinforced concrete for high-velocity impact[J]. Computational Materials Science,2008,42(1):90-99.

[45] Bao X,Li B. Residual strength of blast damaged reinforced concrete columns[J]. International Journal of Impact Engineering,2010,37(3):295-308.

[46] Zhang B,Wu K. Residual fatigue strength and stiffness of ordinary concrete under bending [J]. Cement Concrete Research,1997,27(1):115-126.

[47] Zhang B,Phillips D V,Green D R. Sustained loading effect on the fatigue life of plain concrete [J]. Magazine of Concrete Research,1998,50(3):263-278.

[48] Soroushian P,Elzafraney M. Damage effects on concrete performance and microstructure[J]. Cement and Concrete Composites,2004,26(7):853-859.

[49] Lin G,Yan D,Yuan Y. Response of concrete to dynamic elevated-amplitude cyclic tension [J]. ACI Materials Journal,2007,104(6):561-566.

[50] 王瑶,吴胜兴,沈德建,等.砂浆-花岗岩界面动态轴向拉伸力学性能试验研究[J].岩土力学,2012,33(5):1319-1326.

[51] Wu M X,Zhang C H. Influence of static pre-loading on the dynamic bending strength of concrete with particle element modeling[J]. Science China Technological Sciences,2015,58(2):284-296.

[52] 吴胜兴,王瑶,周继凯,等.水泥砂浆动态轴向拉伸本构关系试验研究[J].土木工程学报,2012,45(1):13-22.

[53] Lin G,Yan D,Yuan Y. Response of concrete to dynamic elevated-amplitude cyclic tension [J]. ACI Materials Journal,2007,104(6):561-566.

[54] Washa G W,Fluck P G. Effect of sustained loading on compressive strength and modulus of elasticity of concrete[J]. ACI Journal Proceedings. 1950,46(5):693-700.

[55] Lin G,Lu J,Wang Z,et al. Study on the reduction of tensile strength of concrete due to triaxial compressive loading history[J]. Magazine of Concrete Research,2002,54(2):113-124.

[56] Lu J,Lin G,Wang Z,et al. Reduction of compressive strength of concrete due to triaxial compressive loading history[J]. Magazine of Concrete Research,2004,56(3):139-149.

[57] Brühwiler E. Fracture of mass concrete under simulated seismic action[J]. Dam Engineering,1990,1:153-176.

[58] Lu J,Lin G,Wang Z,et al. Ultrasonic inspection of concrete subjected to triaxial compressive

loading history[J]. Magazine of Concrete Research,2006,58(3):183-192.

[59] Pons G,Ramoda S A,Maso J C. Influence of the loading history on fracture mechanics parameters of micro concrete:Effects of low-frequency cyclic loading[J]. ACI Materials Journal,1988,85(5):341-346.

[60] Ma Q,Guo R,Zhao Z,et al. Mechanical properties of concrete at high temperature—A review [J]. Construction and Building Materials,2015,93:371-383.

[61] Poon C S, Shui Z H, Lam L. Compressive behavior of fiber reinforced high-performance concrete subjected to elevated temperatures [J]. Cement and Concrete Research, 2004, 34(12):2215-2222.

[62] 张燕坤,宋玉普. 掺硅灰的陶粒混凝土强度和抗冻性试验[J]. 混凝土与水泥制品,1998(5):23-25.

[63] 严安,李启令. 高性能混凝土在荷载作用下的冻融性能及其可靠性分析[J]. 混凝土与水泥制品,2000(3):3-6.

[64] 卫军,张晓玲,赵霄龙. 混凝土结构耐久性的研究现状和发展方向[J]. 低温建筑技术,2003(2):1-4.

[65] 陈朝晖,黄河. 混凝土劣化对结构性能的影响[J]. 重庆大学学报,2003,26(2):42-46.

[66] Cook D J,Chindaprasirt P. Influence of loading history upon the tensile properties of concrete. Magazine of Concrete Research,1981,33(116):154-160.

[67] Cornelissen H A W, Reinhardt H W. Effect of static and fatigue pre-loading on residual strength and stiffness of plain concrete[J]. Fracture Control of Engineering Structures,2013:2087-2103.

[68] Zheng D, Li Q, Wang L. Rate effect of concrete strength under initial static loading[J]. Engineering Fracture Mechanics,2007,74(15):2311-2319.

[69] 周继凯,吴胜兴,苏盛,等. 小湾拱坝湿筛混凝土动态弯拉力学特性试验研究[J]. 水利学报,2010(1):73-79.

[70] Xiao S,Li H,Monteiro P J M. Influence of strain rates and load histories on the tensile damage behaviour of concrete[J]. Magazine of Concrete Research,2010,62(12):887-894.

[71] Wu S,Wang Y,Shen D,et al. Experimental study on dynamic axial tensile mechanical properties of concrete and its components[J]. ACI Materials Journal,2012,109(5):517-527.

[72] Singh M,Lakshmi V,Srivastava L P. Effect of pre-loading with tensile stress on laboratory UCS of a synthetic rock[J]. Rock Mechanics and Rock Engineering,2015,48(1):53-60.

[73] Cook D J, Chindaprasirt P. Influence of loading history upon the compressive properties of concrete[J]. Magazine of Concrete Research,1980,32(111):89-100.

[74] Liners A D. Microcracking of concrete under compression and its influence on tensile strength [J]. Materials and Structures,1987,20(2):111-116.

[75] Gettu R, Aguado A, Oliveira M O F. Damage in high-strength concrete due to monotonic and cyclic compression: A study based on splitting tensile strength[J]. ACI Materials Journal, 1996, 93(6): 519-523.

[76] Yan D, Lin G. Influence of initial static stress on the dynamic properties of concrete[J]. Cement and Concrete Composites, 2008, 30(4): 327-333.

[77] 肖诗云,张剑. 荷载历史对混凝土动态受压损伤特性影响试验研究[J]. 水利学报,2010(8): 943-952.

[78] Bennett E W, Muir S E S J. Some fatigue tests of high-strength concrete in axial compression[J]. Magazine of Concrete Research, 1967, 19(59): 113-117.

[79] Tinic C, Brühwiler E. Effect of compressive loads on the tensile strength of concrete at high strain rates[J]. International Journal of Cement Composites and Lightweight Concrete, 1985, 7(2): 103-108.

[80] 林皋,周洪涛. 循环加载历史对混凝土断裂特性影响的试验研究[J]. 水利学报,1994(5): 25-30.

[81] Ballatore E, Bocca P. Variations in the mechanical properties of concrete subjected to low cyclic loads[J]. Cement and Concrete Research, 1997, 27(3): 453-462.

[82] Bocca P, Crotti M. Variations in the mechanical properties and temperature of concrete subjected to cyclic loads, including high loads[J]. Materials and Structures, 2003, 36(1): 40-45.

[83] Abrams D A. Effect of rate of application of laod on the compressive strength of concrete[S]. West Conshohocken: ASTM International, 1917, 17: 364-377.

[84] Watstein D. Effect of straining rate on the compressive strength and elastic properties of concrete[J]. ACI Materials Journal, 1953, 49(4): 729-744.

[85] Tedesco J W, Powell J C, Ross C A, et al. A strain-rate-dependent concrete material model for ADINA[J]. Computers & Structures, 1997, 64(5-6): 1053-1067.

[86] Zheng S, Hussler-Combe U, Eibl J. New approach to strain rate sensitivity of concrete in compression[J]. Journal of Engineering Mechanics, 1999, 125(12): 1403-1410.

[87] 王祥林,王立平. 多功能 SHPB 装置及水泥石材料的动态性能研究[J]. 试验力学,1995(2): 110-119.

[88] 胡时胜,王道荣. 冲击载荷下混凝土材料的动态本构关系[J]. 爆炸与冲击,2002,22(3): 242-246.

[89] 李夕兵,王世鸣,周韬,等. 不同冲击条件下早龄期混凝土的力学特性[J]. 中国有色金属学报,2015(6): 1672-1677.

[90] Ross C A, Tedesco J W, Kuennen S T. Effects of strain rate on concrete strength[J]. ACI Materials Journal, 1995, 92(1): 37-47.

[91] John R, Antoun T, Rajendran A M. Effect of strain rate and size on tensile strength of concrete

[J]. Shock Compression of Condensed Matter-1991,1992,1994: 501-504.

[92] Rossi P, Mier J G M V, Boulay C, et al. The dynamic behaviour of concrete: influence of free water[J]. Materials and Structures, 1992, 25(9): 509-514.

[93] Rossi P, Mier J G M V, Toutlemonde F, et al. Effect of loading rate on the strength of concrete subjected to uniaxial tension[J]. Materials and Structures, 1994, 27(5): 260-264.

[94] Ross C A, Jerome D M, Tedesco J W, et al. Moisture and Strain Rate Effects on Concrete Strength[J]. ACI Materials Journal, 1996, 93(3): 293-300.

[95] 刘呈呈. 冻融循环后混凝土冲击力学性能试验研究[D]. 宁波:宁波大学,2012.

[96] 庄茁,由小川,廖建晖,等. 基于 ABAQUS 的有限元分析和应用[M]. 北京:清华大学出版社,2009:1-8.

[97] Bertholf L D, Karnes C H. Two-dimensional analysis of the split Hopkinson pressure bar system [J]. Journal of the Mechanics and Physics of Solids, 1975, 23(1): 1-19.

[98] 谭柱华,盖秉政,庞宝君,等. 影响 Hopkinson 压杆试验结果因素的数值模拟分析[J]. 哈尔滨工业大学学报,2007,39(3): 363-366.

[99] 董钢,巫绪涛,杨伯源,等. 直锥变截面 Hopkinson 压杆试验的数值模拟[J]. 合肥工业大学学报,2005,28(7): 795-798.

[100] Li Q M, Lu Y B, Meng H. Further investigation on the dynamic compressive strength enhancement of concrete-like materials based on split Hopkinson pressure bar tests. Part II: Numerical simulations[J]. International Journal of Impact Engineering, 2009, 36(12): 1335-1345.

[101] Hao H, Hao Y F, Li Z X. Numerical quantification of factors influencing high-speed impact tests of concrete material[J]. Advances in Protective Structures Research, 2012: 97-130.

[102] ABAQUS Incorporated. ABAQUS analysis user's manual[M]. Michigan, USA: ABAQUS Incorporated, 2005.

[103] Johnson H G R. A computational constitutive model for glass subjected to large strains, high strain rates and high pressures[J]. Journal of Applied Mechanics, 2011, 78(5): 051003.

[104] Malvar L J, Crawford J E, Wesevich J, et al. A plasticity concrete material model for DYNA3D [J]. International Journal of Impact Engineering, 1997, 19(9): 847-873.

[105] Riedel W, Thoma K, Hiermaier S, et al. Penetration of reinforced concrete by BETA-B-500 numerical analysis using a new macroscopic concrete model for hydrocodes[C]//Proceedings of the 9th International Symposium on the Effects of Munitions with Structures, 1999: 315-322.

[106] 李耀. 混凝土 HJC 动态本构模型的研究[D]. 合肥:合肥工业大学,2009.

第2章

基于脉冲整形技术的混凝土动态抗压试验

2.1 引言

随着 SHPB 试验技术的发展日渐成熟,该技术近年来已经被广泛应用于混凝土[1,5-7]、岩石[2,8]、陶瓷[9-11]等脆性材料的高应变率(10^2 ~$10^4 s^{-1}$)[3-4,6-9]动态力学试验研究中。但是,对于利用常规大直径 SHPB 装置进行的混凝土动态冲击压缩试验,入射脉冲的弥散效应和严重的高频振荡现象对最后结果会产生较大的误差。通常情况下,脆性材料(如混凝土、岩石等)的破坏应变相当小(为千分之几),而在高应变率冲击下,入射波上升沿时很短,试件内部还未达到应力平衡就已经破坏。这使得 SHPB 试验的有效性和结果的可靠性得不到保证[3,14]。本章针对传统 SHPB 试验技术,考虑不同长度和截面的子弹与不同形状、直径和厚度的紫铜片两种整形技术;通过比较分析这两种方法,找到整形效果最优的方法,从而保证试件内部应力平衡和近似恒定应变率变形,为以后的试验研究提供参考和依据。

2.2 试验准备及原理

2.2.1 试件准备

本章的动态冲击试验采用圆柱体混凝土试件,选用普通硅酸盐 42.5 级水泥和一级粉煤灰[12]作为胶凝材料来拌制混凝土。河砂作为细骨料,粒径分布为 0.4 ~ 2.5mm 范围内的连续级配。粗骨料为碎石,最大粒径为 10mm。水为实验室自来水。为了增加拌合物的流动性,添加质量分数为 1.0% 的聚羧酸减水剂。表 2-1 给出了配制试件混凝土所采用的配合比。

混凝土浇筑在尺寸为 150mm × 150mm × 550mm 的钢模中。浇筑过程中,先将水泥、粉煤灰、砂和碎石混合搅拌 1min。将称好的减水剂与水充分混合后加入,搅拌 3min。然后将搅拌好的混凝土浇筑在准备好的钢模内,置于低速振动台上振捣密实。浇筑完成 1h 后,用刮刀将试件表面抹平收光。覆盖养护24h后拆模，并在实验室自然养护一周。养护完成后对长方体试件进行取芯、切割、加工，将试件加工成ϕ74mm×37mm的圆柱体，磨平试件的两端面，确保成形试件的垂直度。将处理好的圆盘状试件放置于饱和的氢氧化钙溶液中，养护30d后取出准备待用。

混凝土配合比　表2-1

混凝土中各材料用量(kg/m^3)						水胶比
水	水泥	砂子	骨料	粉煤灰	减水剂	
180	380	668	1089	94	4.75	0.38

2.2.2　SHPB试验的基本原理

采用如图2-1所示的SHPB装置进行动态冲击试验，入射杆为锥形截面杆，其大、小端的直径比为2。该装置主要由氮气罐、撞击杆、入射杆、透射杆、阻尼器、DH3842动态应变仪、脉冲存储器和数据处理系统组成，波速通过红外测速仪测定。短圆柱试件的直径为74mm，高度为37mm，长径比为0.5；将其夹在压杆之间，如图2-2所示。通过调节不同的气压，撞击杆获得不同的冲击速度撞击入射杆，产生的应力波由入射杆传向试件。当应力波到达试件与入射杆端的界面时，由于两者的材料阻抗不匹配，在该界面上分别产生反射拉伸波和透射压缩两种应力波。入射波与子弹的冲击速度及其形状和材料属性有关，反射波和透射波主要取决于试件的几何形状及材料性质。在压杆中间分别粘贴单轴应变片用于记录这三个脉冲，即入射波$\varepsilon_i(t)$、反射波$\varepsilon_r(t)$和透射波$\varepsilon_t(t)$。

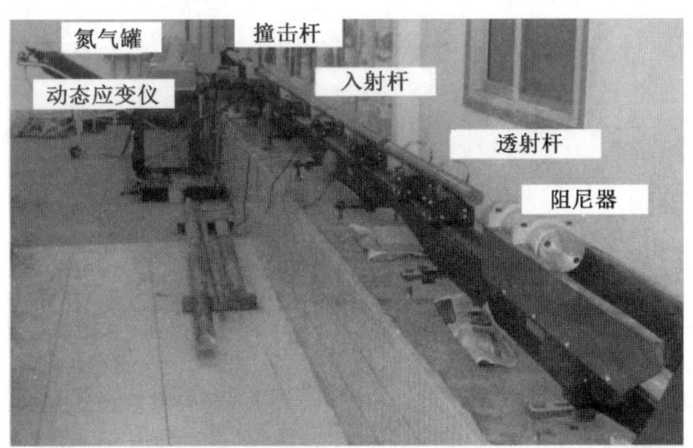

图2-1　ϕ74mm直锥变截面SHPB试验装置实物图

图2-2　混凝土试件夹在压杆之间的实物图

SHPB 试验建立两个假定的基础上之上:一维应力波传播和均匀性假定,满足条件 $\varepsilon_i(t)+\varepsilon_r(t)=\varepsilon_t(t)$。由试验获取的反射波计算得到试件的应变,由透射波计算得到试件的应力,应变率则通过应变对时间求导获得。这样试件的应变 $\varepsilon(t)$、应力 $\sigma(t)$、应变率 $\dot{\varepsilon}$ 可由“两波法”[2-4,13]公式求得:

$$\varepsilon(t) = -\frac{2C_0}{L_0}\int_0^t \varepsilon_r(t)\,dt \tag{2-1}$$

$$\sigma(t) = E\frac{A}{A_s}\varepsilon_t(t) \tag{2-2}$$

$$\dot{\varepsilon} = \frac{d\varepsilon(t)}{dt} = -\frac{2C_0}{L_0}\varepsilon_r(t) \tag{2-3}$$

式中:C_0——杆的弹性波速度;

L_0——试件初始长度;

A——压杆截面面积;

A_s——试件截面面积;

E——压杆杨氏模量。

2.2.3 脉冲整形技术

在常规的 SHPB 试验装置中,混凝土破坏应变极小,产生的脉冲上升沿时比较短,这样使得试件与入射杆的接触面在极短的时间里先达到破坏应力,从而导致整个试件破坏。由于试件内部未达到应力平衡,均匀性较差,从而影响应力-应变曲线的正确性和可靠性。

本试验中,子弹和压杆均采用刚性杆,压杆及混凝土试件的主要物理力学参数见表 2-2。

子弹、压杆及混凝土试件主要物理力学参数 表 2-2

参　数	密度(kg/m^3)	杨氏模量(GPa)	泊　松　比
子弹及压杆	7850	210	0.3
混凝土试件(ϕ74mm × 37mm)	2400	30	0.2

由公式 $C_0=\sqrt{E/\rho}$ 知,压杆中波速约为 5172.2m/s,入射波穿过试件一个来回所需的时间仅为 14.3μs。Ravichandran 等[15]得出结论:加载脉冲至少来回传播 3 次以上才能达到试件内部的应力平衡状态。那么,假设加载脉冲在试件中反射 4 个来回就能保证内部达到应力平衡,则所需的最短时间 $\Delta T=57.2\mu s$。这就要求入射脉冲上升沿时不得短于 ΔT。

而脉冲整形技术可以有效改善入射脉冲,延长脉冲上升沿时,使得试件在破坏前能有充足的时间达到应力平衡状态,减少脉冲在杆中传播弥散失真,还能过滤应力波中的高频成分,将梯形波变为三角波或半正弦波。图 2-3 为其中一种增加紫铜整形器的工况。

从图 2-3(a)知,入射脉冲是类矩形波,上升沿时很短($\Delta t=40.8\mu s$),在试件内部只够传播两个来回,试件还未达到应力平衡就可能已经破坏。由图 2-3(b)知,增加脉冲整形器之后,入射脉冲近似变为半正弦脉冲,高频振荡成分基本被过滤,上升沿时增加到 $\Delta t=218.7\mu s$,从而有充分的时间使试件达到应力平衡和恒定变形。

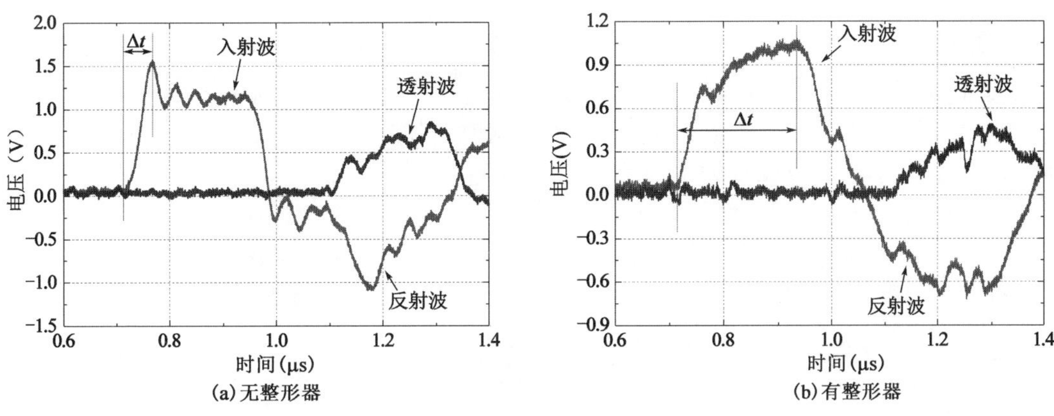

图 2-3　一种增加紫铜整形器的工况

2.3　不同子弹的整形效果

子弹的形状和尺寸直接影响入射波的脉冲。本节中采用三种类型的子弹以不同的冲击气压撞击入射杆。三种类型子弹的具体尺寸见表 2-3,三种子弹实物图及锥形子弹示意图如图 2-4所示。

三种类型子弹的尺寸　　表 2-3

短子弹	长子弹	锥形截面子弹
ϕ37mm×100mm	ϕ37mm×600mm	ϕ37mm(平直段)×600mm

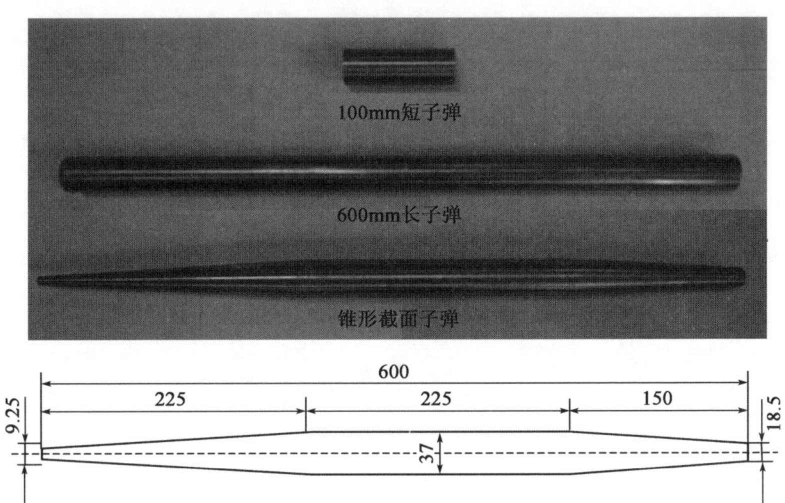

图 2-4　三种子弹实物图及锥形子弹示意图(尺寸单位:mm)

2.3.1 不同长度的子弹对入射脉冲的影响

不同长度的两种子弹在相同速度下的入射脉冲如图 2-5 所示。图 2-5(a)中,短子弹产生的入射脉冲呈“陡坡”急剧上升,不仅作用时间短,而且上升沿时更短,只有 39.6μs。图 2-5(b)中,长子弹的入射脉冲呈梯形状,作用时间延长,上升沿时增加到 61.9μs,且有振荡的平台,脉冲宽度明显大于短子弹产生的脉冲宽度,但峰值点较低。

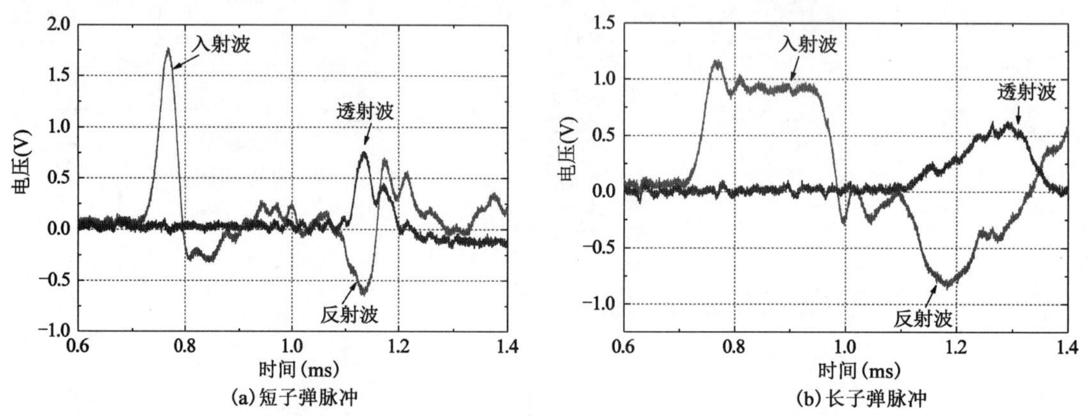

图 2-5 短子弹、长子弹对入射脉冲的影响

短子弹、长子弹的应力平衡图如图 2-6 所示。从图 2-6(a)中可以看出,短子弹产生的入射波和反射波叠加后与透射波相差很大,应力不平衡。而图 2-6(b)中入射波和反射波叠加后的曲线虽然在 142.6～201.2μs 之间与透射波有“短暂”重合,但是整体上两曲线偏离较远,说明试件过早破坏,应力尚未达到平衡,试验结果并不能反映混凝土的真实动态力学性能。

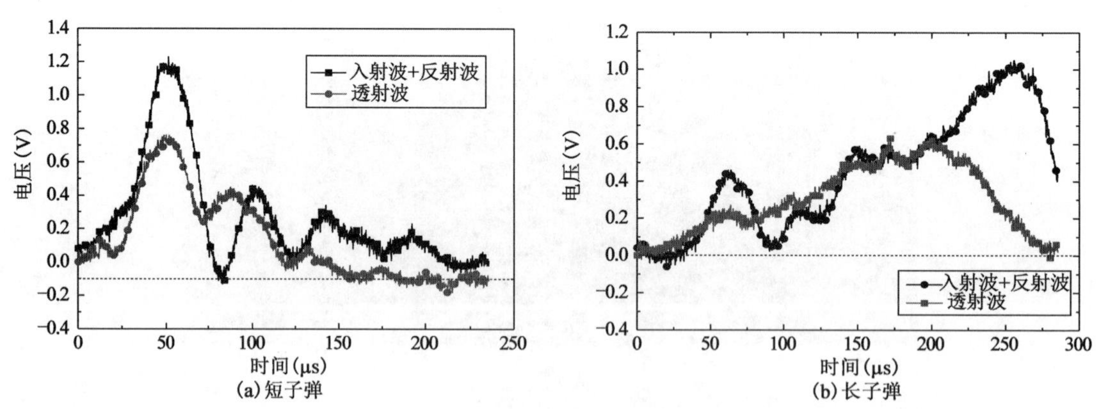

图 2-6 短子弹、长子弹的应力平衡图

图 2-7 分别为短子弹、长子弹的应力-应变曲线以及应变率-应变曲线,由图知短子弹的应力峰值为 75.9MPa,大于长子弹的应力峰值 53.6MPa。图 2-7(a)中,应变率达到第一个拐点后继续上升到峰值 220s^{-1}左右与应力-应变曲线中应力达到峰值呈“缓坡”下降相对应。图 2-7(b)中,应力达到第一个峰值点后下降到最低,这时试件内部已经破坏,由于应力脉冲不断累积,挤压

试件,使试件的应力继续增大,同时产生塑性变形,而应变率在试件破坏时就已经达到峰值 $129s^{-1}$。

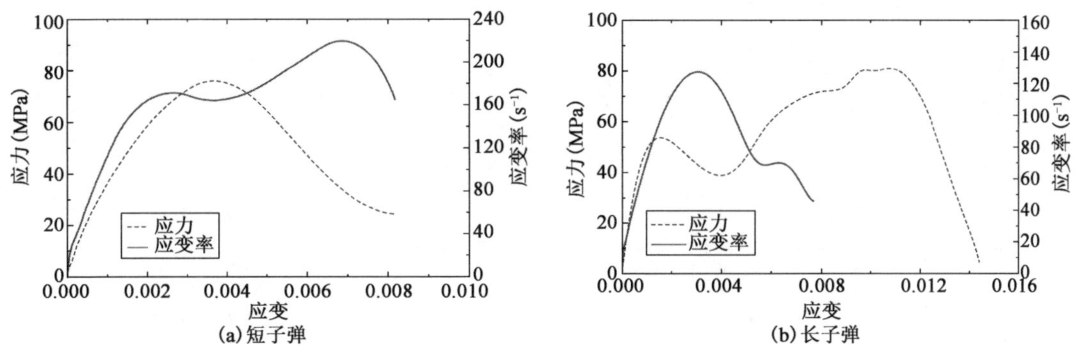

图 2-7　短子弹、长子弹的应力/应变率-应变曲线

2.3.2　不同形状的子弹对入射脉冲的影响

长子弹和锥形截面子弹长度均为 600mm,但长子弹为等圆柱体,产生的入射脉冲是加载速率很快的梯形波,缩短了试件变形的弹性段,影响试件早期变形的应力平衡,如图 2-8 所示。锥形截面子弹产生的入射波上升变得平缓,上升沿时延长,弥散效应基本消除,但是入射平台消失而变成缓慢下降的斜坡,峰值点也较低。

不同冲击速度撞击下产生的入射脉冲的形状相似,但幅值高度不同,如图 2-9 所示。子弹的冲击速度越大,峰值点越高,但是上升沿时以及应力波作用的时间基本相同。

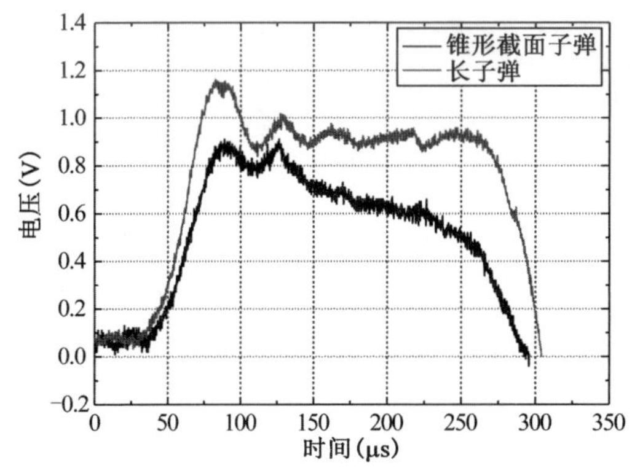

图 2-8　子弹形状对入射脉冲的影响

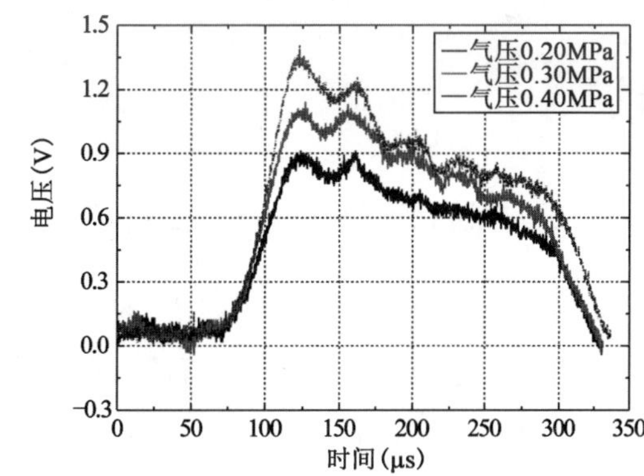

图 2-9　锥形截面子弹在不同冲击速度下的入射脉冲

图 2-10 分别为两种子弹产生的原始脉冲图,从图中可以发现,锥形截面子弹产生的反射脉冲在 52.4 ~ 76.4μs 间近似产生一个“平台”。图 2-11 为锥形截面子弹脉冲图及应力/应变率-应变曲线。在图 2-11(b)中,可以更加清楚看到一个“平台区”,这可以认为实现了恒定应变率加载,且常应变率为 $66.6s^{-1}$。

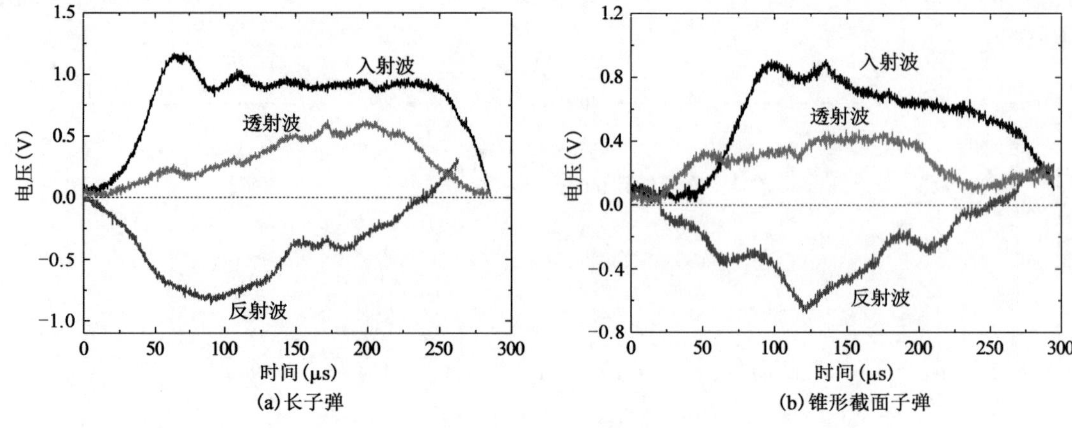

图 2-10　长子弹、锥形截面子弹的原始三波图

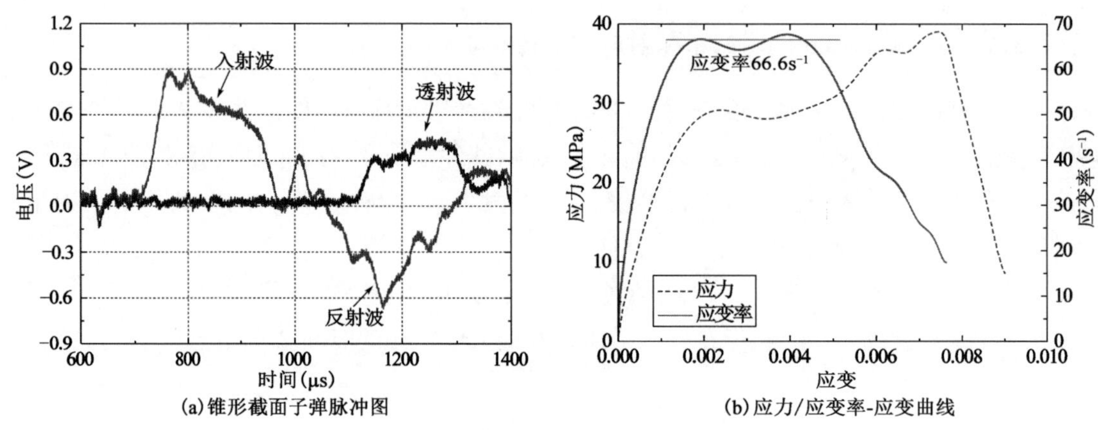

图 2-11　锥形截面子弹脉冲图及应力/应变率-应变曲线

2.4　铜片整形器的整形效果

本章选用三种紫铜片作为脉冲整形器,其物理参数及具体尺寸见表 2-4,实物如图 2-12 所示。紫铜片由于具有良好的延展性和低屈服强度,故较适合作为脉冲整形器,试验中将其粘贴在入射杆前端。当子弹撞击入射杆时,首先撞击紫铜片使其屈服,产生塑性变形,达到软化子弹撞击的效果,进而过滤试件在撞击过程中的噪声,光滑入射脉冲并消除波的高频振荡成分,延长上升沿时,减少横向惯性效应,尽可能地使试件在破坏前实现应力平衡。

三种紫铜片的主要物理参数及相关尺寸　　表 2-4

种　类	密度(kg/m^3)	杨氏模量(GPa)	泊　松　比
实心小铜片(ϕ20mm×1.0mm)	9000	120	0.35
实心大铜片(ϕ25.4mm×1.5mm)			
环形铜片(ϕ25.4mm/14.4mm×1.5mm)			

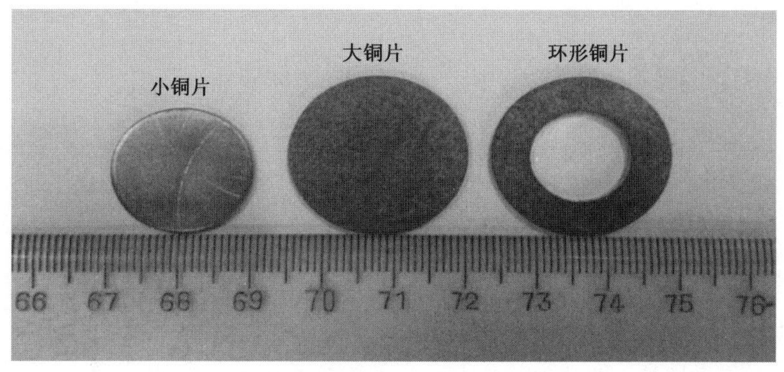

图 2-12　三种铜片的实物图及相关尺寸

2.4.1　不同厚度的铜片对入射脉冲的影响

不同厚度的铜片对入射脉冲的影响如图 2-13 所示。

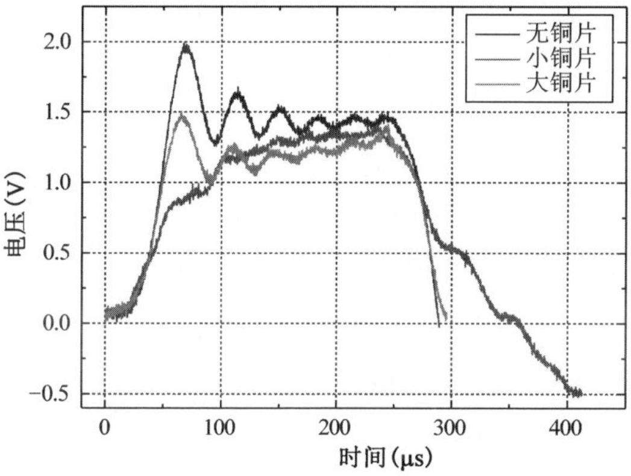

(a) 有无铜片的入射脉冲

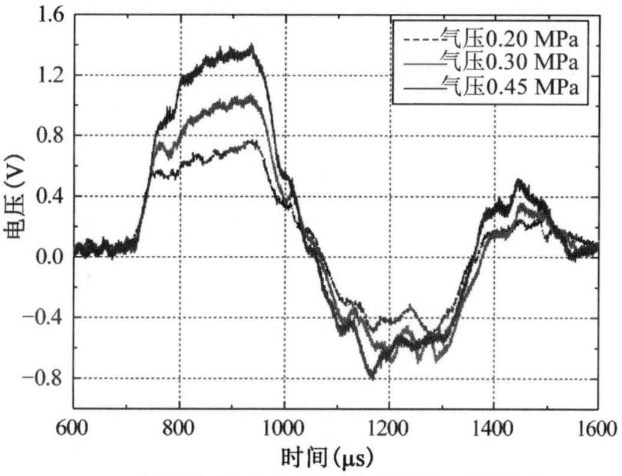

(b) 不同冲击速度下的小铜片入射脉冲

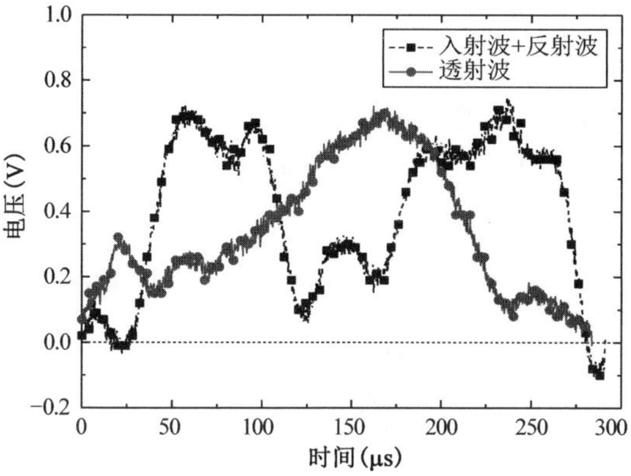

(c) 大铜片的应力平衡图

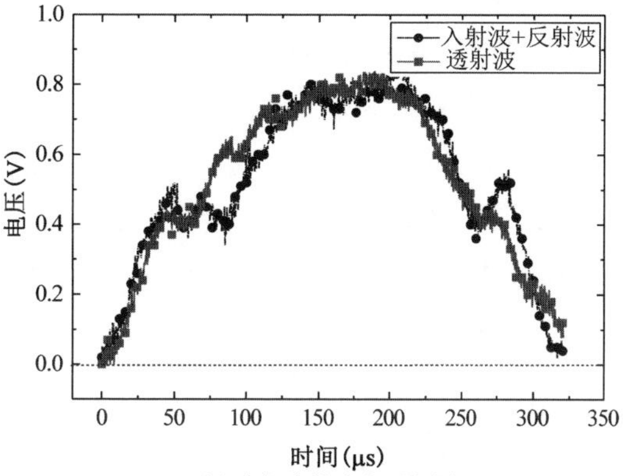

(d) 小铜片的应力平衡图

图　2-13

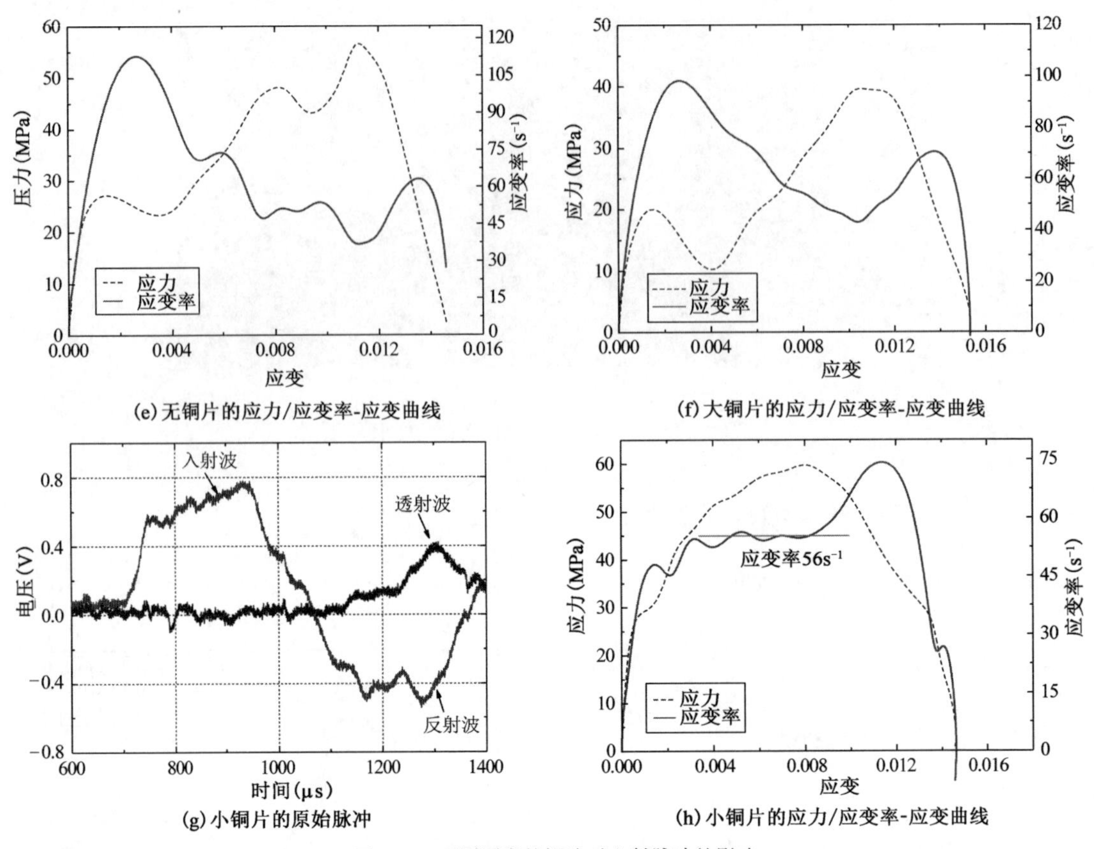

图 2-13　不同厚度的铜片对入射脉冲的影响

图 2-13(a)给出了未加紫铜片整形器时的入射脉冲,从中可以清晰地看出,上升沿时只有 60μs 左右。使用脉冲整形器后,大铜片产生的入射脉冲和未使用脉冲整形器产生的脉冲很相似,只是峰值下降 25% 左右,高频振荡的成分减少,作用时间大约延长到 300μs,上升沿时虽基本相同,但是小于试件达到内部应力平衡的最小时间,上升沿电压过冲高达 20% ,从而使得试验的准确性和可靠性很难保证。

与大铜片的整形效果相比,小铜片产生的入射脉冲沿缓坡上升,上升段曲率变大,“过冲”现象消失,脉冲变得光滑且作用时间延长到 400μs 左右,上升沿时可达 234μs,超过作用时间的 50% 。因此,小铜片整形时可以有充足的时间使试件在破坏前达到应力平衡状态。

图 2-13(b)是小铜片整形器(ϕ20mm × 1.0mm)在不同冲击速度下的入射脉冲。从图中可知,入射脉冲形状相似,冲击速度越大,峰值点越高,上升沿时和作用时间大致相同,从而可以认为冲击速度并不影响入射脉冲的上升沿时。

图 2-13(c)中反射脉冲振荡频繁,多次出现拐点,试件内部应力达不到动态平衡。图 2-13(e)、(f)中应变率曲线也并没有出现所谓“平台区”,这说明使用大铜片整形器(ϕ25.4mm × 1.5mm)的整形效果一般,并没有达到预设的结果。图 2-13(g)中反射波和透射波均出现了“平台”,图 2-13(h)中的应力最大值约为 59.74MPa,应变率曲线上也出现了明显的“平台区”,且该处的应变率值约

为 $56s^{-1}$,可以认为实现了近似恒定应变率加载。但是应变率却比图 2-13(e)、(f)的峰值应变率小得多,即为了实现恒定变形,却“牺牲”了应变率。

2.4.2 不同形状的铜片对入射脉冲的影响

不同形状的铜片对入射脉冲的影响如图 2-14 所示。

环形铜片与大铜片的厚度均为 1.5mm,但是环形铜片中间挖去一个直径为 14.4mm 的薄圆柱体,两者产生的入射脉冲有所差别,如图 2-14(a)、(b)所示。图 2-14(b)中入射脉冲上坡相对平缓,脉冲拉宽,上升沿时延长,作用时间由 300μs 增加到 371μs,峰值点较低,但是两者均出现波头过冲现象。

图 2-14(d)中环形铜片产生的反射脉冲相对于大铜片而言比较光滑,而且出现“平台区”,透射脉冲也相对平缓,两者变化一致。

图 2-14(f)中应变率曲线从峰值下降到最低点之后,虽然出现微小波动,但是应变率在 $47.2s^{-1}$左右,近似实现常应变率加载。此外,应力-应变曲线相应的从第一个拐点上升到峰值 58.6MPa 后过渡到缓坡下降段,随后呈“陡坡”迅速下降,相应的应变率则快速上升。

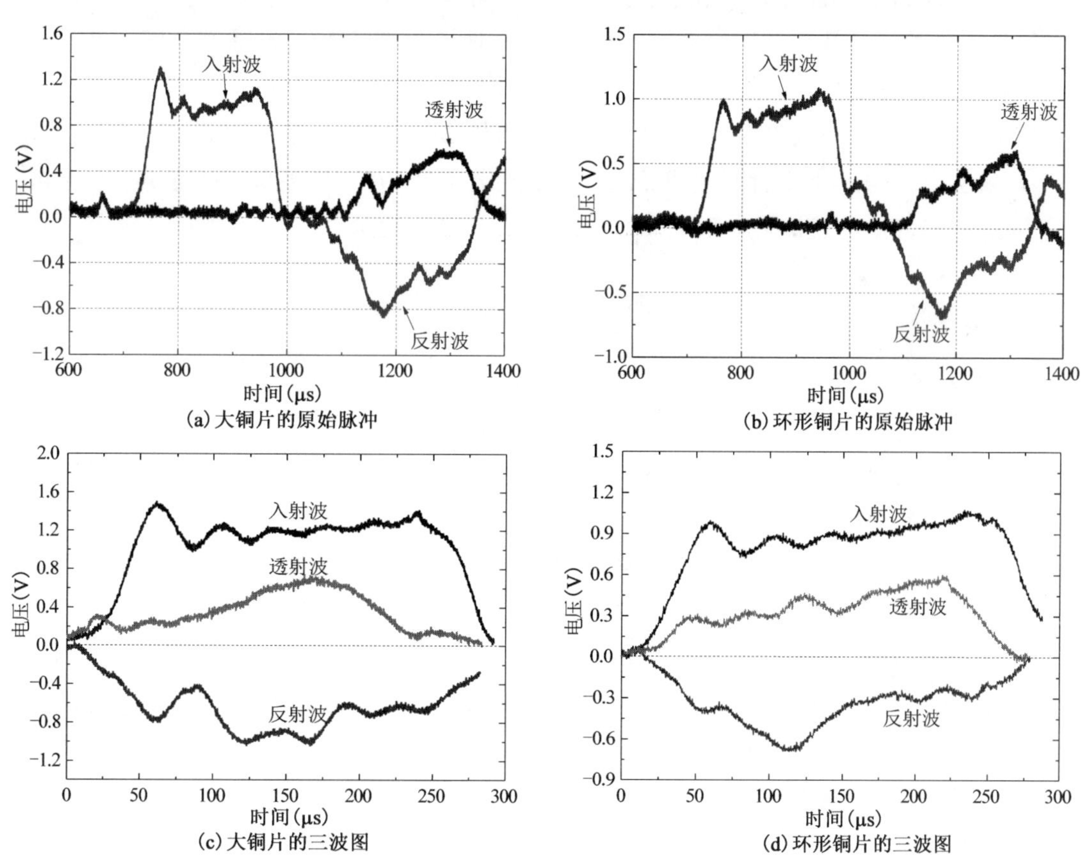

图 2-14

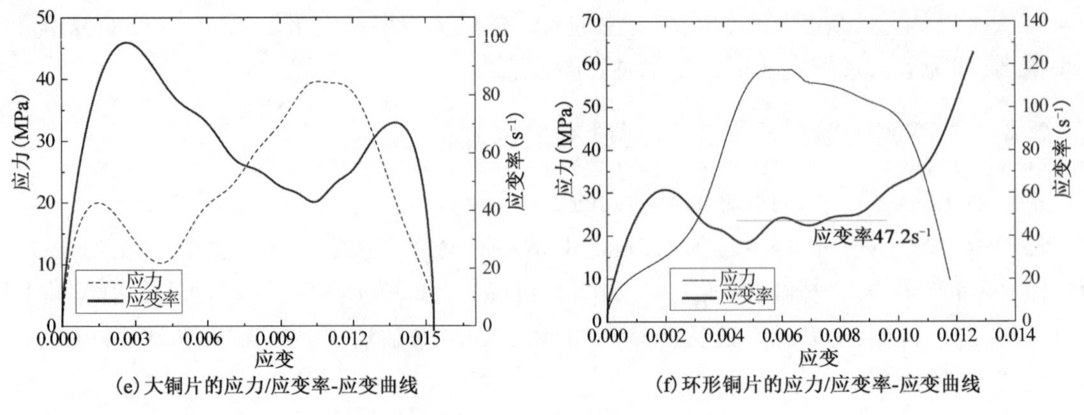

(e) 大铜片的应力/应变率-应变曲线
(f) 环形铜片的应力/应变率-应变曲线

图 2-14　不同形状的铜片对入射脉冲的影响

2.5　本章小结

本章基于 SHPB 动态冲击压缩试验,通过改变子弹的条件(形状、长度)、紫铜片的条件(厚度、直径、形状)以及合理的撞击速度,研究其整形技术,结果表明:

(1)入射脉冲的上升沿时与冲击速度无关,冲击速度只会改变入射脉冲的幅值高度。因此,需要限制子弹的冲击速度来达到良好的整形效果。

(2)就本章冲击压缩试验而言,小铜片整形器的整形效果最好,锥形截面子弹和环形铜片的整形效果次之,三者均可以消除弥散效应、延长上升沿时,并在反射脉冲上出现"平台区",可以认为近似实现恒定应变率加载。

本章参考文献

[1] Lu J, Lin G, Wang Z, et al. Reduction of compressive strength of concrete due to triaxial compressive loading history[J]. Magazine of Concrete Research, 2004, 56(3): 139-149.

[2] 王鲁明,赵坚,华安增,等. 脆性材料 SHPB 实验技术的研究[J]. 岩石力学与工程学报, 2003, 22(11): 1798-1802.

[3] 李夕兵,宫凤强,周子龙,等. 岩石类材料 SHPB 实验中的几个关键问题[C]//第六届全国爆炸力学实验技术学术会议论文集, 2010.

[4] Li X B, Lok T S, Zhao J, et al. Oscillation elimination in the Hopkinson bar apparatus and resultant complete dynamic stress-strain curves for rocks[J]. International Journal of Rock Mechanics and Mining Sciences, 2000, 37(7): 1055-1060.

[5] Ross C A, Thompson P Y, Tedesco J W. Split-Hopkinson pressure-bar tests on concrete and mortar in tension and compression[J]. ACI Materials Journal, 1989, 86(5): 475-481.

[6] Ross C A, Jerome D M, Tedesco J W, et al. Moisture and strain rate effects on concrete strength [J]. ACI Materials Journal, 1996, 93(3): 293-300.

[7] Wang Z L, Liu Y S, Shen R F. Stress-strain relationship of steel fiber-reinforced concrete under dynamic compression[J]. Construction and Building Materials, 2008, 22(5): 811-819.

[8] Zhou Z, Li X, Zuo Y, et al. Fractal characteristics of rock fragmentation at strain rate of 10^0 ~ $10^2 s^{-1}$[J]. Journal of Central South University of Technology, 2006, 13(3): 290-294.

[9] Chen W, Ravichandran G. Dynamic compressive failure of a glass ceramic under lateral confinement [J]. Journal of the Mechanics and Physics of Solids, 1997, 45(8): 1303-1328.

[10] Chen W, Ravichandran G. Failure mode transition in ceramics under dynamic multiaxial compression[J]. International Journal of Fracture, 2000, 101(1-2): 141-159.

[11] Wang H, Ramesh K T. Dynamic strength and fragmentation of hot-pressed silicon carbide under uniaxial compression[J]. Acta Materialia, 2004, 52(2): 355-367.

[12] 全国水泥标准化技术委员会. 用于水泥和混凝土中的粉煤灰:GB/T 1596—2017 [S]. 北京:中国标准出版社,2017.

[13] Gray G T. Classic split-Hopkinson pressure bar testing [R]. Materials Park, OH: ASM International, 2000:462-476.

[14] Lin G, Yan D, Yuan Y. Response of concrete to dynamic elevated-amplitude cyclic tension [J]. ACI Materials Journal, 2007, 104(6): 561-566.

[15] Ravichandran G, Subhash G. Critical appraisal of limiting strain rates for compression testing of ceramics in a split Hopkinson pressure bar[J]. Journal of the American Ceramic Society, 1994, 77(1): 263-267.

第3章 基于一维应力波理论的混凝土动态层裂试验

3.1 引言

在 SHPB 层裂试验中,纵向入射压缩波在自由端发生反射可形成拉应力波。在这种拉伸试验方法下,脆性材料的拉伸加载应变率可达到 $10^2 s^{-1}$。本章基于 SHPB 层裂试验方法,研究混凝土的动态拉伸性能。试验方案部分详细介绍混凝土动态拉伸试验方法。试验结果与分析部分解释应力波产生拉伸断裂的作用机理,并探讨应变率对拉伸强度的影响。除此以外,应用数值方法对试验得到的混凝土拉伸强度、破坏时间和断裂位置进行有效的模拟和验证。基于试验观察到的断裂面形态,定义混凝土动态拉伸损伤函数,提出断裂破坏准则。

3.2 试验方法

3.2.1 试件准备

本章的动态层裂试验采用圆柱体混凝土试件,试件原材料及配合比与第 2.2.1 节相同。新拌混凝土浇筑在外径为 75mm 的 PVC(聚氯乙烯)管内,然后将其放置在低速振动台上振捣。为保证振捣密实,采用分层加料振捣的方法。

由于成形试件长细比较大,拆模过程中容易发生折断,且聚羧酸减水剂具有缓凝作用,因此,试件需覆盖养护 48h 后再拆模。拆模后,将试件放置在饱和的氢氧化钙溶液中继续养护 28d。养护完成后,使用切割机切取混凝土中间段作为加载试件,切割后的层裂试件尺寸为 $\phi 70mm \times 500mm$。切割过程中需保证试件两端面垂直于轴线。

对制作完成后的混凝土试件进行准静态轴拉试验,所得静态拉伸强度为 3.1MPa。

3.2.2 动态拉伸试验方法

动态拉伸试验使用 SHPB 装置，其中子弹直径 37mm，长 100mm。入射杆长 3.2m，直径 74mm，与子弹接触端逐渐缩小至 37mm。试验装置示意图如图 3-1 所示。

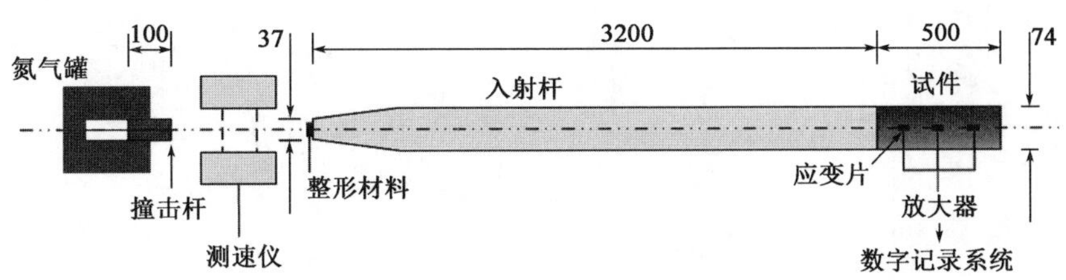

图 3-1　层裂试验装置示意图（尺寸单位：mm）

试验选用的测量器材包括激光测速仪和动态应变仪。为消除试件表面的缺陷（如裂缝和孔洞）对应变信号的影响，将三组应变片对称粘贴在混凝土试件表面。为保证应变片测量得到的应变-时间关系能够有效区分拉应力波和压应力波，将应变片粘贴在靠近入射杆末端的位置，并根据入射波波长调整应变片的位置，实现三组应变片分别测量试件内的入射波、透射波和反射波。最终确定得到三组应变片分别对称粘贴在距离试件受撞击端 100mm、200mm 和 300mm 的位置，记为 A 点、B 点和 C 点。贴好应变片的试件如图 3-2 所示。

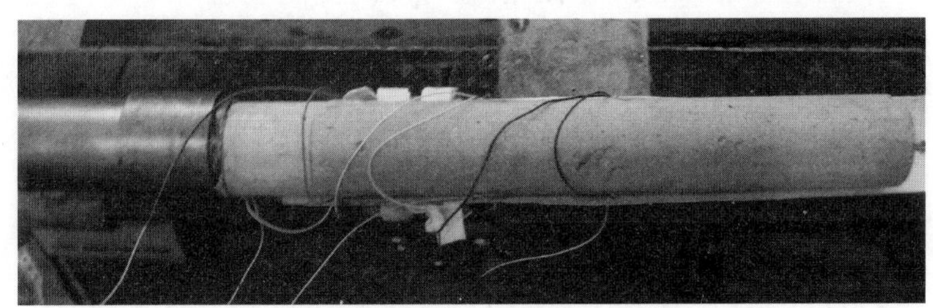

图 3-2　安装完成的混凝土试件

根据三组应变片测得的试件应力过程，可计算得到试件发生层裂的临界应力、破坏时间和加载速率。在本章试验中，子弹的撞击速度范围为 8.0～20.0m/s，每一冲击速度下开展 6 组重复试验。

3.3 应力波衰减规律

试验过程中，试件内的入射拉应力波和反射压应力波通过试件表面的应变片获得，子弹撞击速度通过激光测速计测得。A、B 和 C 点的典型应力时程曲线如图 3-3 所示。从图中可以明显看出，应力波在传播过程中，横向惯性效应产生的几何弥散现象并不明显，但应力波的峰值会产生衰减。应力波的衰减是由材料性质决定的。混凝土是一种非均质性材料，粗细骨料随机分散在基质内部。当应力波在混凝土内部传播时，部分能量会被骨料吸收，且应力峰值的衰减会随着骨料尺寸和比例的增大而增大。

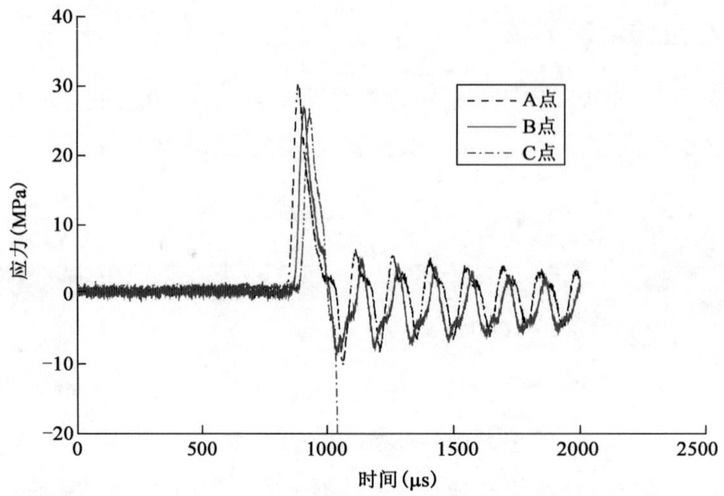

图 3-3 A、B、C 点的应力时程曲线

值得注意的是，峰值应力会受到试件表面形态的影响，应变片测量得到的峰值应力往往存在误差，因此，比较试件不同位置的应力无法得出准确的应力衰减规律。Wang 等[1]提出了利用弹性波传播试验获取应力波衰减规律的方法。当子弹以很小的速度撞击入射杆时，产生的应力波会远低于混凝土试件的抗拉强度。因此，应力波会在试件的两个端面间往返。在这种情况下，试件某一位置的应变片就能准确记录应力波的传播过程。图 3-4 为低速撞击时试件 A 点的应力-时间曲线。随着时间和距离的增大，波峰的衰减呈指数规律。假设拉应力波和压应力波的衰减系数相同，Cui 等[2]提出了衰减系数的计算公式：

$$\alpha = -\frac{1}{\sigma}\frac{\mathrm{d}\sigma}{\mathrm{d}x} \tag{3-1}$$

式中：α——衰减系数；

σ——峰值应力；

x——波的传播距离。

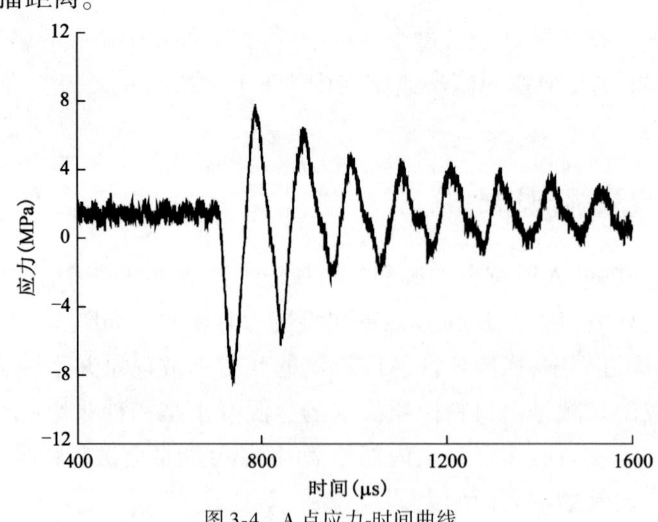

图 3-4 A 点应力-时间曲线

对式(3-1)积分,得:

$$\sigma = \sigma_0 e^{-\alpha x} \tag{3-2}$$

式中:σ_0——试件受冲击端的初始峰值应力。

对图 3-4 的应力峰值进行拟合,可得到本研究中混凝土试件的衰减系数 $\alpha = 0.33\text{m}^{-1}$。需要注意的是,衰减系数 α 随混凝土配合比的不同而不同。

3.4　破坏模式

不同冲击速度下试件的层裂破坏模式和断面形态如图 3-5 所示。结果表明,试件断裂面的数量随冲击速度的提高而增加。多个断裂面是由于冲击过程中试件内发生多次层裂产生的。应力波在试件自由端反射后,在最大拉应力位置产生第一个断裂面。试件断裂后,残余的能量以拉应力波的形式继续向前传播,并在下一个最大拉应力处发生第二次层裂。层裂过程随着拉应力波的传递持续进行,直至拉应力小于抗拉强度为止。

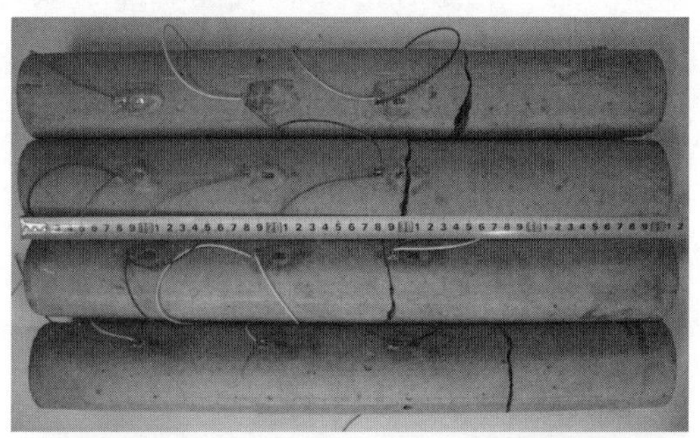

(a) 冲击速度为8～10m/s

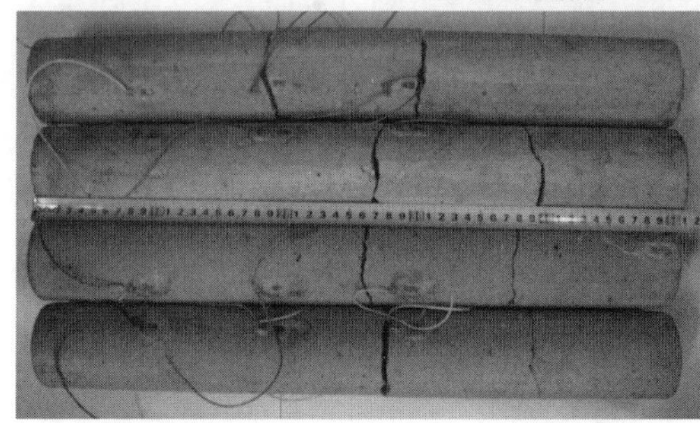

(b) 冲击速度为13～16m/s

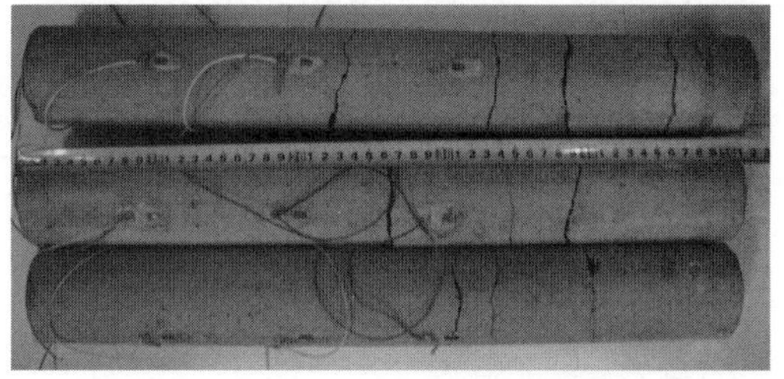

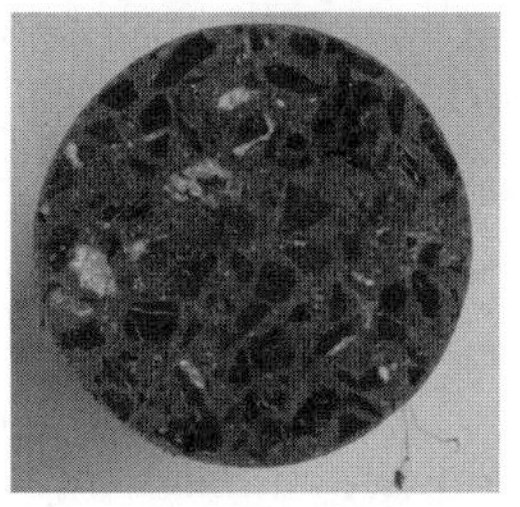

(c) 冲击速度为20～22m/s

图 3-5　不同冲击速度下试件的层裂破坏模式和断面形态

研究结果还表明,在低应变率下,试件的破坏面主要出现在砂浆和骨料-砂浆接触界面。随着应变率的提高,断裂面穿过的骨料数量明显增加,断面更加平整。在低应变率情况下,加载初期试件内部的微裂缝扩展是稳定的,其周围区域仍具有一定的承载力。但是随着加载的继续,该区域的面积会不断减小,直到微裂缝宽度达到临界裂缝宽度。其后,裂缝发生不稳定扩展,最终试件发生破坏。这种情况下,断面上的裂缝均沿着最小抗力的路径(即骨料-砂浆的界面)扩展。

而在高应变率情况下,试件内应变的增长滞后于应力的增加。因此,在最大应力形成之前,试件内部储存的应变能都是可恢复的,最大应力点即是能量释放的起点。由于破坏之前试件内尚未形成一定范围的微裂缝,破坏时,试件内裂缝扩展迅速、直接,骨料、砂浆和界面往往同时被贯穿。

加载过程中观察试件内部微结构的变化要比观察破坏后试件形态更有研究深度和价值。前者可以得到动态损伤的实时演化过程,而后者并不能得到此类信息。显微镜设备常可以用于观察材料内部的微结构,但无法用于材料动态受载过程的实时观测。由于缺乏动态荷载过程中试件内部受力变化的观测手段,目前有关水泥基材料动态过程应变率效应的研究水平仍很有限。

3.5 动态力学特性

3.5.1 动态弹性模量

结构设计中,弹性模量的确定非常重要。为了研究混凝土的动态拉压弹性模量,假设波在传播过程中脉冲不变,波速等于波的传播距离除以传播时间。根据一维波理论,则有 $E=\rho C^2$。图3-6表示波的传播过程中脉冲的一致性。三组应变片到试件受撞击端的距离分别为100mm、200mm、300mm,对应采集到的信号分别为A、B和C。A点应变片首先采集到入射压应力波。C点最后采集到压应力波,但最先采集到自由端反射的拉应力波。由于应力波的波长约为400mm,而C组应变片距离自由端的距离为200mm,所以C组采集到的拉应力波的上升段会受到压应力波的干扰,如图3-6(a)所示。

为更清楚地反映应力波的传播规律,将A、B和C三点应力信号平移到同一位置,如图3-6(b)所示,从中可以看出,不同的压应力波信号形状相同,但峰值有一定的差别。因此,可以认为应力波在传播过程中,脉冲的改变很小,即几何弥散效应可以忽略,但应力波的衰减必须要考虑。用相同的方法将拉应力波平移到同一位置,如图3-6(c)所示,观察应力波的形状也可得到相同结论。

试验浇筑混凝土的密度为2550kg/m^3。选取部分试件,分别计算其拉压应力波的速度,见表3-1。由此得到的试验混凝土动态弹性模量为44.2GPa。

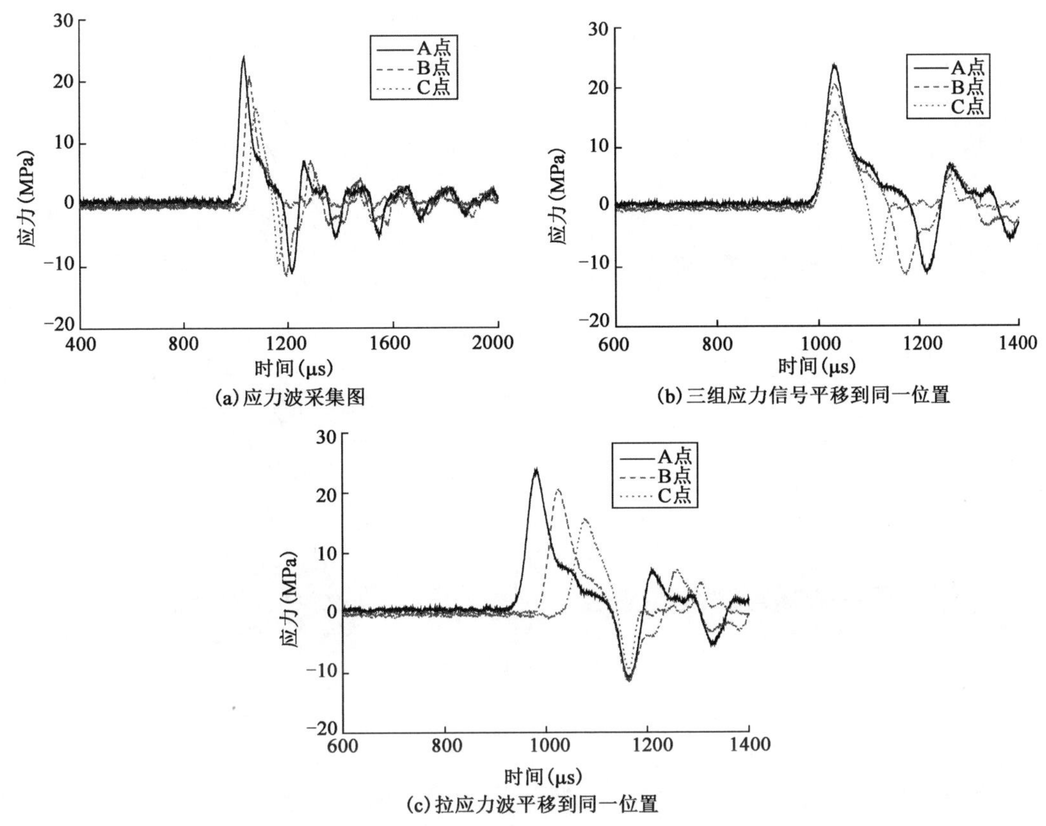

(a)应力波采集图

(b)三组应力信号平移到同一位置

(c)拉应力波平移到同一位置

图3-6　应力波传播过程中脉冲的比较

应力波速度计算　　表3-1

编　号	距离(mm)	时间(s)	波速(m/s)
1	200	49.6	4032
2	200	47.6	4201
3	200	46.6	4292
4	200	48.4	4132
5	100	24	4167
平均值	—	—	4165

3.5.2　拉伸强度与提高因子

现有研究成果探讨了加载波形对层裂强度准确计算的影响。Rubio[3]指出,当入射波为对称的三角形波时,根据层裂位置难以计算出层裂强度。而采用上升段斜率较大的不对称三角形波进行试验时,得到的应力峰值和 x 轴可以一一对应,根据层裂位置即可计算出层裂强度,如图3-7所示。

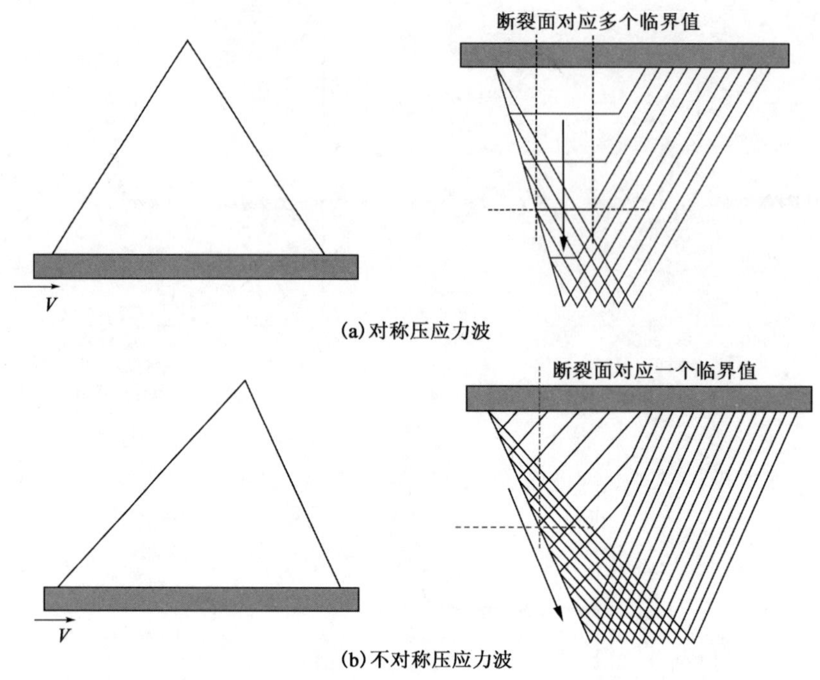

图 3-7 对称压应力波和不对称压应力波在试件自由面反射后形成的拉应力分布

根据应变片测量的脉冲数据,基于应力波的衰减叠加规律,可推算出任意位置的应力-时间关系。应力波的衰减规律前文已经进行了探讨。应力波的叠加通过 matlab 程序实现,叠加得到不同时刻试件内部自由端附近拉伸应力分布,由此可以绘出沿试件纵向分布的最大拉应力线,层裂强度即为试验中试件实际第一断裂位置的最大拉应力,如图 3-8 所示。

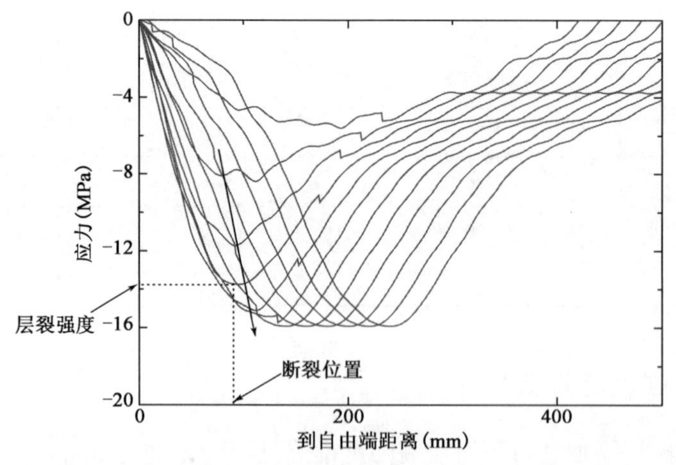

图 3-8 层裂强度的确定方法

应变率的计算公式为:

$$\dot{\varepsilon} = \frac{\sigma_t}{E_d \Delta t} \tag{3-3}$$

式中：$\dot{\varepsilon}$——应变率；

σ_t——断裂位置处的最大拉应力；

E_d——动态弹性模量；

Δt——试件内开始出现拉应力到试件断裂的时间间隔。

试验混凝土抗拉强度与应变率的关系如图3-9所示。从图中可以看出，层裂强度随应变率的增大而增加，即混凝土动态拉伸强度存在明显的应变率效应。从试件的破坏机理分析，在低应变率条件下，混凝土的抗拉强度主要由砂浆和骨料-砂浆界面决定；而在高应变率条件下，骨料的强度会对抗拉强度产生较大的影响，试件的抗拉强度会随骨料强度的提高而提高。

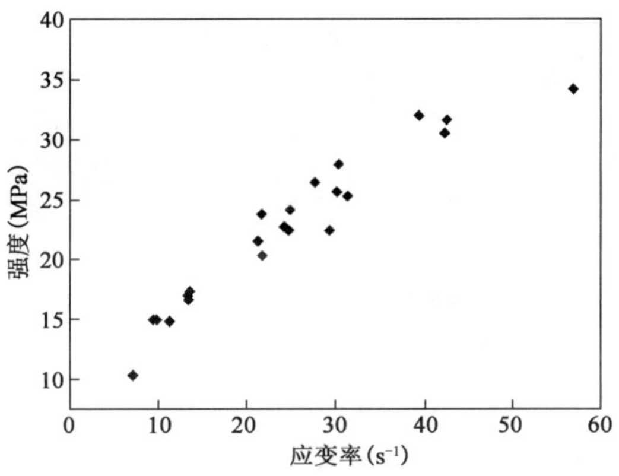

图3-9　拉伸强度与应变率的关系

为了更好地描述应变率对混凝土抗拉强度的影响，引入动态提高因子DIF。Bishoff与Perry[4]在整理了大量试验结果后，认为DIF与应变率的关系可以被合理地描述为：

$$\mathrm{DIF} = A\lg(\dot{\varepsilon}_d/\dot{\varepsilon}_s) + 1 \tag{3-4}$$

基于本章的试验结果，拟合得到DIF与应变率的关系表达式为：

$$\mathrm{DIF} = 4.96\lg(\dot{\varepsilon}_d/\dot{\varepsilon}_s) + 1 \qquad (R^2 = 0.959) \tag{3-5}$$

3.6　断裂准则

国内外学者针对层裂试验断裂过程提出了多种函数预测模型。预测模型主要可分为两类，一类模型是基于应力-时间关系建立，另一类基于损伤 D 建立。

在基于应力-时间关系建立的模型中，Klepaczko[5]提出的累积破坏准则（CFC）与试验结果吻合较好。该模型表示为：

$$\int_0^{t_c} \left[\frac{\sigma(t)}{\sigma_{c0}}\right]^n \mathrm{d}t = t_{c0} \qquad (t_c \leqslant t_{c0}, \sigma \geqslant \sigma_{c0}) \tag{3-6}$$

式中：σ_{c0}——准静态拉伸强度；

t_{c0}——临界破坏时间；

n——材料参数。

方程的边界条件为 $\sigma(t_{c0})=\sigma_{c0}$，当 $t_c \geq t_{c0}$ 时，$\sigma=\sigma_{c0}=$ 常数。

假设试验过程中应力率 A_f 恒定，即应力-时间曲线为线弹性曲线，则：

$$\sigma(t)=A_f t,\text{其中 } A_f=\frac{\sigma_c}{t_c} \tag{3-7}$$

将式(3-7)代入式(3-6)后，积分可得：

$$\sigma_c(t_c)=\sigma_{c0}\left[(n+1)\frac{t_{c0}}{t_c}\right]^{1/n} \tag{3-8}$$

根据试验得到的(t_c,σ_c)值，计算可得出 $\sigma_{c0}=4.09\text{MPa}$，$n=0.927$，$t_{c0}=83.9\mu\text{s}$。试验值和拟合曲线如图 3-10 所示。从图中可以看出，强度值随破坏时间的增大而减小。

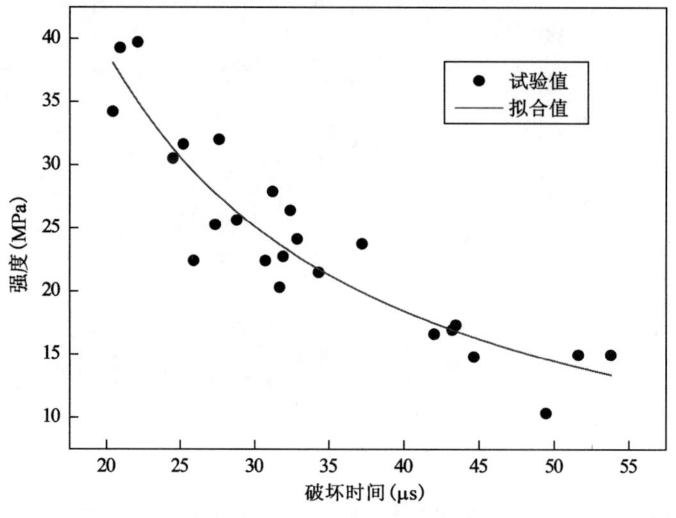

图 3-10　破坏时间和临界应力关系图

Nyoungue 等[6]提出采用损伤描述脆性材料的断裂过程。加载前，混凝土内部存在初始微缺陷（如孔隙和微裂缝等）。初始损伤面积记为 S_0。加载过程中，冲击产生的应力波导致初始缺陷发展，最终试件发生破坏。临界损伤面积记为 S_c。S_c 对应临界时间 t_c 和破坏应力 σ_c。由于混凝土材料是各向同性的，假设导致最终破坏的损伤位于同一横截面，定义损伤为：

$$D=1-\frac{S_0}{S_i(t)} \tag{3-9}$$

式中：S_0——初始损伤面积；

$S_i(t)$——t 时刻损伤面积。

当 $S_i=S_0$ 时，$D=0$。

损伤 D 的变化是微裂缝发展及其累积效应共同作用的结果。损伤率可以表示为截面损

伤的函数,即损伤 D 对时间 t 的微分:

$$\frac{\mathrm{d}D}{\mathrm{d}t}=-\frac{1}{S_{\mathrm{i}}}\frac{\partial S_0}{\partial t}+\frac{S_0}{S_{\mathrm{i}}^2}\frac{\partial S_{\mathrm{i}}}{\partial t} \tag{3-10}$$

将损伤 D 和应力 σ 代入式(3-10)得到:

$$\frac{\mathrm{d}D}{\mathrm{d}t}=\frac{A\ (\sigma-\sigma_0)^n}{(1-D)^n} \tag{3-11}$$

式中:A、n——材料参数。

对式(3-11)积分,积分边界条件为试件在 t_{c} 时刻断裂,即 $t=t_{\mathrm{c}}$ 时,$D=1$,则有:

$$A=\frac{1}{(1+n)\int_{t_{\mathrm{c}}}^{t_{\mathrm{c}0}}(\sigma-\sigma_0)^n\mathrm{d}t} \tag{3-12}$$

对相同尺寸的试件,联立式(3-10)和式(3-11)得:

$$\frac{A\ (\sigma-\sigma_0)^n}{(S_0/S_{\mathrm{i}})^n}=\frac{S_0}{S_{\mathrm{i}}}\frac{\partial S_0}{\partial t} \tag{3-13}$$

冲击过程中,损伤面积从 S_0 增加到 S_{i}。对式(3-13)从 S_0 到 S_{i} 积分:

$$\int_{t_{\mathrm{c}}}^{t_0}(\sigma-\sigma_0)^n\mathrm{d}t=\left[\frac{1}{A(n+1)}\right]\left(1-\frac{S_0^{n+1}}{S_{\mathrm{i}}^{n+1}}\right) \tag{3-14}$$

将 $\sigma(t)=A_{\mathrm{f}}t$ 代入式(3-14)得:

$$\frac{S_{\mathrm{c}}}{S_0}=\left[1-\frac{A}{A_{\mathrm{f}}}(\sigma_{\mathrm{c}}-\sigma_0)^{n+1}\right]^{-1/n+1} \tag{3-15}$$

从式(3-15)的结果可以看出,损伤取决于应力大小、加载速率和材料常数。将上文得到的材料参数代入式(3-12)并用 matlab 计算积分,得到 $A=0.0008$。分别计算不同冲击速率下试件的损伤 D 值,绘出的 D-σ 曲线如图 3-11 所示。从图中可以看出,损伤值随冲击速度的增大而增大,冲击速度在 9 ~ 22m/s 时,对应的损伤值为 0.13 ~ 0.23。

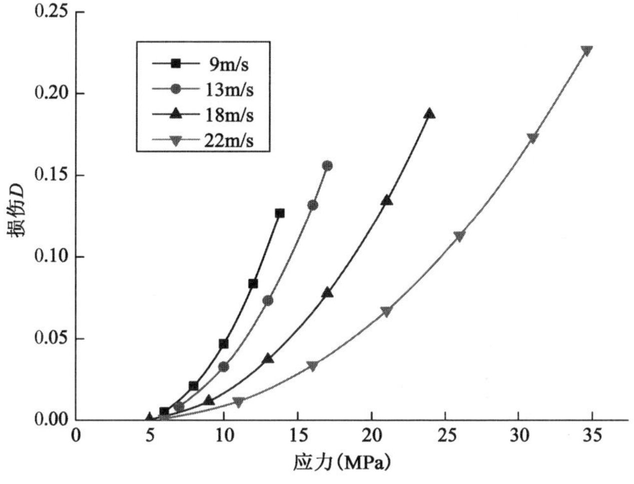

图 3-11 不同冲击速度下损伤 D 与应力的关系

损伤面积 S_i 反映了应力波对试件的作用强度。图 3-12 表示不同加载速率下归一化损伤面积和归一化应力的关系曲线。当加载速率为 1470GPa/s、强度为 34.6MPa 时，最大归一化损伤面积为 1.29。也就是说，在冲击加载过程中，初始损伤增加了 22%。

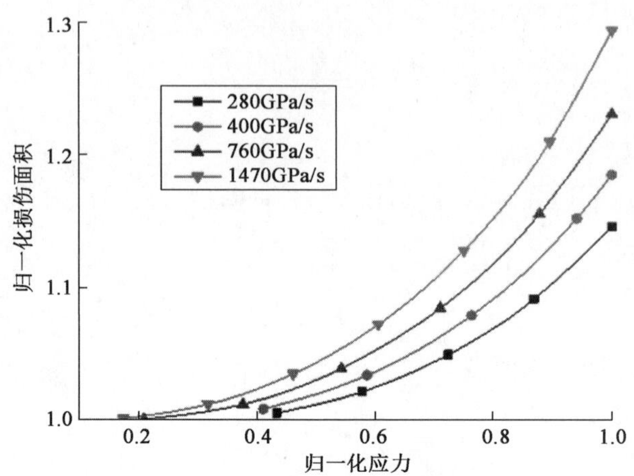

图 3-12　不同加载速率下归一化损伤面积与归一化应力的关系

3.7　基于 LS-DYNA 的动态层裂响应模拟

应用有限元软件 LS-DYNA 对混凝土动态拉伸破坏过程进行模拟。LS-DYNA 软件适用于多种非线性问题的动力分析，能够实现大应变、高速冲击工况下的计算分析。软件中内置多种混凝土材料模型，如 HJC 模型、损伤模型及脆性损伤模型等。

为模拟混凝土动态层裂破坏过程，建立了如图 3-13 所示的试件几何模型。混凝土材料模型选用 HJC 模型，模型主要参数根据试验结果选取。

图 3-14 所示为冲击速度为 9m/s 时试件内的模拟应力波。与试验结果对比发现，试验和模拟所得应力波和强度有较好的一致性，表明所采用的 HJC 模型适用于模拟混凝土动态拉伸性能，且材料参数选取合理。

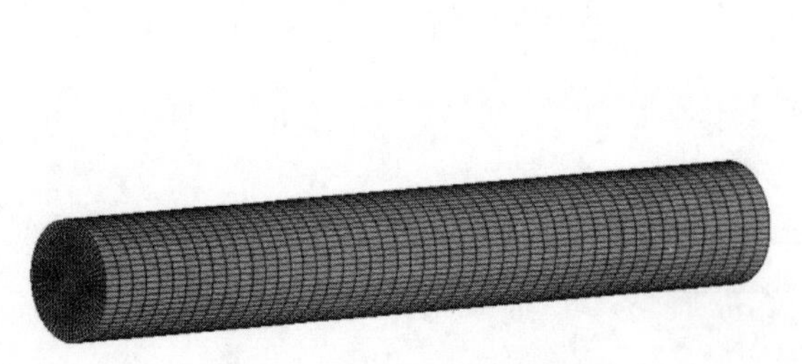

图 3-13　层裂试件模型建立

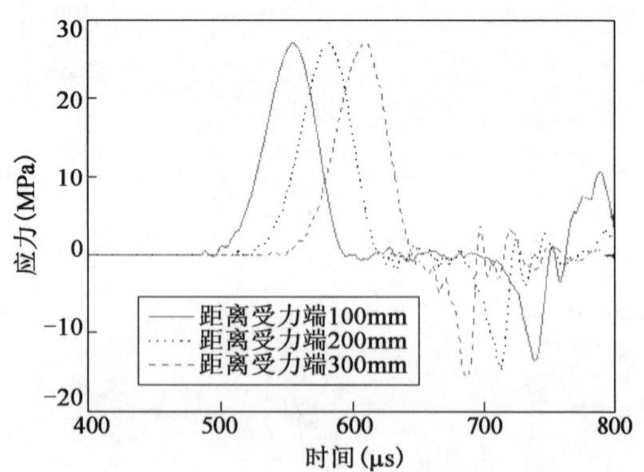

图 3-14　冲击速度为 9m/s 时试件内的模拟应力波

图 3-15 所示为不同冲击速度下试件的模拟破坏形态。随着冲击速度的提高,混凝土断裂面增加,且断裂位置逐渐靠近自由端,这与图 3-5 所示的试验结果一致。

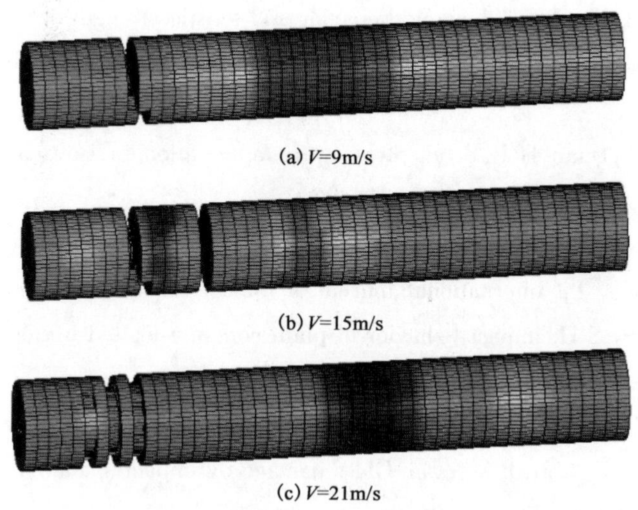

(a) V=9m/s

(b) V=15m/s

(c) V=21m/s

图 3-15　不同冲击速度下混凝土的模拟破坏形态

3.8　本章小结

本章基于一维应力波理论开展混凝土材料的动态层裂试验,揭示了混凝土的动态拉伸力学特性,并应用数值模拟对混凝土动态拉伸破坏过程进行深入分析,主要得到以下结论:

(1)在细长圆柱体混凝土试件中,应力波的衰减与传播距离呈指数关系。选取试件上某一特定位置点,记录应变片的测量结果,由此推算得到的应力波衰减规律可克服多点测量方法中试件表面差异对结果的影响。根据应力波传播规律可计算得到混凝土的动态拉压弹性模量。混凝土拉压弹性模量相差很小,试验分析过程中可不考虑其差异。

(2)混凝土的动态拉伸性能表现为显著的应变率敏感性。当冲击速度较小时,试件通常只存在一个断裂面,且裂缝主要沿着混凝土基质和交界面开展。随着冲击速度的增大,试件会出现多个断裂面,且骨料拉裂明显,拉伸强度也随着应变率的增大而增大。DIF 与相对应变率的对数线性相关显著,模型拟合斜率为 4.96。

(3)定义损伤为标准化冲击损伤面积比值(即 S_i/S_0),建立适用于不同加载速率下不同材料的损伤预测模型,提出了适用于混凝土动态层裂的破坏准则,合理描述了拉伸过程中试件内部损伤过程发展。试件内应力波传播过程中,损伤增大,材料内部微损伤被激活的概率随之增大,直到试件破坏。

(4)基于 LS-DYNA 软件建立数值模型得到的应力和破坏形态与试验结果吻合度较高,表明 HJC 材料模型能够用于混凝土材料的动态拉伸模拟试验,并验证本试验模型参数选取合理。

本章参考文献

[1] Wang Z L, Yang D. Study on dynamic behavior and tensile strength of concrete using 1-D wave propagation characteristics[J]. Mechanics of Advanced Materials and Structures, 2015, 22(3): 184-191.

[2] Cui X Z, Li W M, Duan D P, et al. Stress wave attenuation in isotropic damaged rocks[J]. Explosion and Shock Waves, 2001, 21: 76-80.

[3] Rubio F. The spalling of long bars as a reliable method of measuring the dynamic tensile strength of ceramics[J]. International Journal of Impact Engineering, 2002, 27: 161-177.

[4] Bischoff P H, Perry S H. Impact behavior of plain concrete loaded in uniaxial compression[J]. Journal of Engineering Mechanics, 1995, 121(6): 685-693.

[5] Klepaczko J R. Crack Dynamics in Metallic Materials[M]. Vienna: Springer, 1990: 255-453.

[6] Nyoungue A, Azari Z, Abbadi M, et al. Glass damage by impact spallation[J]. Materials Science and Engineering, 2005, 407: 256-264.

第 4 章 考虑应力不平衡的混凝土动态弯拉试验

4.1 引言

准脆性材料的 SHPB 弯拉试验有其特殊性。传统的试验分析是基于试件内的应力-应变状态已知,并假设试件达到了准静态平衡。实际上,准脆性材料的断裂可能发生在应力平衡之前,且破坏应变较小。另外,试验过程中试件在支承点(透射杆)出现响应前发生破坏。因此,需要一个新的合理的模型用于试验过程的瞬态分析。本章主要研究无切口的混凝土试件三点弯拉试验下的动态响应。为了保证试验结果分析的准确性,本章进行了结构瞬时动态响应分析,这一分析方法考虑了试件破坏之前透射波没有响应的情况;同时提出一个用于分析试件瞬时弹性响应的理论模型,由此推导出试件的动态强度,并将其与现有文献中的结果进行比较。

4.2 试验方法

4.2.1 试件准备

弯拉试验中混凝土浇筑所用原材料及其配合比与第 2.2.1 节相同,浇筑模板采用 40mm × 40mm × 160mm 的水泥胶砂三联试模。试验前将模板清理干净并完成组装,刷上机油后待用。试件浇筑完成后,覆盖养护 24h 后拆模。拆模后,将试件放置在室温条件下的饱和氢氧化钙溶液中养护 28d。之后将其放置于实验室内自然养护,成形的混凝土试件如图 4-1 所示。

4.2.2 静态弯拉试验

静态三点弯拉试验在量程为 10kN 的万能试验机上完成。加载速率设置为 0.05kN/s,试验装置如图 4-2 所示,试件和加载装置尺寸见表 4-1。

图 4-1　浇筑完成的混凝土弯拉试件

图 4-2　静态弯拉试验加载装置

试件尺寸和相应参数　　表 4-1

相关尺寸		物理参数	
长度	$L_S = 0.16\text{m}$	密度	$\rho = 2400\text{kg/m}^3$
宽度	$b = 0.04\text{m}$	弹性模量	$E = 32\text{GPa}$
高度	$a = 0.04\text{m}$	—	
支座距离	$L = 0.12\text{m}$	—	

混凝土试件的破坏形态如图 4-3 所示，从中可以看出，试件均是从中心位置，即弯矩最大处破坏。试验测得破坏荷载为 F，则试件拉伸强度 $\sigma = \dfrac{3FL}{2bh^2}$，计算结果见表 4-2。

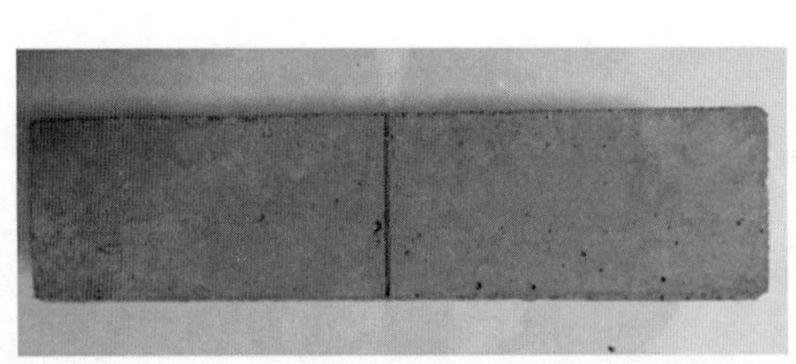

图 4-3　静态弯拉试件破坏形态

静态弯拉试件破坏荷载　　表 4-2

参数	不同试验编号的试验结果						平均值
	1	2	3	4	5	6	
破坏荷载(kN)	2.6	3.4	2.9	3	3.1	2.3	2.9
拉应力(MPa)	7.3	9.6	8.2	8.4	8.7	6.5	8.2

4.2.3 动态弯拉试验

弯拉试验加载方案如图 4-4 所示,为了使试件处于弯拉状态,在试件两端放置垫块。弯拉试验采用的 SHPB 加载系统主要参数见表 4-3。

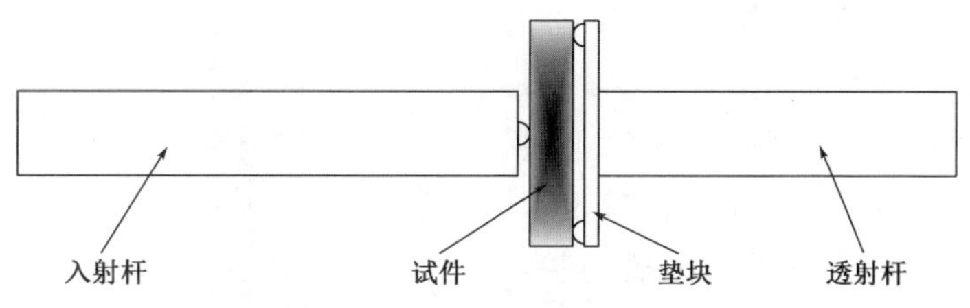

图 4-4 动态弯拉试验加载装置示意图

SHPB 加载系统主要参数 表 4-3

相关尺寸		物理参数	
子弹长度	$L_I = 0.6\text{m}$	密度	$\rho_B = 7850\text{kg/m}^3$
入射杆长度	$L_B = 3\text{m}$	弹性模量	$E_B = 210\text{GPa}$
杆直径	$\phi_B = 0.074\text{m}$	弹性波速度	$C_B = 5100\text{m/s}$
杆截面积	$A_B = 4.3 \times 10^{-3}\text{m}^3$	波阻抗	$Z_B = 172097\text{kg/s}$

入射杆冲击速度 V_c 和冲击力 F_c 可用经典的动量守恒和动力学方程计算:

$$V_c(t) = -C_B[\varepsilon_i(t) - \varepsilon_r(t)] \tag{4-1}$$

$$F_c(t) = -C_B Z_B[\varepsilon_i(t) + \varepsilon_r(t)] \tag{4-2}$$

式中:C_B——杆中应力波速度,$C_B = \sqrt{E_B/\rho_B}$;

Z_B——杆的材料阻抗,$Z_B = E_B A_B / C_B$;

ε_i、ε_r——杆和试件接触面的入射波和反射波。

动态试验与准静态试验的不同之处在于,动态加载无法施加一个可控制的已知力或位移,加载结果取决于试件的变形和试件与入射杆在接触面上的相互作用。在动态弯拉试验中,将试件视为结构体进行弹性响应分析,即可将 V_c 和 F_c 联系起来,并由此确定压缩波产生的反射波和加载情况,主要分析过程如图 4-5 所示。

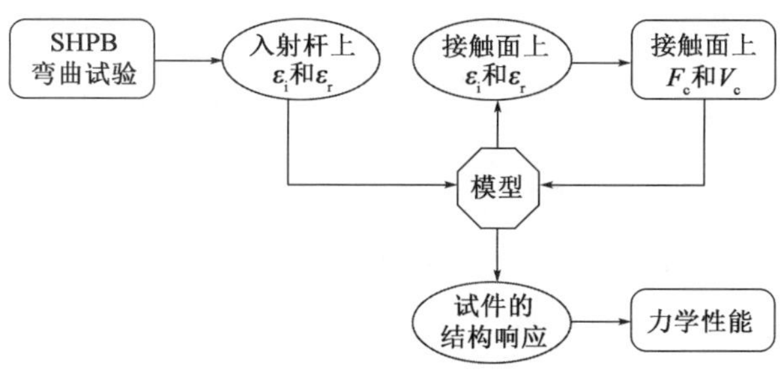

图 4-5 试验数据分析过程

在试件弯拉过程分析时,为描述混凝土试件的动力特征及内部应力情况,需要获得断裂位置的应力和应变曲线,即冲击力和冲击速度关系式。引入参考时间 T_R,将其定义为弯拉试验的有效持续时间,表示从试件受到撞击开始到试件开裂结束的时间,并将试验的有效时间 T_R 分成两个时间段,或两个相位。

(1)第一相位 T_T 为初始响应时间,如图4-6(a)所示。入射杆作用在试件上的力是由冲击作用点的压缩波产生的,压缩波透过试件并沿着试件传播。初始响应时间 T_T 表示的是冲击压缩波沿着试件宽度方向传播,到达冲击点相对应的平面后发生反射之前的时间。根据波的初始传播速度 C_p,这一相位的持续时间等于波沿着试件宽度传播所需的时间,即 $T_T = a/C_p$。在本研究的混凝土弯拉试验中,$C_p = 4165\mathrm{m/s}$,$a = 0.04\mathrm{m}$,则 $T_t = 9.6 \times 10^{-6}\mathrm{s}$。

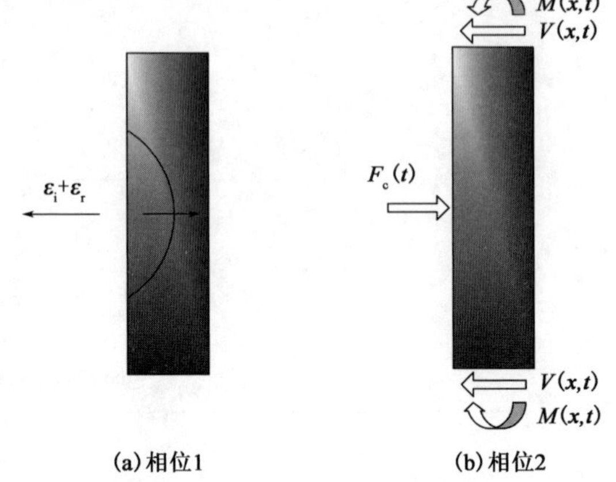

图4-6　一次冲击试验中的不同时间段

(2)第二相位 T_C 指的是 T_T 之后的状态,如图4-6(b)所示。在这一时间段,应力波在试件内会产生多次反射和折射。因此,从结构层次研究试件受力状态是合理的。研究时选用长梁模型用于混凝土结构的分析,试件尺寸(见表4-1)也保证了长梁模型的适用性。

在准静态加载条件下,当梁为细长构件($L \gg a$)时,长梁模型能够准确预测试件内应力应变状态。但在动态加载条件下,沿着梁横截面传播的应力波波长必须满足以下两个条件:

(1)试验过程持续时间要远远大于应力波沿试件宽度传播的时间。

(2)沿横截面传播的应力波波长 λ 必须远大于试件截面的回转半径 r($r = \sqrt{I/S}$,其中 S 为横截面面积,I 为试件截面的回转半径)。

对于准脆性材料,还需要考虑应力波沿与横截面垂直的方向从冲击点传播到梁端并返回的时间。将这一时间表示为 T_C,比较 T_C 和试件断裂时间 T_R 的大小:

(1)如果弯拉试验中 T_C 足够大,可以认为试件达到了与准静态加载类似的平衡状态,即支座反力 $R = F/2$。

(2)如果弯拉试验中 T_R 与应力波沿梁轴向 L 传播所需的时间 T_C 相近,那么 $R \neq F/2$。由此,试验分析过程中就必须考虑梁的瞬时运动。

(3)如果弯曲试验中 T_R 比应力波沿梁轴向 L 传播所需的时间 T_C 小,也就是试验的支承部分对断裂没有产生影响,则有 $R = 0$。

一般情况下,金属和复合物材料试验属于前两种情况,混凝土等准脆性材料试验属于第三种情况。在这种情况下,试件内力分析可以采用无限长梁模型。无限长梁模型的基本条件是:在试件发生断裂前,透射杆内没有透射波。由于反射或折射后波的传播速度会减小,可以得到 T_C 的下限范围为 L/C_p。

图4-7所示为某一冲击速度下,混凝土试件弯拉试验测量获得的入射杆和透射杆的电压

信号。由图可以看出，反射波与入射波出现了明显的差异，说明试件在很短的时间内发生了破坏，这也是准脆性材料的主要特征。入射波的持续时间主要取决于子弹的长度。如果这一时间足够试件发生断裂，则透射杆没有任何响应，相当于没有透射杆。

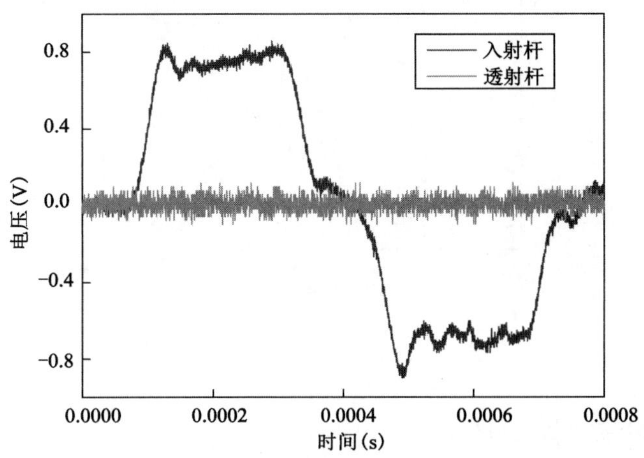

图4-7　试验测得杆内的原始信号

4.3　动态弯拉强度

基于上述方法，计算得到混凝土试件的弯拉强度，将其表示为强度-应变率的形式，见图4-8。从图中可以明显看出，动态提高因子DIF与应变率的对数基本呈线性关系，当应变率从6.2s^{-1}变化到57.1s^{-1}时，DIF值从2.7增加到7.8。

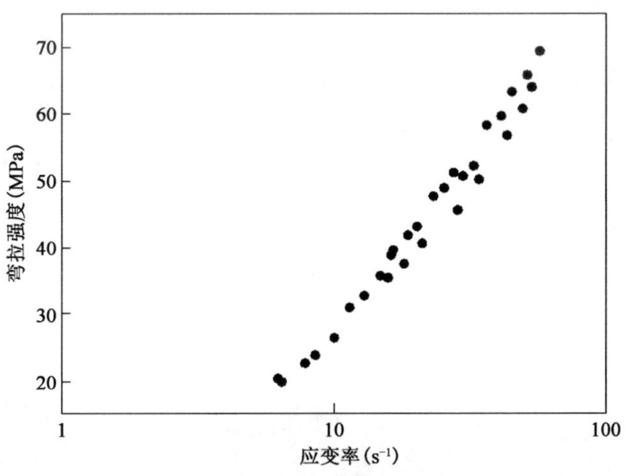

图4-8　混凝土弯拉强度与应变率关系

利用Bischoff和Perry[1]提出的动态强度提高因子模型对混凝土弯拉强度DIF与应变率的关系进行拟合，得到：

$$\text{DIF} = 6.10 \times \lg(\dot{\varepsilon}_d/\dot{\varepsilon}_s) - 2.73 \qquad (R^2 = 0.98) \tag{4-3}$$

式中，$\dot{\varepsilon}_s = 1\text{s}^{-1}$。

拟合曲线如图 4-9 所示,从图中可以看出,拟合效果较好。

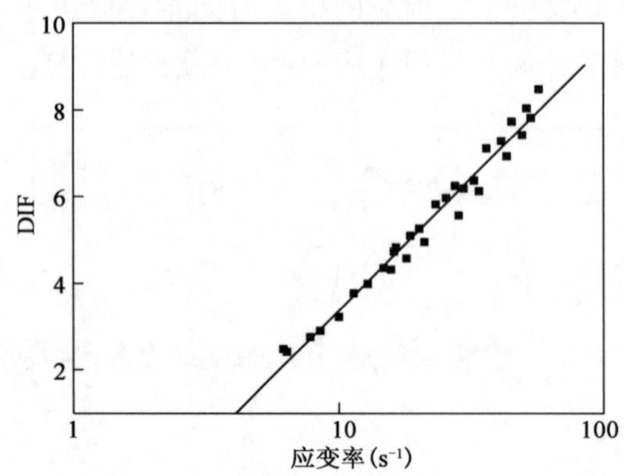

图 4-9 混凝土弯拉强度 DIF 与应变率关系

4.4 长梁模型及应用

4.4.1 长梁模型

在 SHPB 试验中,荷载是由入射杆撞击试件产生的,试验的可行性取决于试件和入射杆波阻抗的匹配性。入射杆末端的冲击速度 V_c 和冲击力 F_c 的关系决定了入射波和反射波的关系[式(4-1)和式(4-2)]。在弯曲试验中,试件的弹性性能决定反射波的大小,从而决定试件上施加的荷载情况。因此,如何根据试验所得数据,基于弯拉试验梁模型确定材料的强度及其他力学性能是亟待解决的关键问题。

为了说明入射杆和试件的相互作用是如何产生荷载的,Delvare 等[2]提出了一个适用于准脆性材料的简化梁模型。模型框架设定为一根梁受到冲击荷载作用,冲击荷载为一个随时间变化的集中力[在 $x=0$ 处的$F_c(t)$]。简化梁模型只考虑梁受弯矩作用,剪力产生的扭矩忽略不计。模型还假设试件横截面保持为平面,且垂直于梁的轴线。因此,截面的旋转等于梁变形的斜率,如图 4-10 所示。在以上假设条件下,考虑运动惯量,忽略转动惯量,则梁的运动方程可以表示为:

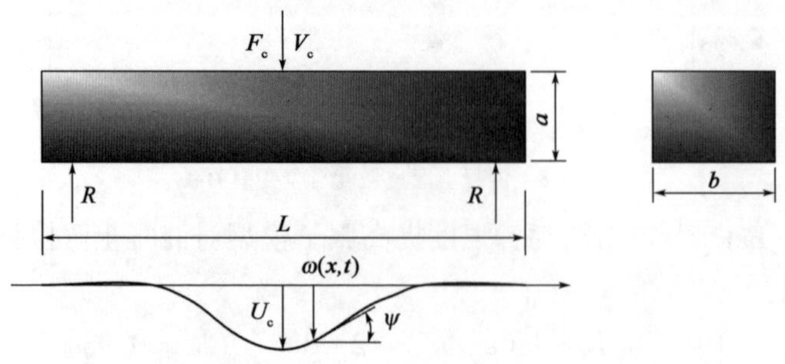

图 4-10 长梁模型示意图(瞬时位移 U_c 和截面转角 ψ)

$$\frac{\partial^4\omega}{\partial x^4}+4\alpha^4\frac{\partial^2\omega}{\partial t^2}=0,\text{其中 }4\alpha^4=\frac{\rho S}{EI} \tag{4-4}$$

式中，$x\in[0,L/2]$。

基于假设 $T_R \ll T_c$，梁中心位置应力的变化不会受到支座的影响，即假设梁是无限长的。这样 x 范围则会变成 $x\in[0,+\infty]$，梁在支承位置和冲击位置的边界条件为：

$$\frac{\partial\omega}{\partial x}(0,t)=0,\frac{\partial^3\omega}{\partial x^3}(0,t)=\frac{F_c(0,t)}{2EI},\text{且 }\omega(+\infty,t)=0 \tag{4-5}$$

将问题进一步简化，对于一根很长的梁，根据测量的试验数据可以得到位移 U_c 和作用力 F_c 在 $x=0$ 处的边界条件。因此，需要确定的是另外两个未知边界条件，即旋转角度 $\psi(0,t)$ 和弯矩 $M(0,t)$，见图 4-10。简化后的问题考虑到了冲击点裂缝的产生和发展过程，当 $\psi(0,t)=0$ 时，则与提出的问题相同，且包含了第一条裂缝发生后的情况，更具有普遍性。因此，这一模型可以用来描述试件的开裂过程。

裂缝的冲击位置边界条件为：

$$\omega(0,t)=U_c(t),\frac{\partial\omega}{\partial x}(0,t)=\psi(0,t),\frac{\partial^2\omega}{\partial x^2}(0,t)=\frac{M(0,t)}{EI},\frac{\partial^3\omega}{\partial x^3}(0,t)=\frac{F_c(0,t)}{2EI} \tag{4-6}$$

式中，$U_c(t)$ 和 $F_c(t)$ 为已知函数[见式(4-1)和式(4-2)]；$\psi(0,t)$ 和 $M(0,t)$ 为未知函数。在梁的末端取 $\omega(+\infty,t)=0$。

试件的瞬时弹性动态响应可根据试验数据确定如下[2]：

$$\omega(x,t)=\int_0^t G_1(t-\tau)\Omega_1(x,\tau)\mathrm{d}\tau-\int_0^t[G_1(t-\tau)+G_2(t-\tau)]\Omega_2(x,\tau)\mathrm{d}\tau \tag{4-7}$$

其中：

$$\Omega_1(x,\tau)=\frac{1}{\sqrt{\pi t}}\cos\left(\frac{\alpha^2x^2}{2t}\right),\Omega_2(x,\tau)=\frac{1}{\sqrt{\pi t}}\sin\left(\frac{\alpha^2x^2}{2t}\right)$$

由此，可得到 $x=0$ 处的旋转角度和弯矩：

$$\psi(0,t)=-2\alpha\int_0^t\frac{V_c(\tau)}{\sqrt{\pi(t-\tau)}}\mathrm{d}\tau+\frac{1}{4EI\alpha^2}\int_0^t F_c(\tau)\mathrm{d}\tau \tag{4-8}$$

$$M(0,t)=\frac{1}{2\alpha}\int_0^t\frac{F_c(\tau)}{\sqrt{\pi(t-\tau)}}\mathrm{d}\tau-2EI\alpha^2V_c(t) \tag{4-9}$$

将初始旋转角度等于零代入上式，可以得到断裂发生前的弹性阶段入射杆末端冲击速度和冲击力之间的关系，表示为：

$$V_c(t)=\frac{1}{2\eta}\int_0^t\frac{F_c(\tau)}{\sqrt{\pi(t-\tau)}}\mathrm{d}\tau,\text{其中 }\eta=4EI\alpha^3 \tag{4-10}$$

则，入射波和反射波的关系可表示为：

$$\varepsilon_r(t)=\varepsilon_i(t)-\int_0^t\frac{2\varepsilon_i(\tau)}{\sqrt{\tau_f}}\times\left(\frac{1}{\sqrt{\pi(t-\tau)}}-\frac{1}{\sqrt{\tau_f}}e^{\frac{t-\tau}{\tau_f}}\mathrm{erfc}\left(\sqrt{\frac{t-\tau}{\tau_f}}\right)\right)\mathrm{d}\tau \tag{4-11}$$

式中，$\tau_f=\left(\frac{2\eta}{Z_B}\right)^2$；$\mathrm{erfc}(t)=\frac{2}{\sqrt{\pi}}\int_t^\infty e^{-t^2}\mathrm{d}t$——误差函数。

4.4.2 模型应用

首先,使用入射波减去反射波,由式(4-1)则可计算得到冲击点的速度。其次,将入射波和反射波相加,由式(4-2)则可计算得到冲击点的作用力。由于应变片粘贴在入射杆的中间某一位置,波的运动表示为时间的函数。只要计算出冲击点的速度和冲击力,旋转角度和弯矩则可由式(4-8)和式(4-9)得到。

1. 脉冲平移

由于记录入射波和反射波的应变片粘贴在入射杆的中间位置,应变片直接测得的入射波和反射波并不同步。脉冲可以根据波的轴向传播规律进行同步,也可以根据试件的弹性结构响应来模拟。但是,只考虑波的运动距离和波速对脉冲-时间曲线进行移动并不能得到准确的结果。例如,在弯拉试验中,入射杆末端的形状也可能对平移结果产生影响。因此,保证脉冲同步的最好方法是对入射波的反射过程进行模拟,以确定反射波的开始时间。这一同步方法也已经用于压缩试验中[3],且该方法对于使用长梁模型进行数据分析的弯曲试验仍然适用。

假设试件为弹性,则在施加荷载的短暂瞬间,式(4-11)表示的入射波与反射波的关系仍然适用。这一关系可以用于模拟试件的弹性响应。根据入射脉冲,计算得到弹性响应阶段的反射波,并准确确定测量的反射波起始位置。这一过程称为脉冲平移,如图 4-11 所示。

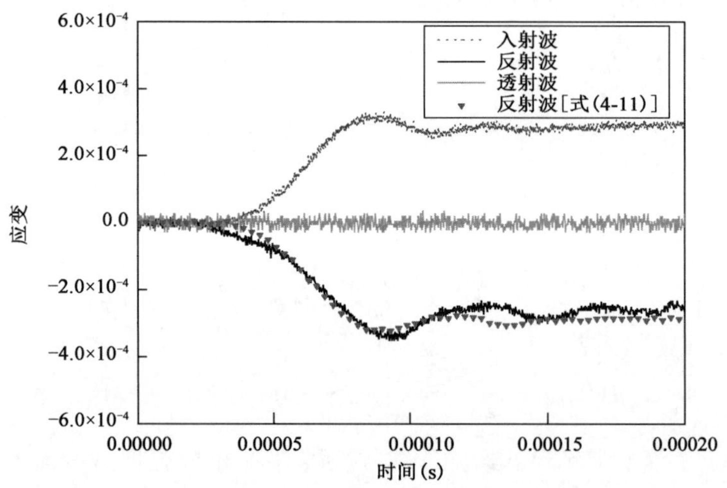

图 4-11 弹性公式计算反射波得出的脉冲同步图

2. 弹性过程分析

图 4-12 和图 4-13 分别为根据式(4-1)和式(4-2)计算得到的冲击速度和冲击力,图中两条曲线分别为试验值和根据弹性响应的计算值。从图中可以看出,当 $t<40\mu s$ 时,弹性响应所得曲线能够很好地与试验测量信号所得曲线相吻合。这一结果证明,假设梁在受力初始阶段为线弹性是合理的。裂缝产生以后,材料表现为非线性,在图中表现为两条曲线逐渐分开($T_R \approx 40\mu s$)。

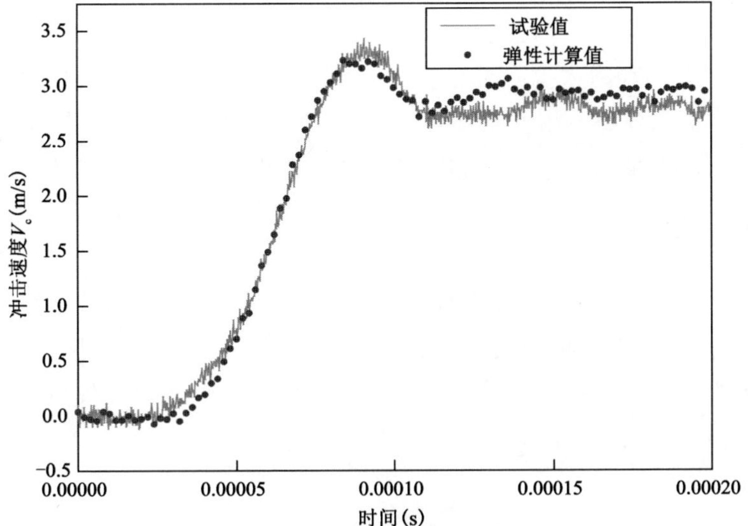

图4-12　入射杆末端的冲击速度

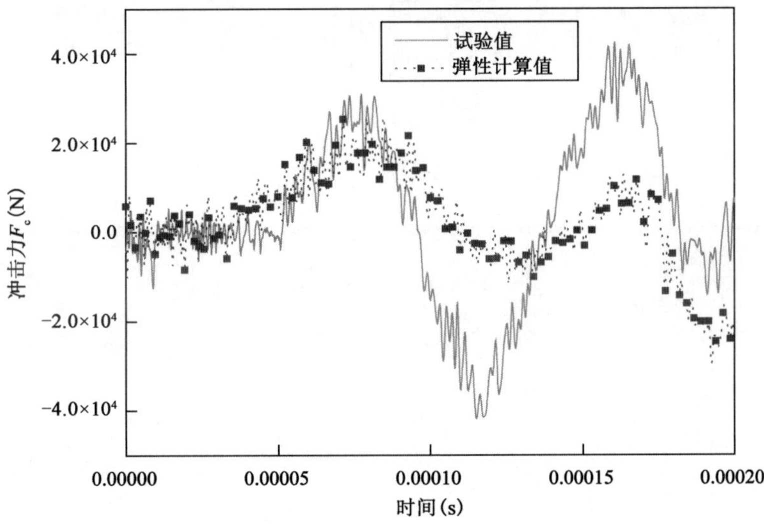

图4-13　入射杆末端的冲击力

在弹性阶段，将式(4-10)代入式(4-9)，可得到弯矩为：

$$M(0,t) = \frac{1}{4\alpha}\int_0^t \frac{F_c(\tau)}{\sqrt{\pi(t-\tau)}}\mathrm{d}\tau = 2EI\alpha^2 V_c(t) \tag{4-12}$$

此时，高度方向的最大拉应力为：

$$\sigma(t) = \frac{aM(0,t)}{2I} = \frac{a}{8I\alpha}\int_0^t \frac{F_c(\tau)}{\sqrt{\pi(t-\tau)}}\mathrm{d}\tau = aE\alpha^2 V_c(t) \tag{4-13}$$

最大应变率为：

$$\dot{\varepsilon}(t)=a\alpha^{2}\frac{\mathrm{d}V_{\mathrm{c}}(t)}{\mathrm{d}t} \tag{4-14}$$

需要注意的是,弯矩和最大拉应力与冲击点的速度呈正比例关系,应变率取决于冲击点的加速度。图4-12中的曲线展示了冲击速度 V_c 随时间的变化关系,反映了试件弹性阶段的准线性响应。应变率也与弹性阶段相关,根据式(4-14)计算得到的应变率为 $21.1\mathrm{s}^{-1}$。

4.4.3 模型验证

为了验证使用长梁模型分析混凝土短梁试验结果的可靠性,对试验过程进行了有限元模拟。选用LS-DYNA软件作为动态分析工具,材料模型和参数的确定参照试验结果,模型和网格划分如图4-14所示。图4-15展示了试件中心位置的裂缝形成及发展过程。模拟得到的试件破坏形态与实际破坏形态基本相同,如图4-16所示。

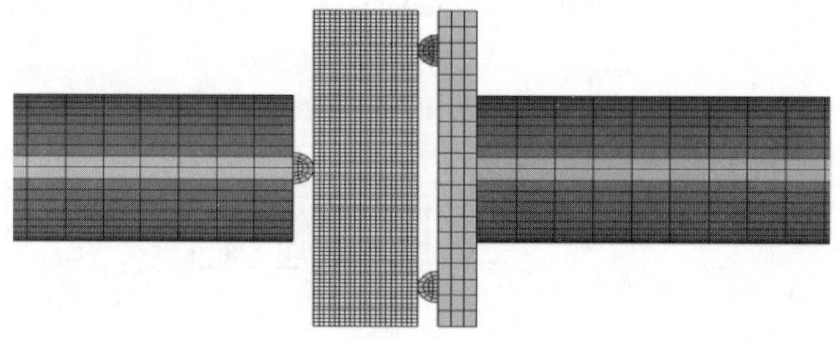

图4-14　有限元模型及网格划分图

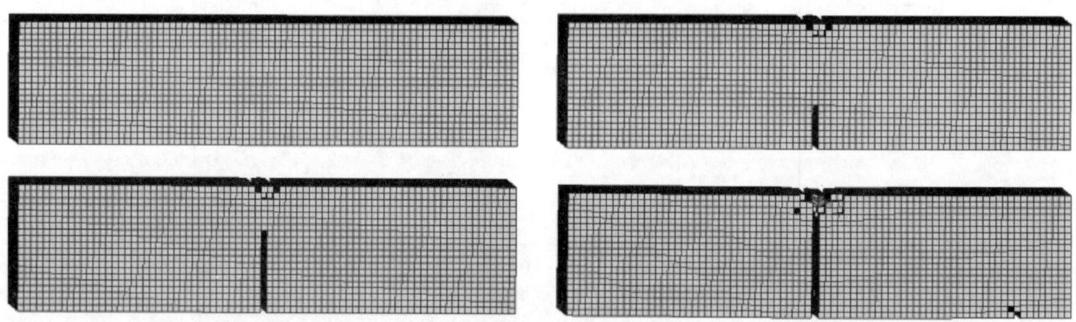

图4-15　模拟弯拉试件破坏过程

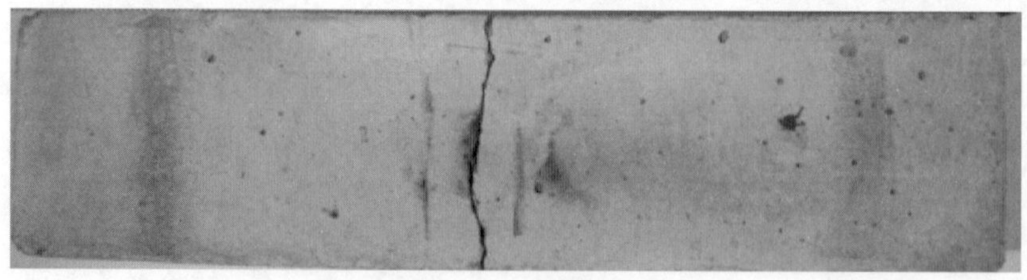

图4-16　冲击试件破坏形态

由于试件在第一个入射脉冲内发生破坏，因而试件上的作用力出现峰值点，而位移持续增大，如图4-17 和图4-18 所示。

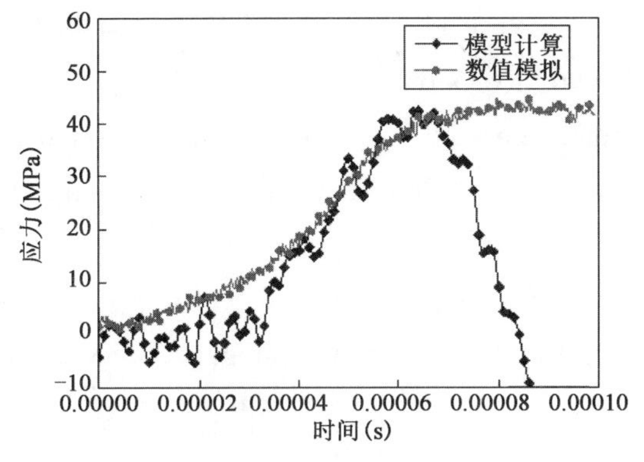

图4-17　试件内的最大拉应力

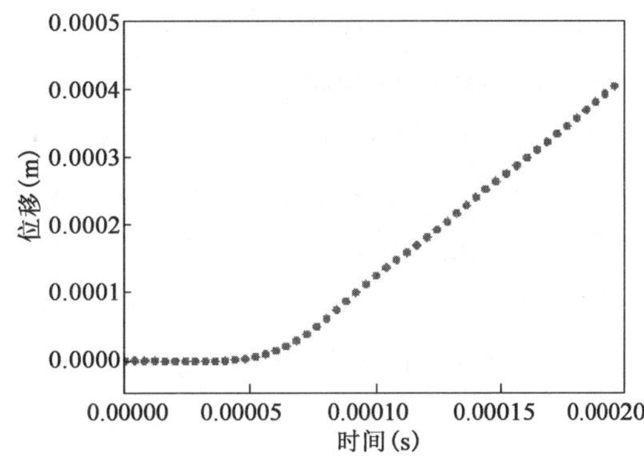

图4-18　入射杆末端的位移

试验分析过程中，假设试件是一种仅有弹性范围的脆性材料。因此，有限元模拟和模型计算结果都只在弹性阶段有效。在有限元模拟中，断裂发生时间为试件上作用力达到最大值的时刻。从图4-17 可以看出，试件断裂和最大拉应力出现在同一时刻，即满足位移边界条件 $\omega = U_c$ 时刻。在冲击到断裂发生的时间内，长梁模型和有限元模型计算所得的最大拉应力和应变率都能很好地相互吻合。因此，长梁模型的分析方法在短梁试件动态弯拉试验中仍然适用。

4.5　本章小结

由于弯拉试验的破坏一般较早发生，且应变较小，采用传统的分析方法难以得到准确的结果。基于此，本章提出了适用于准脆性材料 SHPB 动态弯曲试验结果分析的新方法，建立的长梁模型主要针对在很短时间、较小应变下发生断裂的情况。本章主要得出以下结论：

(1)在冲击弯拉试验中，当试件的高跨比小于某一临界值时，应力波透过试件的时间会小于其沿试件长度方向传播到支撑点的时间。试件的受拉表面已经开裂，而支座处应力仍然为零。这一情况下，根据应力平衡原理和应力波传播理论计算强度存在理论上的偏差。

(2)混凝土开裂之前处于弹性阶段，基于弹性力学的基本变形公式和边界条件提出无限长梁模型。结合冲击过程的动力学原理，推导出应力波传播方程和相应的作用力计算公式。当弯拉试验中，断裂发生时间在应力波沿试件轴向传播到支承点并反射回到冲击点之前时，采用这一方法分析试验过程比较准确。

(3)根据理论计算结果，对试验数据进行脉冲平移和应力计算分析后，可得出混凝土动态弯拉强度值。结果表明，动态弯拉强度也存在明显的应变率效应。混凝土弯拉强度 DIF 和应变率呈线性关系，线性拟合斜率为3.42。

(4)LS-DYNA 的模拟结果表明，模拟破坏时间与长梁模型计算破坏时间接近，混凝土试件在达到峰值应力时发生破坏，由此验证了长梁模型的合理性。

本章参考文献

[1] Bischoff P H, Perry S H. Impact behavior of plain concrete loaded in uniaxial compression[J]. ASCE Journal of Engineering Mechanics, 1995, 121(6): 685-693.

[2] Delvare F, Hanus J L, Bailly P. A non-equilibrium approach to processing Hopkinson bar bending test data: application to quasi-brittle materials[J]. International Journal of Impact Engineering, 2010, 37: 1170-1179.

[3] Zhao H, Gary G. Onthe use of SHPB techniques to determine the dynamic behavior of materials in the range of small strains[J]. International Journal of Solids and Structures, 1996, 33(22): 3363-3375.

第5章 混凝土动态劈拉强度统计分析与数值模拟

5.1 引言

在劈拉试验中,试件起裂位置和破坏形态是影响试验准确性的重要因素。一般情况下,只有试件从中心起裂且裂缝沿着加载直径发展,才认为劈拉试验是有效的。而在动力作用下,荷载峰值和作用时间不断变化,试件内的应力分布复杂,起裂位置是否位于试件中心难以确定。即使初始裂缝出现在试件中心,由于应力波的传播速度大于裂缝的扩展速度,裂缝的开展很难沿直径方向。因此,研究冲击荷载作用下劈拉试件的应力分布和破坏过程,具有重要的意义。本章采用 SHPB 装置对混凝土试件开展不同冲击速度和加载弧度下的动态劈裂试验,对试件在动态劈拉工况下的应力平衡、起裂位置及破坏形态等问题进行研究,并运用有限元软件对试件破坏过程进行模拟。除此以外,根据弹性理论公式计算劈拉强度,引入 Weibull 统计模型进行线性方法拟合,获得劈拉强度与加载弧度的定量关系。

5.2 试验原理与方法

5.2.1 试验过程

1. 试样准备

劈拉试验采用 ϕ74mm × 37mm 的圆柱体混凝土试件,试件原材料及配合比同第 2.2.1 节。试件浇筑在尺寸为 900mm × 900mm × 300mm 的钢模中。养护一周后,对长方体试件进行取芯、切割和加工。根据国际岩石力学学会(ISRM)要求和试验加载装置的尺寸要求,将试件加工成高径比为 0.5 的圆柱体。试件两端面需打磨平整,保证成形试件的垂直度。将加工完成后的试件放置于饱和的氢氧化钙溶液中,养护 30d 后取出。继续在实验室中自然养护。制作完成的试件如图 5-1 所示。

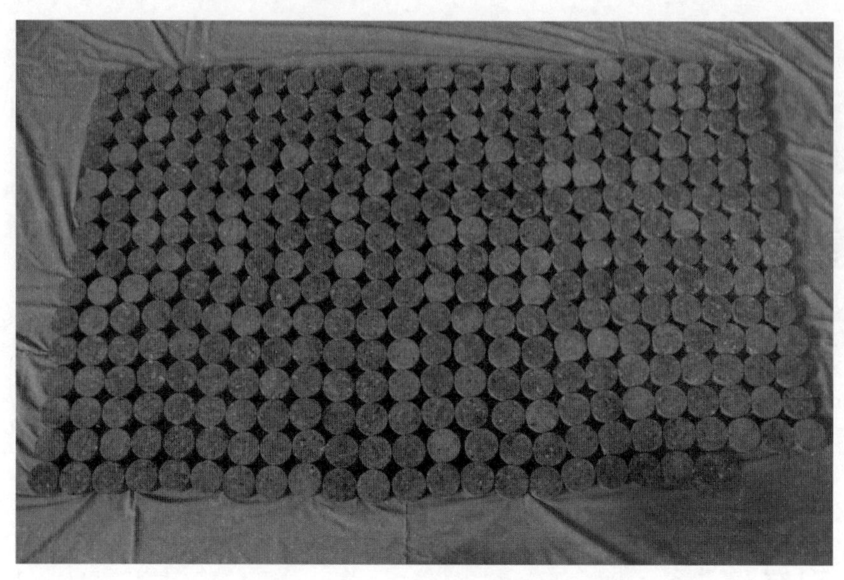

图 5-1　制作完成的试件

2. 静态劈拉加载

静态劈拉试验采用新三思液压伺服万能试验机。根据 ISRM 的建议方法,采用荷载控制加载,加载速率为 0.1kN/s。从试件开始加载至达到极限承载力破坏大约用时 10min。为研究不同加载端接触对劈拉性能的影响,分别进行 4 组劈拉试验,即标准圆弧加载、15°钢圆弧加载、20°钢圆弧加载和 30°钢圆弧加载。加载装置及试件加载过程分别如图 5-2 和图 5-3 所示,不同加载弧度的示意图如图 5-4 所示。

图 5-2　不同加载端

图 5-3　标准圆弧加载装置

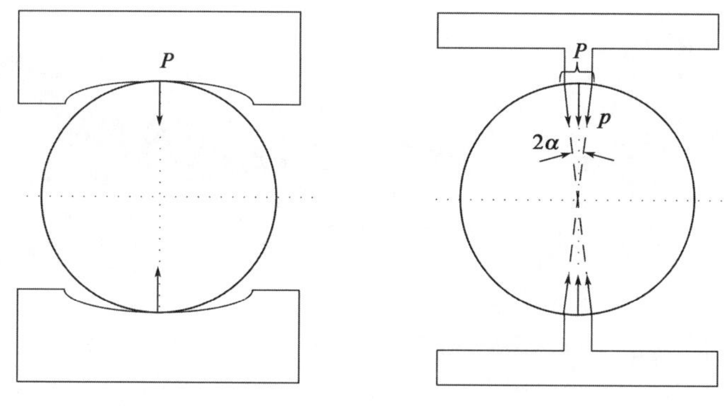

图 5-4　不同弧度劈拉加载试件受力示意图

注:$2\alpha = 15°$、$20°$、$30°$。

3. 动态劈拉加载

动态劈拉试验采用 SHPB 作为加载装置。试验所用子弹直径为 37mm,长 600mm。入射杆直径为 74mm,长 3200mm;透射杆直径为 74mm,长 1800mm。所用测量仪器包括测速计和动态应变仪。试验装置及加载示意图如图 5-5 所示。

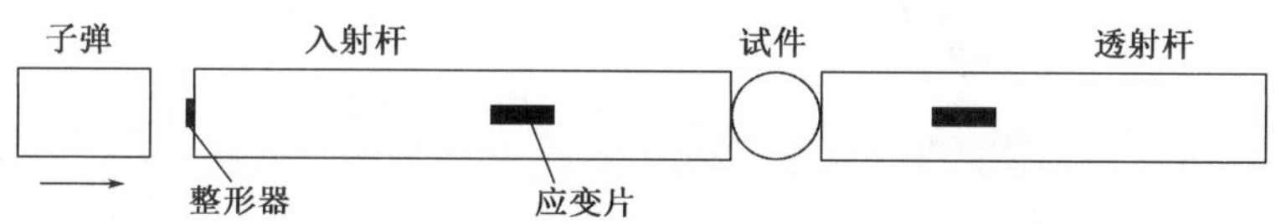

图 5-5　SHPB 劈拉试验加载示意图

试验过程中,子弹撞击入射杆产生压应力波,应力波沿入射杆向前传播。在试件和入射杆的交界面,入射波部分发生反射返回入射杆,另一部分透过试件进入透射杆。反射的应力波是拉应力波,透射的应力波是压应力波。分别在入射杆和透射杆上距离试件 720mm 和 650mm 位置处粘贴应变片,测量杆件的应变-时间曲线。

SHPB 试验的基础是一维应力波理论。一维应力波理论有两个假设:平截面假定和应力均匀性假定。入射杆和透射杆都是细长杆件,满足平面假定。为了保证试件两端的应力平衡,采用直径 20mm、厚度 1mm 的紫铜片对入射波进行整形。劈拉试验得到的不同冲击速度下杆内典型的应力波如图 5-6 ~ 图 5-9 所示,入射杆和透射杆作用在试件上的力分别为 $P_1 = A_b E(\varepsilon_i + \varepsilon_r)$,$P_2 = A_b E\varepsilon_t$。其中,$\varepsilon_i$、$\varepsilon_r$ 和 ε_t 分别为入射、反射、透射波的应变,A_b 为杆的截面积,E 为杆的弹模。为了计算试件两端的应力-时间关系,将入射波和反射波的时间零点调到试件和入射杆的接触面,将透射波的时间零点调到试件和透射杆的接触面。从图中可以看出,当冲击速度较小时,试件在较短的时间内可达到稳定的应力平衡;当冲击速度较大时,试件两端面的作用力相差较大,应力平衡条件不能满足。

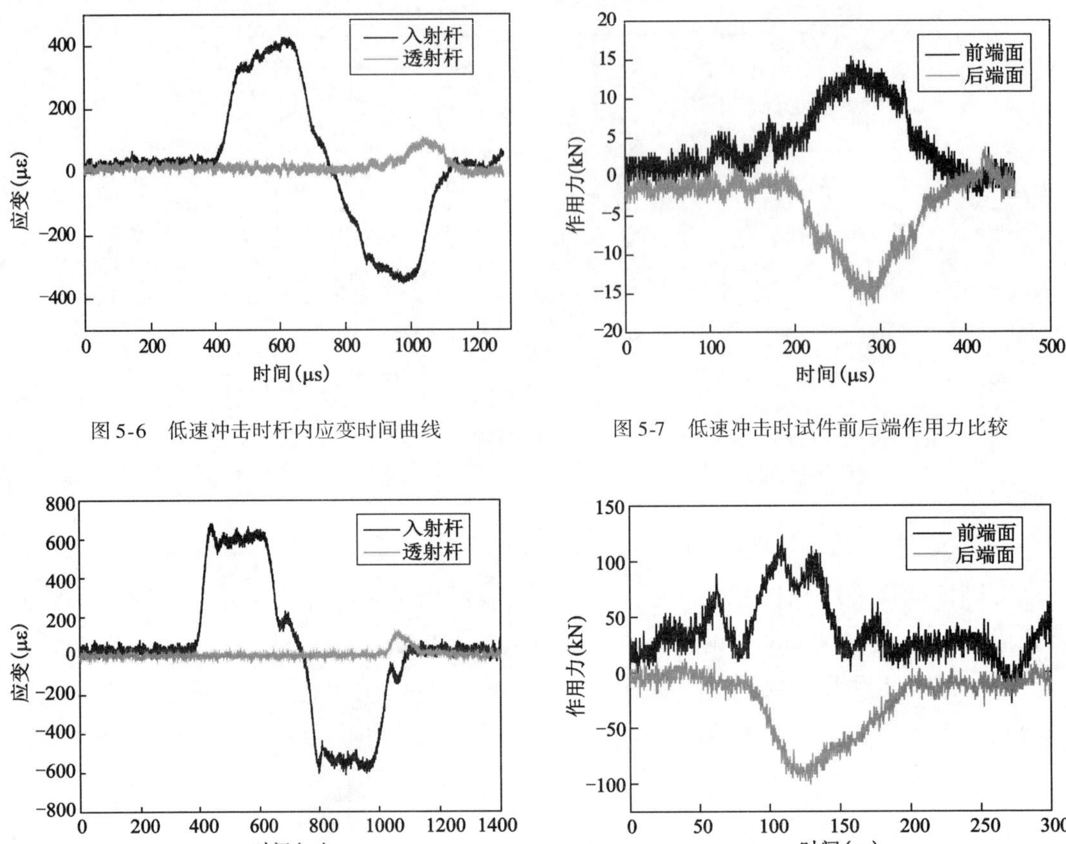

图 5-6　低速冲击时杆内应变时间曲线

图 5-7　低速冲击时试件前后端作用力比较

图 5-8　高速冲击时杆内应变时间曲线

图 5-9　高速冲击时试件前后端作用力比较

将与静态劈拉试验相同的加载端用于动态试验中，即分别采用标准圆弧加载夹具、15°钢圆弧加载夹具、20°钢圆弧加载夹具和 30°钢圆弧加载夹具进行动态劈拉试验。除此以外，在相同加载方式下，考虑加载速率的影响，分别选用 3 组不同的子弹冲击速度进行试验。图 5-10 所示为标准圆弧动态劈拉加载方式，其他弧度加载类似。

图 5-10　标准圆弧加载的动态劈裂试验

5.2.2　劈拉强度计算

为计算圆盘试件内部应力分布，对实际的加载条件进行如下假设：

(1)混凝土在拉压应力下均处于弹性阶段;

(2)加载区域的局部损伤不会影响试件内的应力分布;

(3)由于加载点存在很高的局部压应力,受拉初始裂缝不出现在这一区域。

基于上述假设,经典理论认为集中荷载作用在非常小的宽度范围内,可以认为是线荷载,由此得到劈拉试件的强度:

$$\sigma_{\mathrm{t}}=\frac{2P}{\pi dt} \tag{5-1}$$

式中:P——破坏荷载;

d——试件直径;

t——试件高度。

Jaeger and Cook[1]基于理论计算得到试件在劈拉工况下内部二维应力场的分布情况。考虑试件的厚度,沿加载直径方向的拉应力可表示为:

$$\sigma_x=\frac{P}{\pi Rt}$$

$$\sigma_y=-\frac{P}{\pi Rt}\left(\frac{3R^2+y^2}{R^2-y^2}\right) \tag{5-2}$$

式中:R——试件半径。

由于试件应力关于y轴对称,则式(5-2)即为试件沿直径方向的主应力,最大和最小主应力分别与y轴平行和垂直。试件破坏服从Griffith强度准则[2],即:

当$3\sigma_1+\sigma_3\geqslant0$时,有$\sigma_{\mathrm{t}}=\sigma_1$;

当$3\sigma_1+\sigma_3<0$时,有$\sigma_{\mathrm{t}}=-\dfrac{(\sigma_1-\sigma_3)^2}{8(\sigma_1+\sigma_3)}$。

其中,σ_1和σ_3分别为最大和最小主应力(以拉应力为正)。

在试件中心位置处,有$\sigma_1=\dfrac{P}{\pi Rt}$,$\sigma_2=\dfrac{-3P}{\pi Rt}$,满足$3\sigma_1+\sigma_3=0$,那么$\sigma_{\mathrm{t}}=\dfrac{P}{\pi Rt}$即为混凝土抗拉强度。按照Griffith强度准则,只要试件从中心位置起裂,那么该位置的应力分量σ_{t}即为材料的拉伸强度。

但在实际加载过程中,荷载不可能是完全的集中线荷载,而是分布在较小范围内的均布荷载。即使采用平盘加载或大圆弧加载,也仅在初始加载时,试件和加载端满足集中线接触荷载条件。随着荷载的进一步增大,试件产生变形,试件和接头之间的接触面积显著增大。此时实际荷载不能简化成集中线荷载。

为此,对劈拉试验的加载端采用圆弧加载,使得作用在试件表面的荷载均匀分布在2α弧度范围内,作用强度为p,如图5-11所示,则有$P=2p\alpha Rt$。对薄圆盘试件,Hondros[3]分析了径向均布荷载作用下试件内部的应力分布,得到了应力分布场的级数展开表达式:

$$\sigma_{\mathrm{r}}=-\frac{2p}{\pi}\left\{\alpha+\sum_{n=1}^{n=\infty}\left[1-\left(1-\frac{1}{n}\right)\left(\frac{r}{R}\right)^2\right]\left(\frac{r}{R}\right)^{2n-2}\sin2n\alpha\cos2n\theta\right\}$$

$$\sigma_\theta = -\frac{2p}{\pi}\left\{\alpha - \sum_{n=1}^{n=\infty}\left[1 - \left(1 + \frac{1}{n}\right)\left(\frac{r}{R}\right)^2\right]\left(\frac{r}{R}\right)^{2n-2}\sin 2n\alpha\cos 2n\theta\right\}$$

$$\tau_{r\theta} = -\frac{2p}{\pi}\left\{\sum_{n=1}^{n=\infty}\left[1 - \left(\frac{r}{R}\right)^2\right]\left(\frac{r}{R}\right)^{2n-2}\sin 2n\alpha\cos 2n\theta\right\} \tag{5-3}$$

式中：p——试件上作用的均布荷载强度；

2α——荷载作用范围；

R——试件半径；

r、θ——分别为极坐标上任意一点。

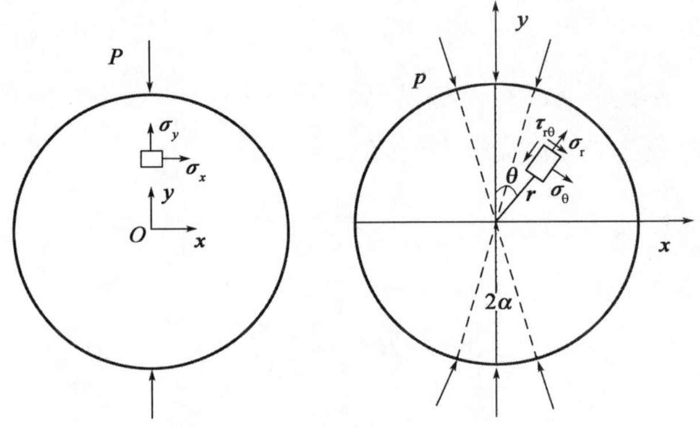

图 5-11 劈裂试件受力示意图

5.3 静动态破坏模式

5.3.1 静态劈拉破坏模式

试件静态劈拉破坏形态如图 5-12 所示。采用标准圆弧加载时，试件在加载直径附近会产生多条交叉裂缝，且加载接触位置存在一定的压缩破坏，具体如图 5-12(a)所示。当采用 15°圆弧加载时，试件中心位置会产生一条沿加载直径方向的裂缝，加载位置有小块楔形碎块压碎脱落，具体如图 5-12(b)所示。当采用 20°圆弧加载时，试件沿加载直径方向会产生一个平整的劈裂破坏面，试件被完整地劈裂成两半，加载位置没有出现明显的压缩破坏，具体如图 5-12(c)所示。当采用 30°圆弧加载时，试件劈裂裂缝偏离直径方向，分布在整个加载接触的区域内，破坏时中心出现带状剪切破坏，具体如图 5-12(d)所示。

标准巴西圆盘试验的试件中心存在多条裂缝，这些裂缝可能是由于试件劈裂成两半后，加载设备能量的继续释放导致的。因此，加载装置的刚度会对劈拉试验结果产生较大的影响。而 15°和 20°圆弧加载时只在试件的直径位置产生一条裂缝，且 20°圆弧能更好地减少加载位置的应力集中现象。当加载弧度继续增大时，裂缝不能保证出现在试件的中心位置，同时破坏荷载增大，这可能是由于端部摩擦效应引起的。因此，静态劈拉试验推荐采用的理想加载方式为 20°圆弧加载。

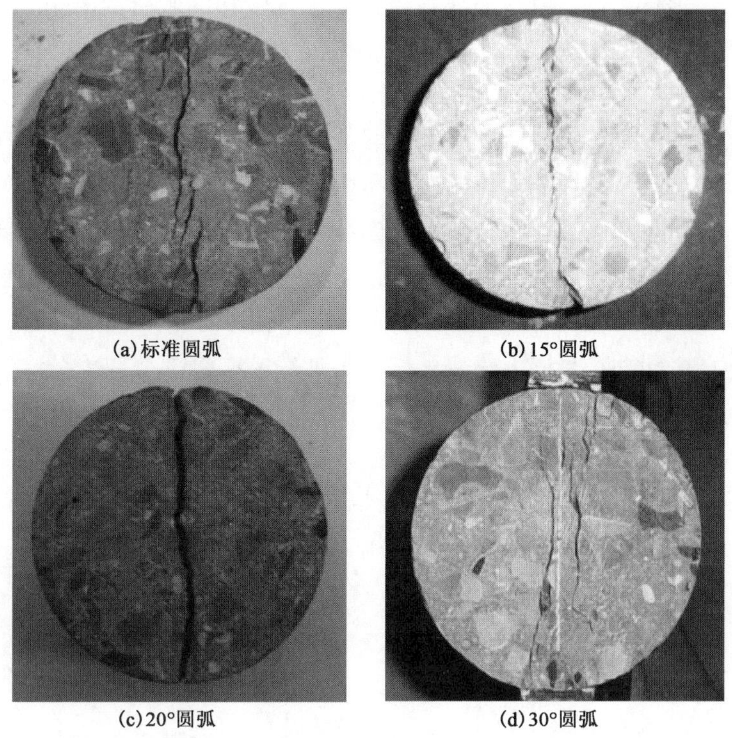

(a)标准圆弧　(b)15°圆弧

(c)20°圆弧　(d)30°圆弧

图5-12　不同弧度静态劈拉加载试件破坏形态

5.3.2　动态劈拉破坏模式

裂缝的起裂位置和发展过程是判断巴西圆盘试验有效性的重要标准。冲击作用下,试件内的应力状态复杂,由此也会出现多种破坏形态。当应力达到平衡时,试件一般只产生一条中心裂缝,最终劈裂成两半;试件内应力平衡不能满足时,会形成多条裂缝,破坏形态要复杂得多。Zhou等[4]利用高速摄像机对动态劈拉试验的破坏过程进行了研究,结合实际试件破坏形态,将劈拉试件的破坏形态分为三种,分别对应不同的应力分布状态。

(1)应力平衡后破坏

当冲击速度较小时,试件内应力上升比较缓慢。在大多数情况下,裂缝产生之前试件内能够达到应力平衡。起裂位置位于试件的中心位置,随后裂缝沿着加载直径方向扩展,试件开始逐渐分离成两半,直至试件破坏。试件破坏后被完整地劈裂成两半,破坏的两半组合在一起,仍能够拼成完整的试件形状。这种破坏形式一般发生在加载速率小于1200N/s时,如图5-13(a)所示。

(2)多裂缝破坏

随着冲击速度的提高,裂缝可能在应力平衡之前形成。描述脆性材料破坏的Griffith准则不再适用。由于冲击应力波带来大量能量,试件内微裂缝处于不稳定状态,初始裂缝可能发生在试件的任何位置。第一条裂缝形成后,多条裂缝会迅速开展,且裂缝的方向不能确定。

典型的裂缝发展过程为:初始裂缝在试件的边缘形成,且并不沿着加载直径方向发展。随后,多条裂缝在初始裂缝周围形成,裂缝的发展方向交叉复杂。这些裂缝控制了试件的破坏形态。试件最终仍然劈裂成两半,但在加载直径方向出现带状的脱落混凝土。这种破坏形态普遍出现在加载速率为 1000 ~ 2000N/s 时,如图 5-13(b)所示。

(3)碎块状破坏

当冲击速度继续增加时,破坏后试件的加载位置处出现混凝土压碎脱落,且脱落的碎块多呈楔形。在静态劈拉试验中,加载位置的破坏是由于径向压力过大,使得试件和加载端接触位置产生应力集中而破坏,这种破坏会导致测得的拉伸强度偏大。对于动态试验,由于冲击速度过快,首先在加载端与试件的接触部位出现损伤,且入射杆一端的损伤程度更加严重,起裂位置也就发生在这一区域而不是试件中心。也可以认为,由于冲击产生很高的加速度,加载端与试件之间的摩擦力显著增加,摩擦力改变了试件与加载端接触部分应力分布,并导致试件接触部分破坏。这一局部破坏改变了试件整体的应力分布和变形,由此形成了一个带状的冲击破坏区域,而不是从试件中心破坏。这一破坏形态通常发生在加载速率超过 1500N/s 时,如图 5-13(c)、(d)所示。由于裂缝的起裂位置不在试件中心,这种破坏类型的结果不能用于强度分析。

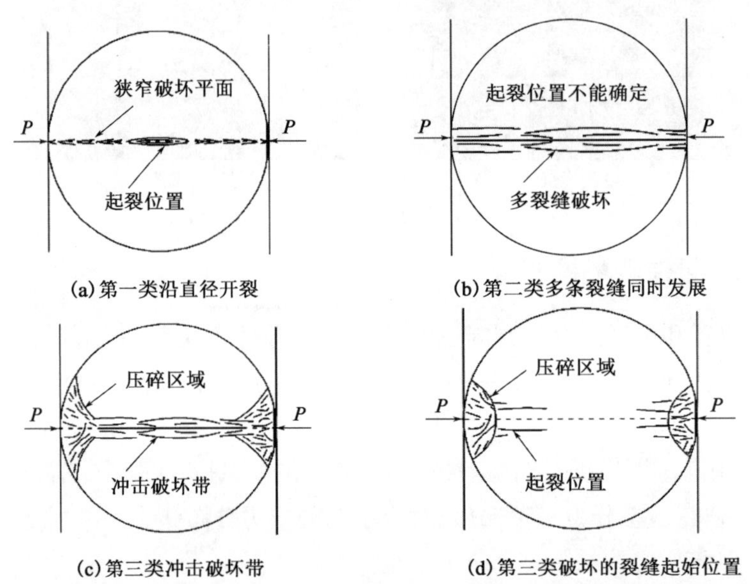

图 5-13　试件的劈拉破坏模式

不同冲击速度和加载弧度下,试件的典型冲击试验结果如图 5-14 ~ 图 5-16 所示。当冲击速度为 8m/s 时,对不同的圆弧加载,试件均被劈裂成基本完整的两半,属于第一类破坏。但接触端部的压碎状态有所区别,15°圆弧加载时的压碎区域最小。也就是说,低速冲击时,不同圆弧加载对试件的起裂位置不会产生影响,均为中心起裂。而主要影响接触位置的局部应力,15°圆弧加载产生的局部应力较小。当冲击速度提高到 12m/s 时,试件中心多条裂缝同时扩展,属于第二类破坏。其中 15°圆弧加载的试件,裂缝相对较少,且试件中心位置没有破碎脱落的混凝土块。当冲击速度为 16m/s 时,试件中心出现较大的冲击破坏带,属于第三类破坏。剪切位置大概处于圆弧加载面的边缘,所以 15°圆弧加载产生的冲击破坏带最小。由于试件破损严重,边缘的三角形破坏区域并不明显。

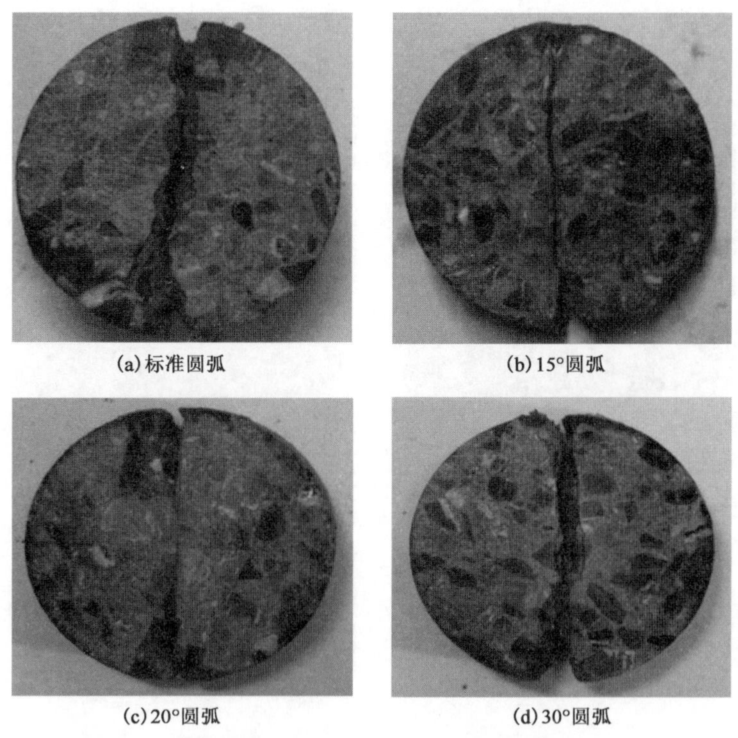

(a)标准圆弧　(b)15°圆弧

(c)20°圆弧　(d)30°圆弧

图 5-14　8m/s 试件动态劈拉加载破坏形态

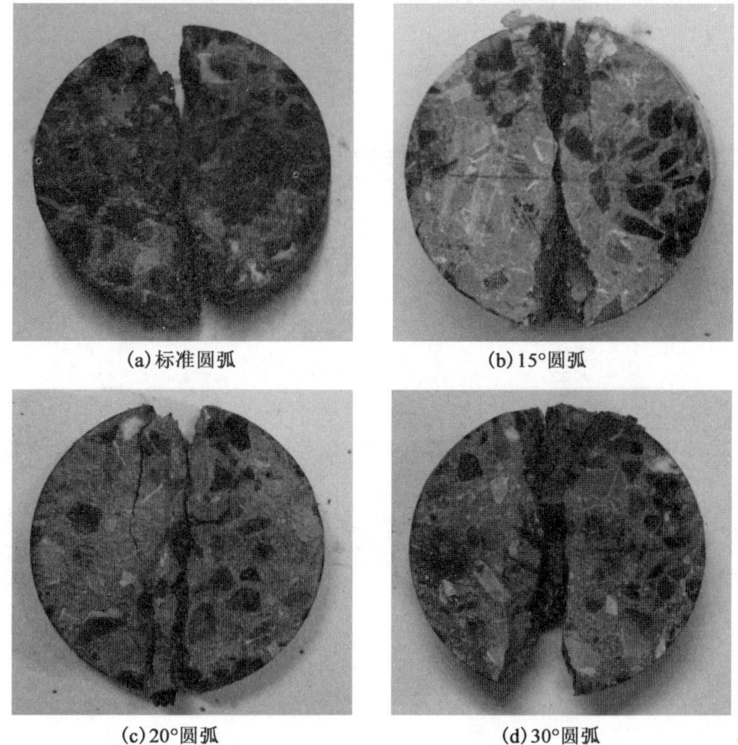

(a)标准圆弧　(b)15°圆弧

(c)20°圆弧　(d)30°圆弧

图 5-15　12m/s 试件动态劈拉加载破坏形态

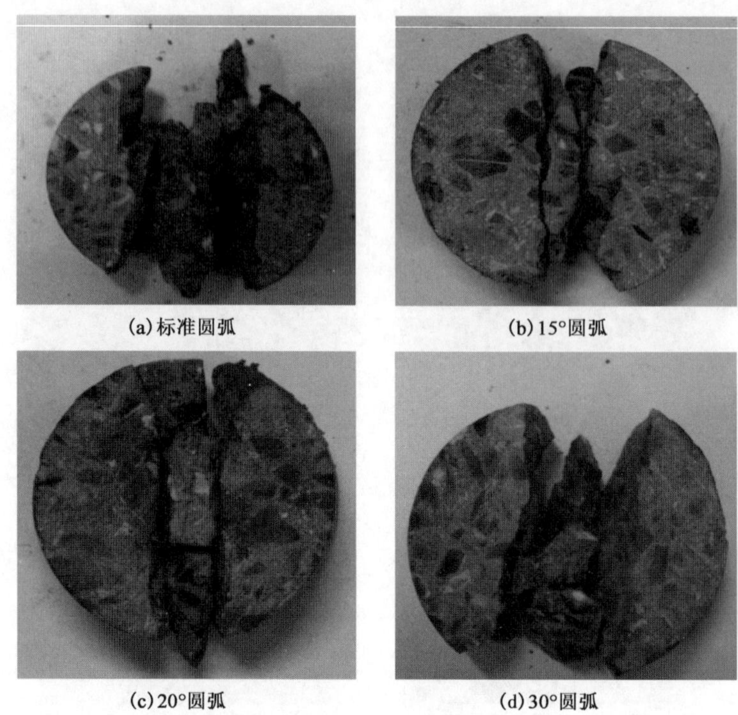

图 5-16 16m/s 试件动态劈拉加载破坏形态

根据以上分析可以发现,动态劈裂试验中,冲击速度是决定试件破坏形态的关键性因素,而采用 15°圆弧加载可以在一定程度上减少试件的局部破坏,使得试件更接近理想破坏状态,从而提高试验的准确性。

5.4 基于 LS-DYNA 的动态劈拉响应模拟

为了更进一步了解混凝土试件的动态劈拉响应,采用大型商业有限元软件 LS-DYNA 对试验过程进行模拟。建立的三维几何模型如图 5-17 所示,网格划分和材料模型选取参考文献[5],网格划分后混凝土部分共生成了 10800 个六面体单元。

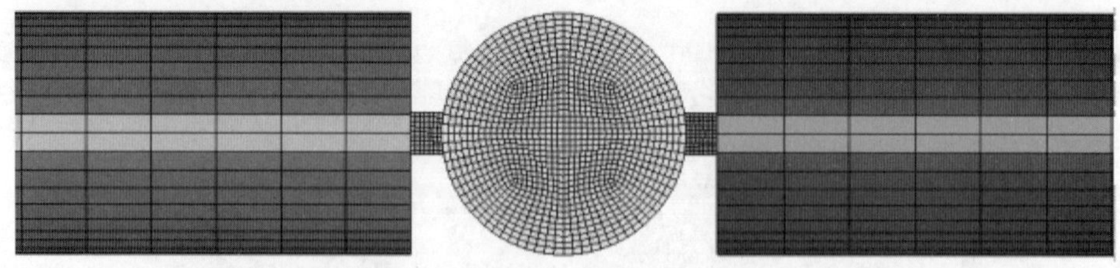

图 5-17 有限元模型及网格划分图

以 20°圆弧加载为例,分别模拟得到低速和高速冲击荷载下试件内部的应力分布,如图 5-18 和图 5-19 所示。

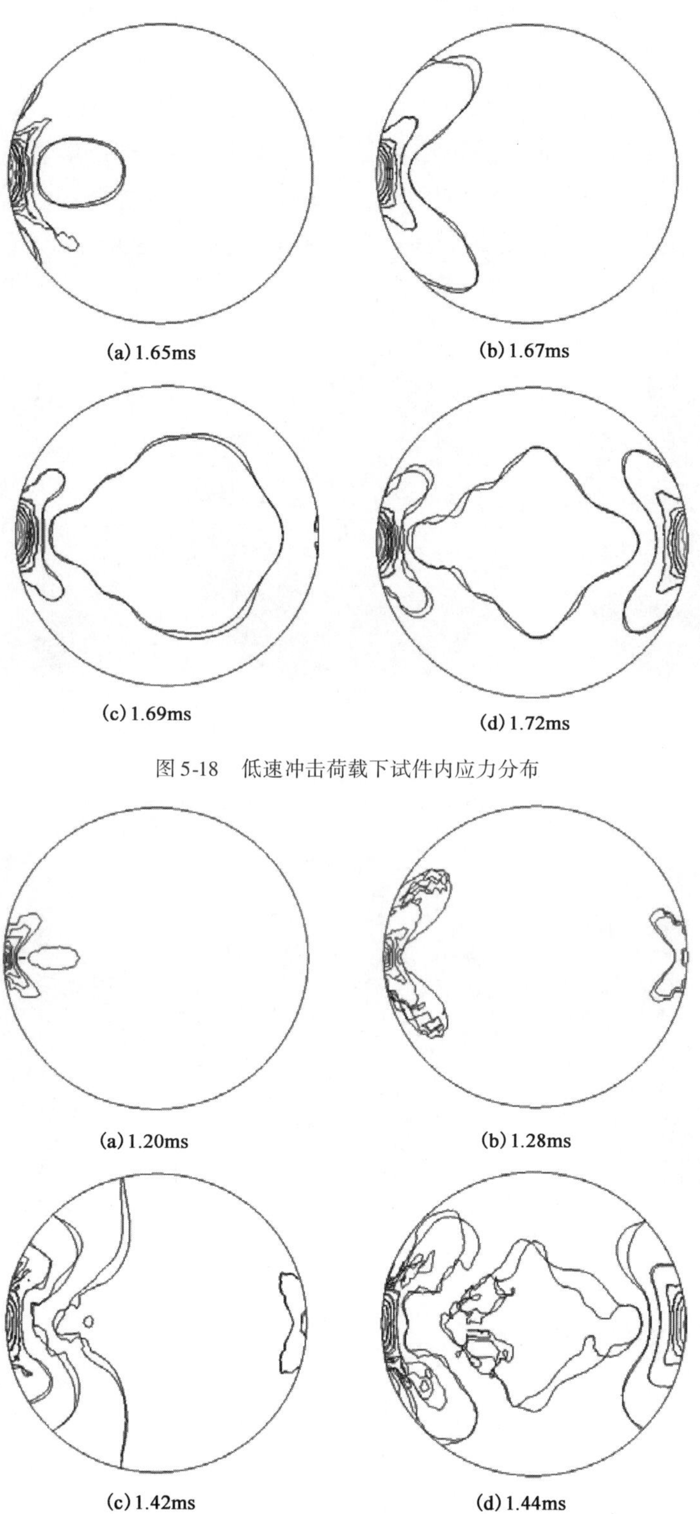

图 5-18 低速冲击荷载下试件内应力分布

图 5-19 高速冲击荷载下试件内应力分布

分析模拟的目的是确定在试件达到破坏前内部应力是否达到与静态荷载相同的应力分布状态。低速冲击时,在加载初期,应力波并未传递到试件的另一端。在很短的一段时间后,应力波的分布即达到均匀的应力分布状态。此时,试件内部应力的分布状态与静态荷载下分布情况类似。而高速冲击时,压应力波向试件另一端传播过程中已经产生裂缝,试件尚未达到应力平衡已经破坏。这一结果与试验中测得的入射杆和透射杆的数据相吻合。基于 LS-DYNA 软件模拟得到了试件内部破坏情况。低速和高速冲击下,初始裂缝的起裂位置和破坏形态分别如图 5-20 和图 5-21 所示。

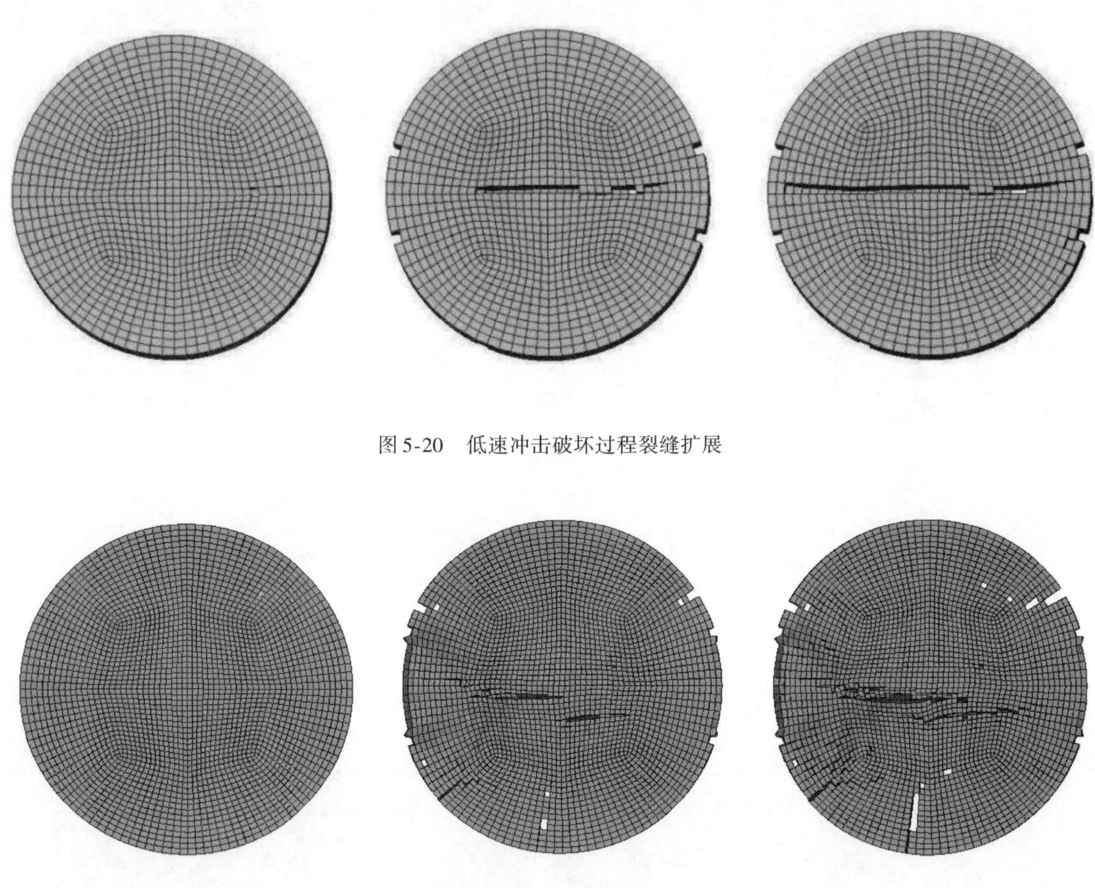

图 5-20　低速冲击破坏过程裂缝扩展

图 5-21　高速冲击破坏过程裂缝扩展

5.5　动态劈拉强度统计分析

采用加载弧度和气压正交组合的方法,研究不同加载方式对混凝土动态劈拉强度的影响。选用 ISRM 标准圆弧、15°、20°和 30°四种加载方式,设置 0.2MPa、0.25MPa、0.3MPa、0.35MPa 和 0.4MPa 五组冲击气压,共进行 20 组试验。考虑动态试验数据具有一定的离散性,每组试验进行 15 次重复试验。

5.5.1　显著性分析

对试验所得的300个劈拉强度，采用IBM SPSS软件进行了方差分析。表5-1～表5-5分别展示了不同冲击气压下，以加载弧度为分析变量的劈拉强度的描述性统计结果，其中，0°表示标准圆弧加载。从表中可以看出，在一定的冲击气压下，动态劈拉强度平均值随着加载弧度的增大而增大，而标准圆弧加载得到的强度与20°加载得到强度比较接近。标准差反映了强度的离散性分布情况，试验所测量的标准差均小于2.2，可以认为动态试验结果是有效的。软件分析还列出了平均值的95%的置信区间，这一区间反映了不同加载条件下总体平均值的差异。

0.20MPa 冲击气压下的劈拉强度值（MPa）　　表5-1

加载弧度(°)	均值	标准差	均值的95%置信区间		极小值	极大值
			下限	上限		
0	6.1653	1.05693	5.5800	6.7506	4.53	8.13
15	5.8300	1.06848	5.2383	6.4217	4.23	7.84
20	6.5573	1.15020	5.9204	7.1943	4.78	8.61
30	7.4487	1.42283	6.6607	8.2366	5.28	10.17

0.25MPa 冲击气压下的劈拉强度值（MPa）　　表5-2

加载弧度(°)	均值	标准差	均值的95%置信区间		极小值	极大值
			下限	上限		
0	8.4987	1.47877	7.6797	9.3176	6.01	11.01
15	7.6480	1.31592	6.9193	8.3767	5.83	10.25
20	8.2033	1.57116	7.3333	9.0734	5.73	11.38
30	9.1873	1.42905	8.3960	9.9787	6.73	11.48

0.30MPa 冲击气压下的劈拉强度值（MPa）　　表5-3

加载弧度(°)	均值	标准差	均值的95%置信区间		极小值	极大值
			下限	上限		
0	11.2767	1.79024	10.2853	12.2681	8.45	14.21
15	10.4787	1.80032	9.4817	11.4757	7.24	13.04
20	11.4993	1.67001	10.5745	12.4242	7.97	13.96
30	12.9747	1.97131	11.8830	14.0663	8.75	15.50

0.35MPa 冲击气压下的劈拉强度值(MPa) 表5-4

加载弧度(°)	均值	标准差	均值的95%置信区间		极小值	极大值
			下限	上限		
0	15.6993	1.90808	14.6427	16.7560	12.43	18.41
15	15.0200	1.82980	14.0067	16.0333	12.43	18.19
20	16.2600	1.72311	15.3058	17.2142	13.38	18.92
30	17.7667	1.76616	16.7886	18.7447	15.17	20.32

0.40MPa 冲击气压下的劈拉强度值(MPa) 表5-5

加载弧度(°)	均值	标准差	均值的95%置信区间		极小值	极大值
			下限	上限		
0	20.1087	2.16175	18.9115	21.3058	16.02	24.78
15	18.6220	1.97903	17.5261	19.7179	15.13	22.50
20	19.6160	2.06618	18.4718	20.7602	15.63	23.53
30	21.9687	2.18013	20.7614	23.1760	18.77	27.05

表5-6为试验数据的方差齐性检验结果,每组试验值的差异显著性(P值)均没有达到最小值0.05,所以是不显著的,符合方差齐性,下文的方差分析结果有效。

方差齐性检验 表5-6

冲击气压(MPa)	Levene 统计量	自由度 df 1	自由度 df 2	P值
0.20	0.765	3	56	0.518
0.25	0.061	3	56	0.980
0.30	0.045	3	56	0.987
0.35	0.116	3	56	0.950
0.40	0.040	3	56	0.989

5.5.2 单因素方差分析(ANOVA)

当试验的样本数量较多时,一般选取样本平均值作为本组的代表值,分析不同试验条件下的样本差异。而方差分析的作用是检验多个样本平均值之间的比较是否具有统计意义[6]。一般认为,不同组别之间平均值的差异来自条件变差和试验误差,也就是说,总变差=条件变差+试验误差。方差分析是按照一定的规则比较不同来源的变异对总变异的贡献,以确定条件变异的影响程度及其相对大小。

表5-7的ANOVA分析反映的是各组数据之间差异的来源:条件变差、试验误差和总变差。表征变差的特征量为平方和、自由度、均方、F-Snedecor统计值(F)和对应的P值。当P值小于0.05时,方差检验结果显著。在不同的冲击气压下,加载弧度均会对劈拉强度产生影响,但

其影响的显著性规律并不明显,还需要进一步探讨。

单因素方差分析　　表 5-7

冲击气压(MPa)		平方和	自由度 df	均方	F 值	P 值
0.2	组间	21.962	3	7.321	5.223	0.003
	组内	78.486	56	1.402		
	总数	100.449	59			
0.25	组间	18.492	3	6.164	2.925	0.042
	组内	118.008	56	2.107		
	总数	136.500	59			
0.3	组间	48.817	3	16.272	4.961	0.004
	组内	183.696	56	3.280		
	总数	232.513	59			
0.35	组间	61.506	3	20.502	6.271	0.001
	组内	183.084	56	3.269		
	总数	244.590	59			
0.4	组间	88.634	3	29.545	6.710	0.001
	组内	246.565	56	4.403		
	总数	335.199	59			

5.5.3　Weibull 统计分析

1. Weibull 模型简介

为进一步定量描述劈拉强度和加载弧度的关系,引入 Weibull 统计模型。Weibull 模型是基于“最薄弱链接理论”,该理论认为,材料中最薄弱缺陷决定其最终承载能力。就好比链条中最薄弱的部位如果断裂,链条也就断裂。最薄弱缺陷不一定是空间最大的,同时与缺陷分布的位置和方向有关。从经典断裂力学的角度来说,应力强度集中因子最大的缺陷决定强度。一般情况下,Weibull 模型的概率密度函数可表示为:

$$f(x) = abx^{b-1}e^{-ax^b} \tag{5-4}$$

式中:x、a、b——正数。

概率函数 $P(x)$ 为:

$$P(t \leqslant x) = \int_0^x f(t)\,dt = 1 - e^{-ax^b} \tag{5-5}$$

平均值为:

$$\mu = a^{-1/b}\Gamma\left(1 + \frac{1}{b}\right) \tag{5-6}$$

标准差为:

$$\sigma^2 = a^{-2/b}\left\{\Gamma\left(1+\frac{2}{b}\right)-\left[\Gamma\left(1+\frac{1}{b}\right)\right]^2\right\} \tag{5-7}$$

其中，Γ 为伽马函数，表示为：

$$\Gamma(a) = \int_0^{+\infty} x^{a-1}\mathrm{e}^{-x}\mathrm{d}x \tag{5-8}$$

当 Weibull 模型用于不同加载弧度时，有：

$$f(\sigma) = \frac{l}{\sigma_0}m\left(\frac{\sigma}{\sigma_0}\right)^{m-1}\mathrm{e}^{-l\left(\frac{\sigma}{\sigma_0}\right)^m} \tag{5-9}$$

式中：m——Weibull 模数，也称作形状系数；

l——加载接触宽度；

σ_0——特征强度。

平均值和标准差分别为：

$$\mu = \sigma_0 l^{-1/m}\Gamma\left(1+\frac{1}{m}\right) \tag{5-10}$$

$$\sigma^2 = \sigma_0^2 l^{-2/m}\left\{\Gamma\left(1+\frac{2}{m}\right)-\left[\Gamma\left(1+\frac{1}{m}\right)\right]^2\right\} \tag{5-11}$$

将式(5-4)、式(5-6)和式(5-7)中的 a 用$\frac{l}{\sigma_0^m}$代入，即得到式(5-9)～式(5-11)。从式(5-10)和式(5-11)可以看出，加载弧度对应力平均值和标准差都有一定的影响；此外，还可以发现，Weibull 模数 m 越大，对强度的平均值和标准差的影响越小。但是当 m 很小(3～15 之间)时，混凝土破坏的不确定性增加。因此，尽管 m 和 σ_0 都没有具体的物理意义，但它们决定了混凝土强度的平均值和离散程度。

有效概率表示为：

$$P_s = P(x \leqslant \sigma) = \int_0^{\sigma} F(x)\mathrm{d}x = \mathrm{e}^{-l\left(\frac{\sigma}{\sigma_0}\right)^m} \tag{5-12}$$

失效概率为：

$$P_f = P(x \geqslant \sigma) = 1 - P_s(\sigma) = 1 - \mathrm{e}^{-l\left(\frac{\sigma}{\sigma_0}\right)^m} \tag{5-13}$$

对上述 Weibull 模型，还有几点需要特别注意：

(1)在标准 Weibull 方程[式(5-13)]中，在应力接近于零时仍然存在一个有限的失效概率(虽然很小)。但实际上当 $\sigma \approx 0$ 时不会发生破坏。因此，设置一个最小临界应力 σ_u，当应力水平低于这一值时，失效概率为零，即：

$$\begin{cases} P_f = 1 - \mathrm{e}^{-l\left(\frac{\sigma}{\sigma_0}\right)^m} & (\sigma > \sigma_u) \\ P_f = 0 & (\sigma \leqslant \sigma_u) \end{cases} \tag{5-14}$$

临界值 σ_u 很难根据试验来确定，因为 σ_u 出现在模型低强度末端，且对模型影响很小，因此本节中 σ_u 取零。

(2)最大破坏应力受到材料理论强度的限制，所以概率密度函数和 Weibull 模型只截取中间部分进行分析。当平均破坏强度达到理论强度的平均值时，Weibull 模型趋于无穷大。

Weibull 模数和特征强度的确定是 Weibull 模型分析的关键。参数确定有多种方法，本节主要研究的是线性回归法（LR）。

将式(5-13)变形得到：

$$\ln\left(\ln\left(\frac{1}{1-P}\right)\right)=m\ln(\sigma)-m\ln(\sigma_0)+\ln(l) \tag{5-15}$$

这样 $\ln(\sigma)$ 和 $\ln\left(\ln\left(\frac{1}{1-P}\right)\right)$ 的关系用直线方程表示，那么斜率即为 Weibull 模数 m，从截距可以计算出特征强度 σ_0。P 值的计算一般根据概率指数函数确定。常用的概率指数形式[7]为：$P=\frac{i-0.5}{n}$，其中 n 为数据点数，i 为某点的序号。对某一组试验数据，首先将数据按照升序排列并依次编号为 i，计算 P 值并绘出 $\ln\left(\ln\left(\frac{1}{1-P}\right)\right)$ 和 $\ln(\sigma)$ 曲线。然后运用线性回归方法确定 Weibull 模数和特征强度。

2. Weibull 分析

采用线性方法进行 Weibull 分析。图 5-22 ~ 图 5-25 分别为标准、15°、20°和 30°圆弧加载的线性拟合方法所得计算值和试验值的比较，表 5-8 ~ 表 5-11 分别为其对应的拟合直线和相关性系数。从拟合结果看，相关性系数 R^2 的值都很接近 1（在 0.89 ~ 0.98 之间），即有着很强的线性相关性。表 5-12 和表 5-13 总结了不同加载条件下的拟合参数 m 和 σ_0。随着冲击气压的增大，Weibull 模数 m 和特征强度 σ_0 均有所增加，σ_0 的增加趋势更为显著；在相同的强度值下，材料的破坏概率降低，符合混凝土应变率效应的基本规律。随着加载弧度的增加，m 值的变化特征并不明显，σ_0 则随之增加，标准圆弧加载得到的 σ_0 介于 20°和 30°圆弧之间。需要注意的是，Weibull 分析的数据来自试验结果而不是随机数发生器，拟合得到的 Weibull 模型参数是否准确难以判断，因此所得 Weibull 模型参数的可靠性尚未可知。

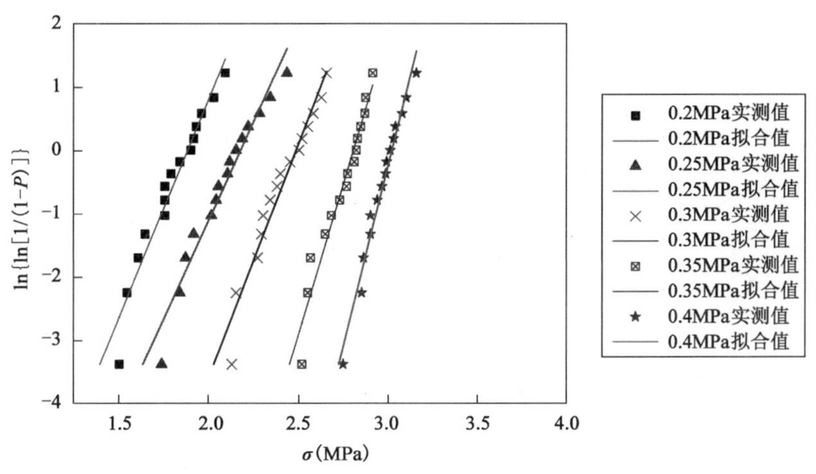

图 5-22　标准圆弧劈拉强度 Weibull 拟合曲线

标准圆弧劈拉强度 Weibull 拟合方程和相关系数 表 5-8

气压(MPa)	拟合方程	相关系数
0.20	$y = 6.945583x - 13.0823$	$R^2 = 0.9523$
0.25	$y = 6.267539x - 13.6434$	$R^2 = 0.9569$
0.30	$y = 7.400591x - 18.3914$	$R^2 = 0.9525$
0.35	$y = 9.522253x - 26.7024$	$R^2 = 0.9512$
0.40	$y = 11.41556x - 34.4697$	$R^2 = 0.9765$

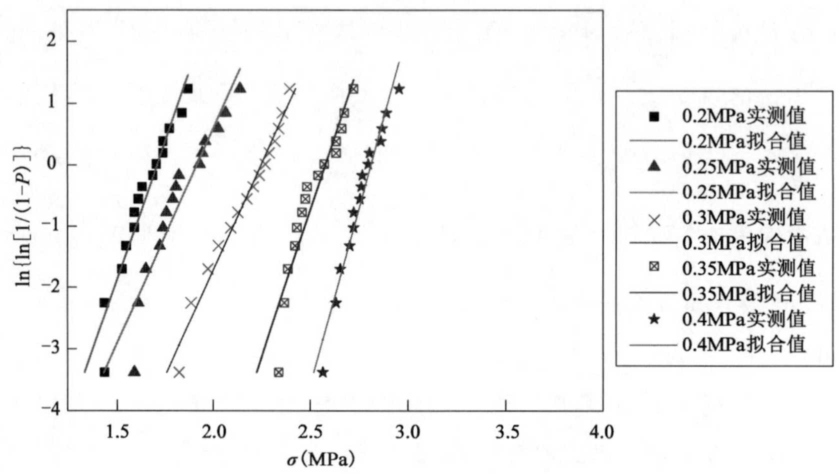

图 5-23 15°圆弧劈拉强度 Weibull 拟合曲线

15°圆弧劈拉强度 Weibull 拟合方程和相关系数 表 5-9

气压(MPa)	拟合方程	相关系数
0.20	$y = 8.938417x - 15.2895$	$R^2 = 0.9331$
0.25	$y = 6.967354x - 13.3628$	$R^2 = 0.9033$
0.30	$y = 6.899121x - 15.5277$	$R^2 = 0.9778$
0.35	$y = 9.603379x - 24.76832.2267$	$R^2 = 0.8934$
0.40	$y = 11.57193x - 32.5359$	$R^2 = 0.9563$

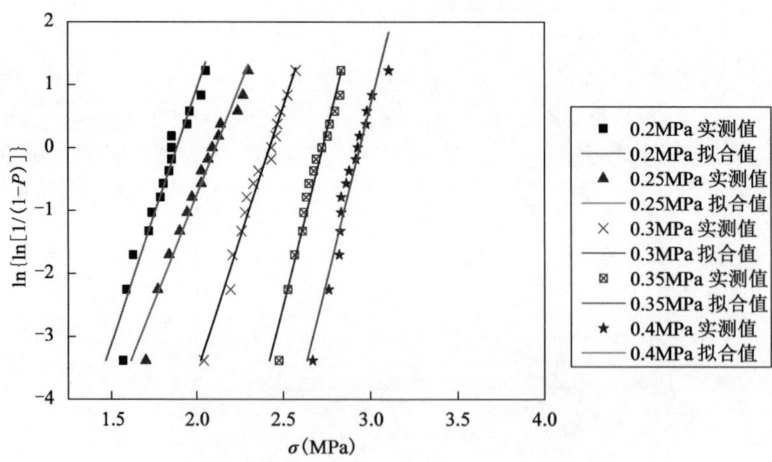

图 5-24 20°圆弧劈拉强度 Weibull 拟合曲线

20°圆弧劈拉强度 Weibull 拟合方程和相关系数　　表 5-10

气压(MPa)	拟合方程	相关系数
0.20	$y=8.092505x-15.2592$	$R^2=0.9424$
0.25	$y=6.868823x-14.4984$	$R^2=0.9665$
0.30	$y=8.451747x-20.4793$	$R^2=0.9789$
0.35	$y=11.18419x-30.4831$	$R^2=0.9605$
0.40	$y=11.12287x-32.6969$	$R^2=0.9458$

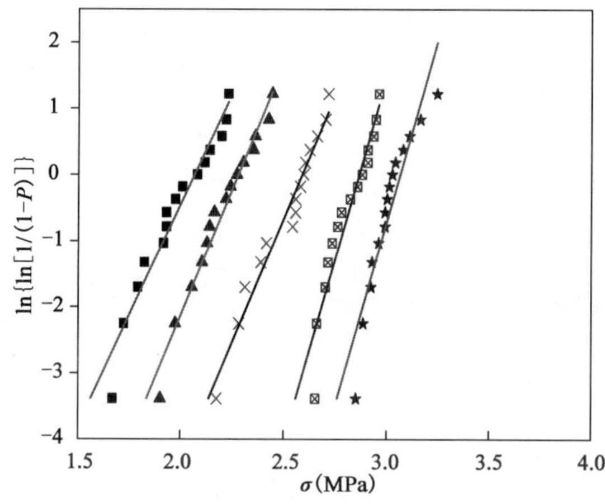

图 5-25　30°圆弧劈拉强度 Weibull 拟合曲线

30°圆弧劈拉强度 Weibull 拟合方程和相关系数　　表 5-11

气压(MPa)	拟合方程	相关系数
0.20	$y=6.693546x-13.8349$	$R^2=0.9515$
0.25	$y=7.641006x-17.4098$	$R^2=0.9723$
0.30	$y=7.49533x-19.4018$	$R^2=0.9653$
0.35	$y=11.08516x-31.7539$	$R^2=0.9125$
0.40	$y=11.15137x-34.1581$	$R^2=0.8782$

Weibull 拟合参数 *m*　　表 5-12

弧度(°)	气压(MPa)				
	0.2	0.25	0.3	0.35	0.4
15	8.938417	6.967354	6.899121	9.603379	11.57193
20	8.092505	6.868823	8.451747	11.18419	11.12287
30	6.693546	7.641006	7.49533	11.08516	11.15137
0	6.945583	6.267539	7.400591	9.522253	11.41556

Weibull 拟合参数 σ_0 表 5-13

弧度(°)	气压(MPa)				
	0.2	0.25	0.3	0.35	0.4
15	4.761787	5.615836	7.818169	11.46833	14.81774
20	5.788348	7.084363	9.96272	13.89696	17.20517
30	7.169192	8.965665	12.20442	16.54203	20.18302
0	6.576761	8.818354	12.00263	16.51403	20.4818

为了检验 LR 方法的可靠性，采用了另一种更有效的分析方法，即残差回归分析。图 5-26 绘制了 $\ln\sigma$ 和残差的关系图。从图中可以看出，大多数情况下残差值在 0 左右随机分布，只在 15°圆弧加载的 0.3MPa 和 0.35MPa 的冲击气压时存在一定的偏差。残差的随机分布证明上文所述的线性相关性较好，LR 方法拟合得到的参数合理，Weibull 模型可以用于描述劈拉强度的分布规律。而产生的偏差可能是试验过程中人为因素导致的试验数据误差，这并不影响整体试验数据的规律。

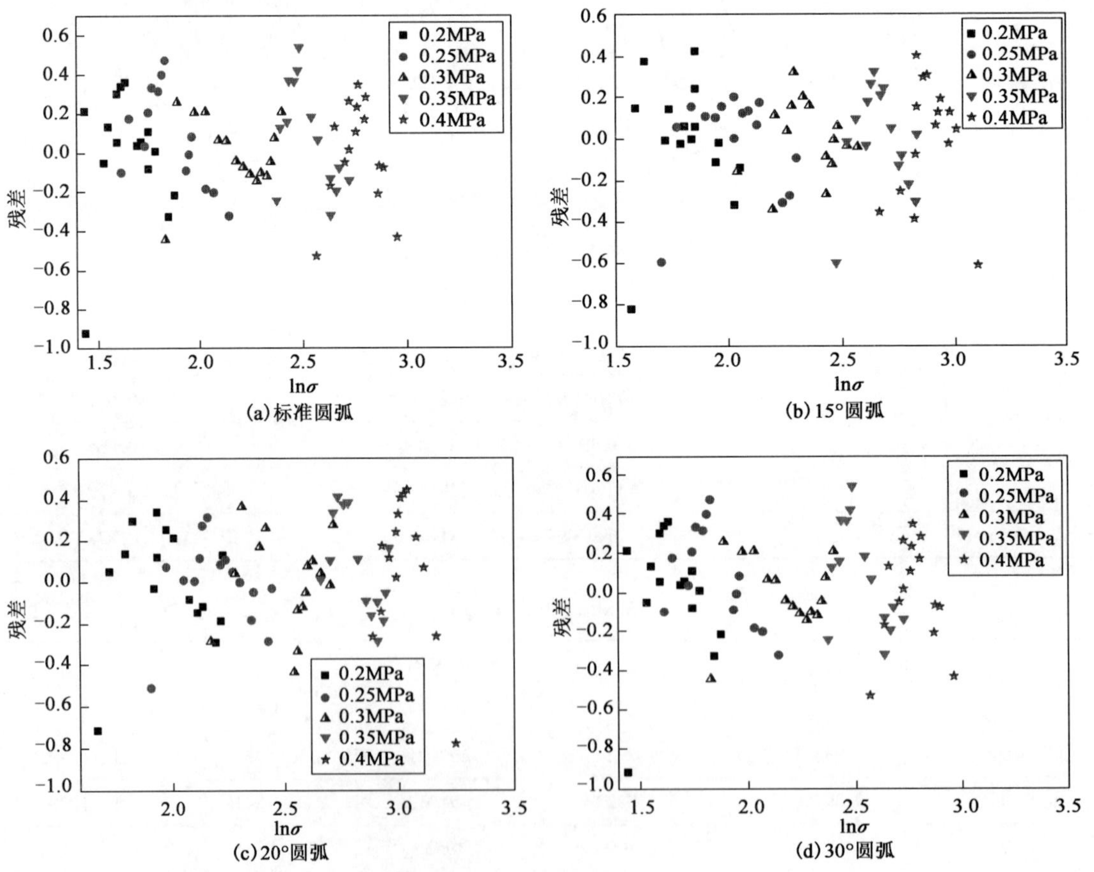

(a) 标准圆弧 (b) 15°圆弧 (c) 20°圆弧 (d) 30°圆弧

图 5-26 残差-应力图

5.5.4　不同加载方式下混凝土动态拉伸强度相关性

Kuguel[8]首先提出将高应力体积(HSV)方法应用于研究金属材料的疲劳力学性能。高应力体积是源于这样一个概念,在研究材料力学性能的时候,并没有必要研究整个材料体积内部的应力分布情况,只需要对其最重要区域的应力进行研究。对于受拉荷载作用的材料来说,断裂会在应力分布集中的区域发生从而扩展到试件的整个截面。因此,高应力体积定义为超过抗拉强度95%的拉伸应力分布的体积。事实上,一般可以认为材料的破坏区域在高应力体积内发生。

根据高应力体积的定义可以知道,对于同一试件来说,HSV的值越大,试验时试件破坏的概率就越大。换句话说,试件HSV的值越大,临近破坏时试件的抗拉强度值也就越大。对于混凝土材料而言,不同加载方式下高应力体积的分布示意如图5-27所示。

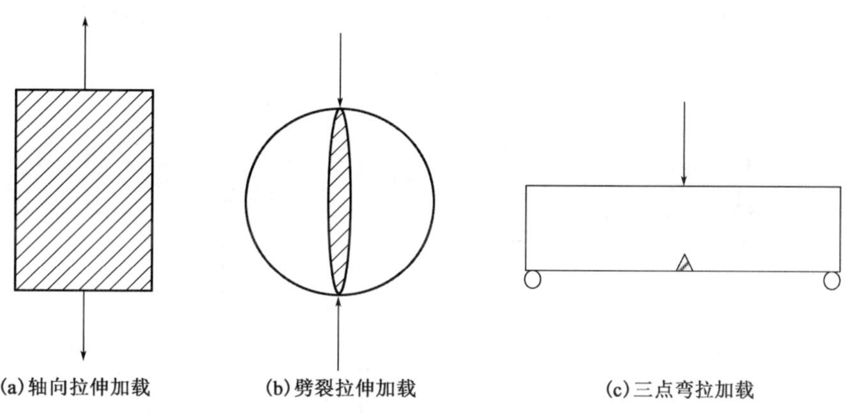

图5-27　混凝土试验中高应力体积示意图

假定试件内部的应力符合线弹性特性,不同加载方式对应的混凝土高应力体积(HSV)的计算方法如下式所示(详细的推导过程可参考文献[9]):

圆柱体轴拉试验

$$\mathrm{HSV}=\pi D^2 L/4 \tag{5-16}$$

三点弯拉试验

$$\mathrm{HSV}=bhl/1600 \tag{5-17}$$

圆柱体劈拉试验

$$\mathrm{HSV}=0.0475D^2 L \tag{5-18}$$

式中:D——圆柱体试件的直径(mm);

L——试件的长度(mm);

b——棱柱体试件的宽度(mm);

L——棱柱体混凝土梁试件的最边缘铰支座间的距离(mm)。

Mihashi与Izumi[10]基于热动力学理论分析了加载速率对混凝土抗拉强度的影响。他们将经典断裂力学理论应用于热动力学方法中,并认为混凝土的破坏是由众多微区域破坏累积到一概率造成的。裂缝的扩展与成核导致了试件的断裂破坏。混凝土体系包括了如图5-28

所示的基本构件单元。每个构件单元包含一裂缝,裂缝尺寸与硬化水泥浆体的孔径分布有关。考虑不同加载方式下 HSV 值的区别,动态强度提高因子与相对应变率(动态与静态应变率比值)的关系见下式:

$$\mathrm{DIF} = \left(\frac{\dot{\varepsilon}_{\mathrm{d}}}{\dot{\varepsilon}_{\mathrm{s}}}\right)^{\alpha} \tag{5-19}$$

$$\alpha = 0.327 + \frac{1.03}{\ln\left(\frac{\dot{\varepsilon}_{\mathrm{d}}}{\dot{\varepsilon}_{\mathrm{s}}}\right)} \tag{5-20}$$

图 5-29 所示为采用 HSV 方法所得计算结果与试验数据的比较。由图可以看出,式(5-19)与式(5-20)可以较好地吻合试验结果。因此,式(5-19)与式(5-20)可用于预测不同加载方式下混凝土抗拉强度随应变率的变化规律。将 HSV 方法与动态强度模型结合,可以很好地描述加载方式及应变率对混凝土抗拉强度的影响。

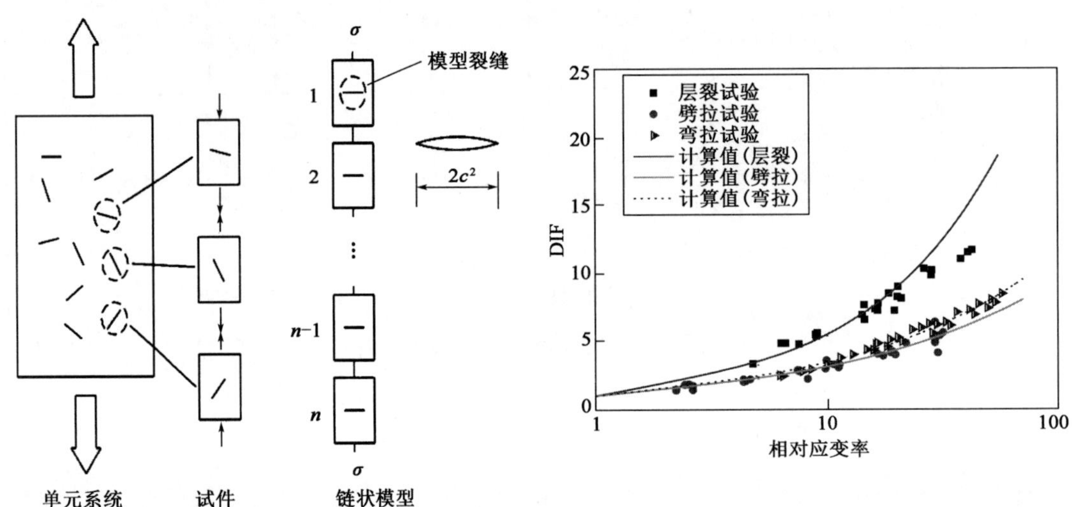

图 5-28 混凝土内部基本构件单元示意图

图 5-29 采用 HSV 方法所得计算结果与试验数据的比较

5.6 本章小结

本章对不同冲击速度和不同加载方式下的巴西圆盘试验的试件破坏形态进行了试验和模拟研究。同时,对不同加载弧度下混凝土动态劈拉强度试验数据运用了不同的数理统计方法进行了分析,并利用高应力体积法对不同加载方式得到的混凝土静动态力学性能进行联系,主要得出以下结论:

(1)动态劈裂试验中,试件的应力平衡随时间和位置变化。当冲击速度较小,试件内应力波的上升缓慢时,应力平衡容易实现。劈拉荷载下,混凝土主要有三种破坏形态。冲击速度对试件的破坏形态起着决定性作用,选用 15°圆弧加载能很好地改善试件的局部受力状态并减少局部破坏,使得试件的破坏形态更接近理想条件。

(2)利用LS-DYNA软件数值模拟的试件内应力分布和破坏过程能够与试验很好地吻合,低速冲击时从中心位置开裂,高速冲击时边缘压碎,中间出现冲击破坏带。

(3)不同弧度的劈拉强度分别有相应的理论计算公式。对试验数据进行单因素方差分析表明,在不同的加载条件下,组内劈拉强度没有明显的区别,符合统计意义上的方差齐性。而对于不同的加载弧度,在低、中、高冲击速度下劈拉强度均有显著性差异。

(4)基于Weibull概率密度函数对试验数据进行线性回归分析以得到相应的模型参数。拟合结果具有较好的线性相关性,且随着加载弧度在增加,Weibull模数有增加的趋势,标准圆弧加载的Weibull模数与20°圆弧相近。

(5)抗拉强度的率效应敏感性与加载方式有着直接关系,高应力体积法可适用于联系及预测不同加载方式下的抗拉强度。

本章参考文献

[1] Jaeger J C, Cook N G W. Fundamentals of Rock Mechanics[M]. London: Chapman and Hall,1976.

[2] Griffith AA. The Phenomena of Rupture and Flow in Solids[J]. Philosophical Transactions of the Royal Society of London,1921,221: 163-198.

[3] Hondros G. The evaluation of Poisson's ratio and the modulus of materials of a low tensile resistance by Brazilian (indirect tensile) test with particular reference to concrete[J]. Australian Journal of Basic and Applied Sciences,1959,10: 243-268.

[4] Zhou Z L, Zou Y, Li X B, et al. Stress evolution and failure process of Brazilian disc under impact[J]. Journal of Central South University,2013,20: 172-177.

[5] Wang Z M, Kwan A K H, Chan H C. Mesoscopic study of concrete I: generation of random aggregate structure and finite element mesh[J]. Computers & Structures,1999,70: 533-544.

[6] 辛益军. 方差分析与试验设计[M]. 北京: 中国财政经济出版社,2001.

[7] Zafeiropoulous N E, Baillie C A. A study of the effect of surface treatments on the tensile strength of flax fibers: PartII. Application of Weibull statistics[J]. Composites: Part A,2007,38: 629-638.

[8] Kuguel R. A relation between theoretical stress concentration factor and fatigue notch factor deduced from the concept of highly stressed volume[S]. West Conshohocken: ASTM International,1961,61: 732-748.

[9] Torrent R J, Brooks J J. Application of the highly stressed volume approach to correlated results from different tensile tests of concrete[J]. Magazine of Concrete Research,1985,37(132): 175-184.

[10] Mihashi H, Izumi M. A stochastic theory for concrete fracture[J]. Cement Concrete Research,1977,7(4): 411-421.

第6章

不同应变率下混凝土材料拉压本构关系

6.1 引言

本章对高应变率下水泥净浆、砂浆和混凝土三种水泥基材料的拉压力学性能进行系统试验研究;针对现有研究中存在的诸多争议进行讨论分析,并对现有静态混凝土本构模型进行修正,建立高应变率下水泥基材料的动态应力-应变关系模型。

6.2 试件准备

本章试验所用的水泥净浆、砂浆与混凝土均采用普通硅酸盐 42.5 级水泥,水胶比为0.45。砂浆与混凝土保持砂灰比一致,细骨料为普通河砂,粒径范围为0.4 ~2.5mm。粗骨料采用石灰石,最大粒径为10mm。混凝土的配合比为水泥:砂:粗骨料 =1:2:4。

6.3 动态压缩试验

6.3.1 试验方法

1. 静态压缩试验

为与动态试验的压杆尺寸保持一致,静态压缩试件直径为74mm,高径比为2。静态压缩试验采用常规试验机,其最大荷载量程为1000kN。试验程序与加载步骤依据规范 ASTM C192[1]。试验得到的净浆、砂浆与混凝土的静态抗压应力-应变曲线如图6-1 所示。

2. 动态压缩试验

采用SHPB 试验装置开展混凝土动态压缩试验,如图6-2 所示。用于动态试验的试件尺寸为 ϕ74mm ×37mm,高径比为0.5。将试件放置于入射杆与透射杆之间。通过调节气压,子弹可以不同速率撞击入射杆。受撞击入射杆使得试件中产生应力波。应力波的大小与子弹的速率有关[2-3]，且随着子弹速率的增加而增加。由于试件材料与入射杆材料存在阻抗差异，部分应力波会在杆与试件的接触面发生反射，另一部分应力波会透射到透射杆内。动态压缩试验计算原理和方法同第2.2.2节。图6-3所示为某一试件试验得到的入射波、透射波和反射波时程图。

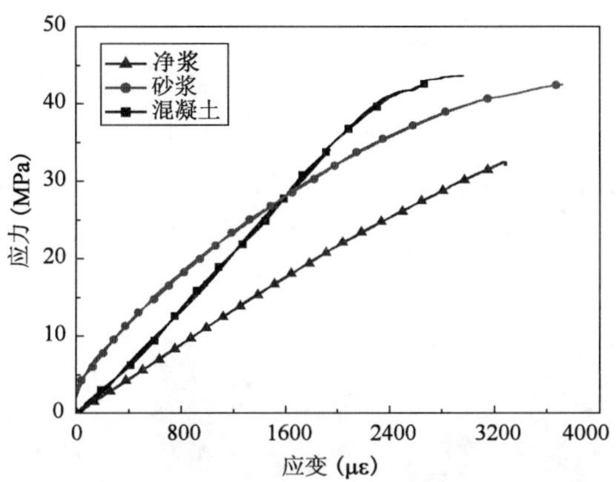

图6-1　净浆、砂浆与混凝土静态抗压应力-应变关系

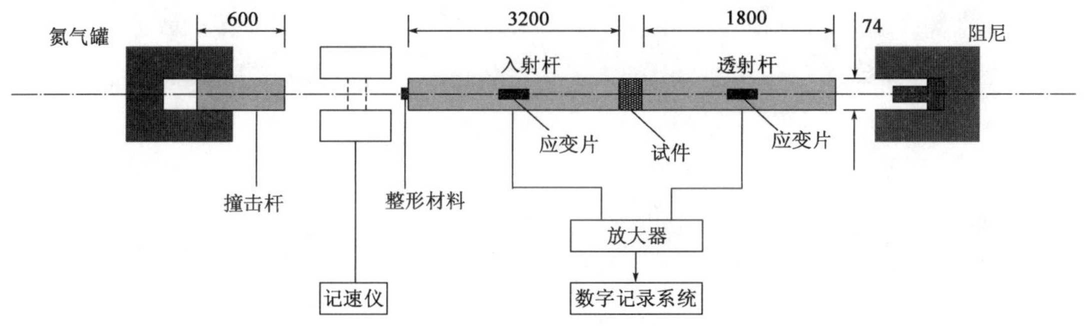

图6-2　试验采用SHPB装置示意图(尺寸单位:mm)

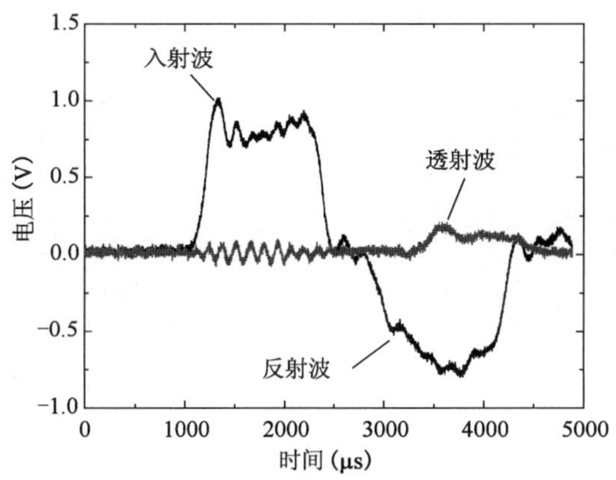

图6-3　动态压缩试验中入射波、反射波及透射波时程图

6.3.2 破坏模式

静态加载下试件的典型破坏形态如图 6-4 所示。试件从顶端的部分或者由中部核心筒区域开始破坏，最终试件会劈裂成好几块而达到破坏。对于静态受载来说，水泥基材料非线性破坏的主要原因是试件受到轴向压力时，试件内部的微裂纹等缺陷会由于侧向应力集中释放尖端的应力[4-5]。从图 6-4 中可以看出，裂缝贯穿的方向多与试件加载方向平行。如果试件接触面与加载盘的摩擦力较大，会导致试件产生剪切破坏。如果摩擦力较小，试件的破坏裂缝多数呈现为垂直的劈裂裂缝，由此可以证实试验中摩擦力得到了最大程度的降低。

图 6-5 ~ 图 6-7 为净浆、砂浆与混凝土在高应变率冲击下试件的破坏模式。动态破坏的响声较大，圆柱体试件的中部形成裂缝往外扩展，并伴随有众多的碎块和剪切碎片。这种所谓的斜-剪破坏模式只出现在应变率范围为 30 ~ 60s^{-1}之间。

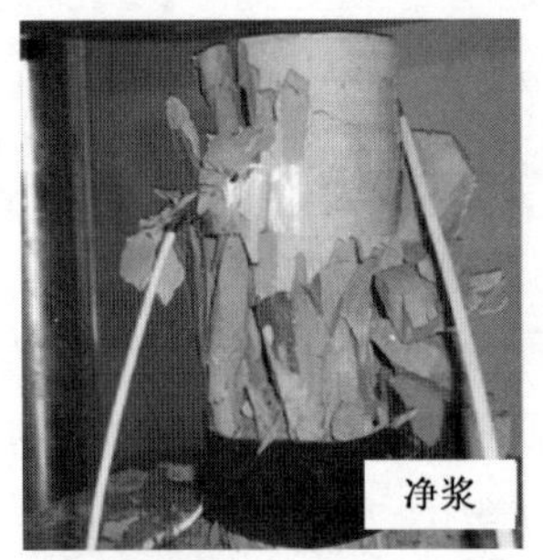

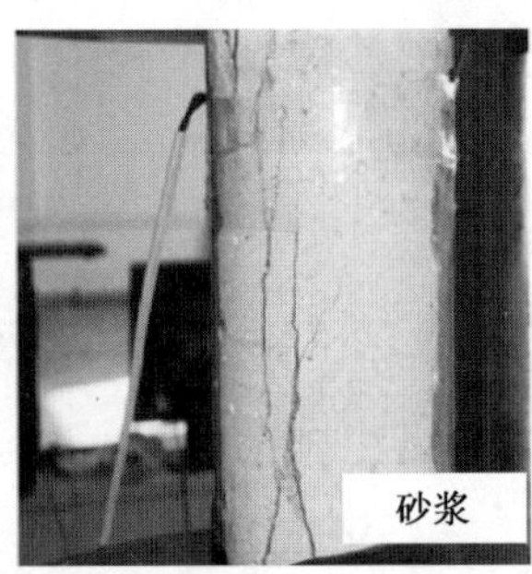

图 6-4 净浆、砂浆及混凝土在静态荷载下的破坏形态

图 6-5 不同应变率下净浆试件的破坏形态

图6-6　不同应变率下砂浆试件的破坏形态

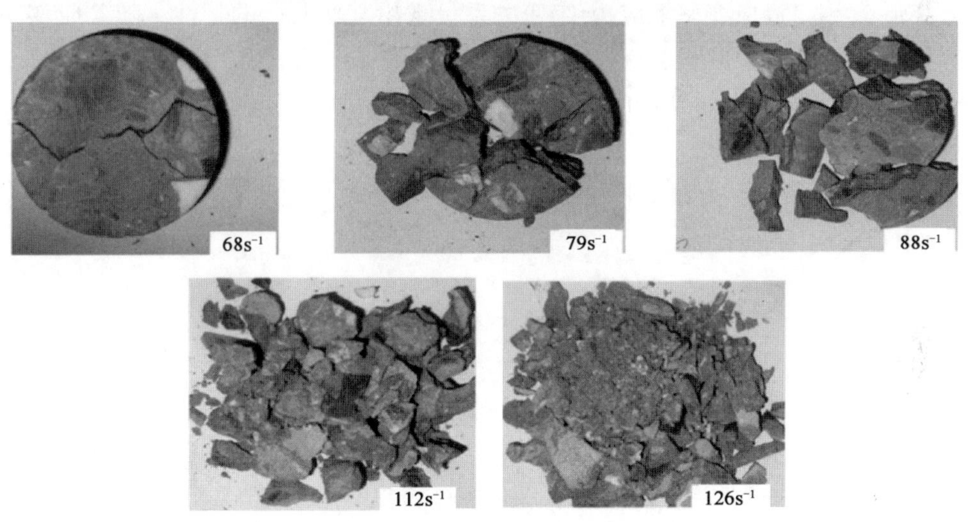

图6-7　不同应变率下混凝土试件的破坏形态

试验结果发现,动态破坏后碎片的尺寸与数量与应变率有关。如图6-5所示,应变率越大,试件破坏后产生碎块的尺寸越小且数量增多。相同冲击速率下,混凝土破坏的响声要比净浆及砂浆的响声小。对破坏后试件进行观察可以发现,砂浆在高应变率下有部分砂粒被裂缝贯穿。与砂浆及混凝土比较,净浆中裂缝的形状多呈线性,长度也较长。

图6-8为混凝土试件在不同应变率下的破坏形态示意图。由图可知,低应变率时,裂缝多沿着砂浆基材与骨料的交界面扩展,最终导致试件破坏;高应变率时,裂缝的扩展路径更趋近于直线,最终导致试件破坏面上断裂骨料的数量比静态荷载作用时要多。这是由于在冲击荷载作用下,内部应力上升时间非常短,内部裂缝无充分的时间沿着最低抗力的路径来扩展,且应力也已达到可以贯穿骨料的值。另外,随着应变率的进一步增加,有部分高速冲击产生的变

形使试件破坏成更多碎片,以消耗外部冲击带来的能量。水泥基材料试件破坏模型与应变率有关联的结论也被其他研究者[6-9]的试验结果所证实。

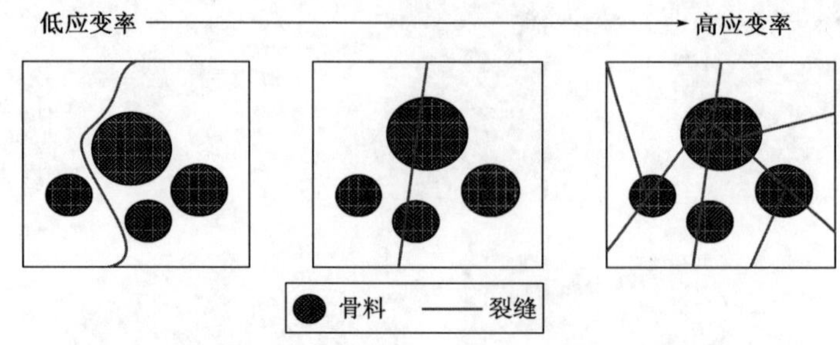

图 6-8　混凝土试件在不同应变率下的破坏形态示意图

6.3.3　应力-应变关系及韧性

图 6-9 ~ 图 6-11 分别为净浆、砂浆与混凝土在高应变率下的应力-应变关系示意图。从图可以看出,水泥基材料的应力-应变关系与应变率明显有关。应力-应变关系中的下降段显示试件的破坏形态[10]。高应变率下应力-应变关系呈现出某些共同的特性。随着应变率增加,应力-应变关系上升段的线性程度增加,峰值应力均与应变率成正比。为了对不同应变率下应力-应变关系进行量化区别,本章借助了连续损伤力学[11-12]的某些基本理论。首先引入连续损伤力学里面的基本参数,即损伤 D。

为了简化起见,认定损伤 D 为张量,其数学定义表达式如下:

$$D=\begin{cases}0 & (\varepsilon=0)\\ 1-\dfrac{\sigma}{E_0\varepsilon} & (\varepsilon>0)\end{cases} \tag{6-1}$$

式中:σ——应力;

ε——应变;

E_0——初始弹性模量。

将损伤定义为给定试件横截面上的缺陷或裂缝面积。损伤被认定为一运动变量,损伤的增加会导致材料性能的逐渐劣化[13-14]。由式(6-1)可知,$0\leqslant D\leqslant 1$,即当 $D=1$ 时材料则完全丧失承载能力。

与峰值应力处应变被称为临界应变相类似,峰值应力处损伤也被称为临界损伤 D_c[15]。图 6-12 为所有试件的临界损伤与应变率的关系,横坐标为应变率,纵坐标为计算得到的临界损伤。可以发现,应变率对材料的临界损伤也有影响。对于净浆、砂浆及混凝土三种材料来说,临界损伤均随应变率的增加而增加。结合损伤 D 的定义,分析试验结果可以发现,峰值前微裂纹的密度也随着应变率的增加而增加。

应变率对材料韧性的影响如图 6-13 所示。图中,韧性指标是由应力-应变关系曲线中纵坐标曲线与横坐标形成的包络部分的面积计算得到的。材料韧性与应变率成正比,这可以归因于高应变率下强度与应变均随应变率增加而提高。Wang 等[16]与 Li 和 Xu[17]等通过 SHPB

试验对其他材料也得出了与本章试验结果一致的结论。

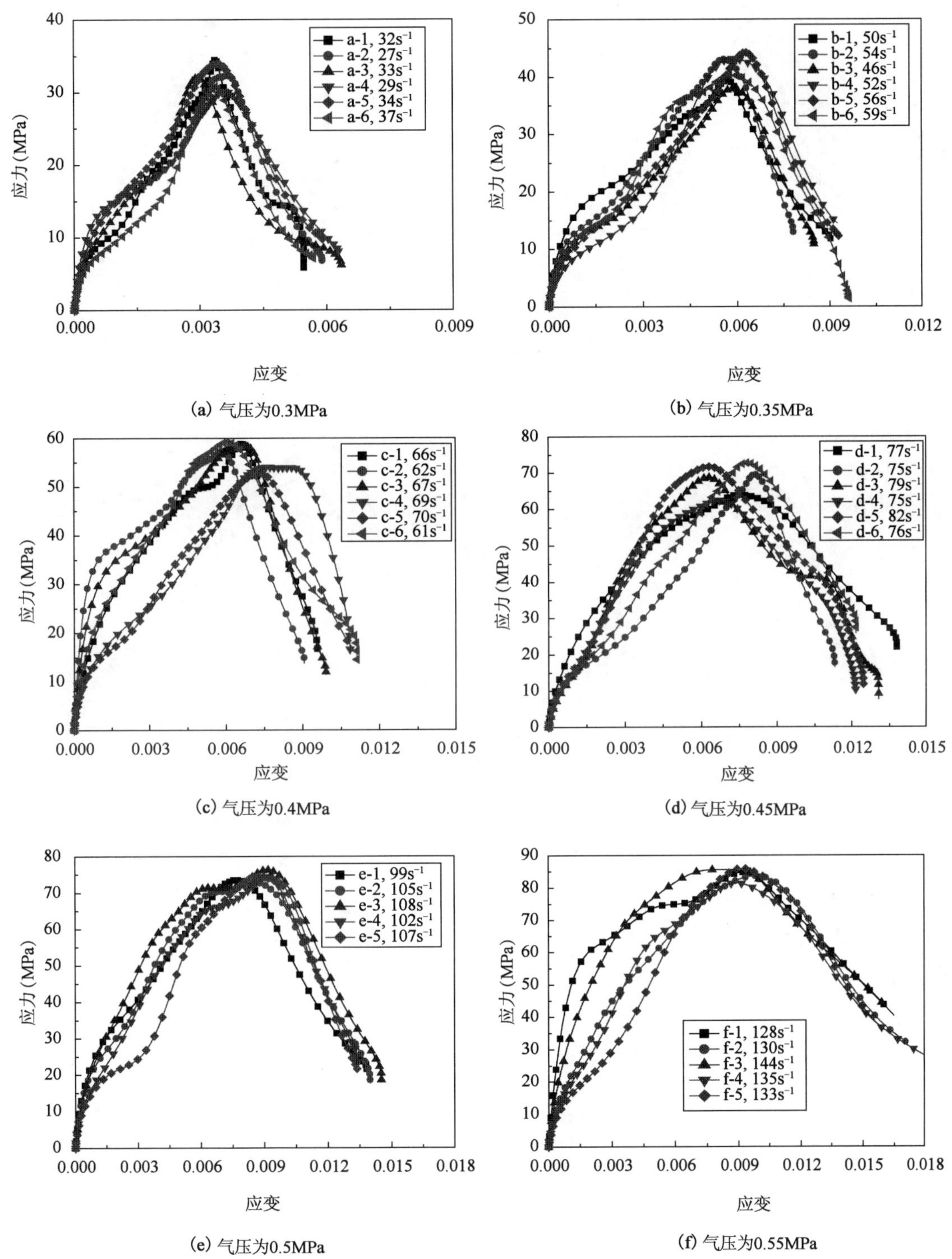

图 6-9　不同气压下净浆试件的应力-应变关系

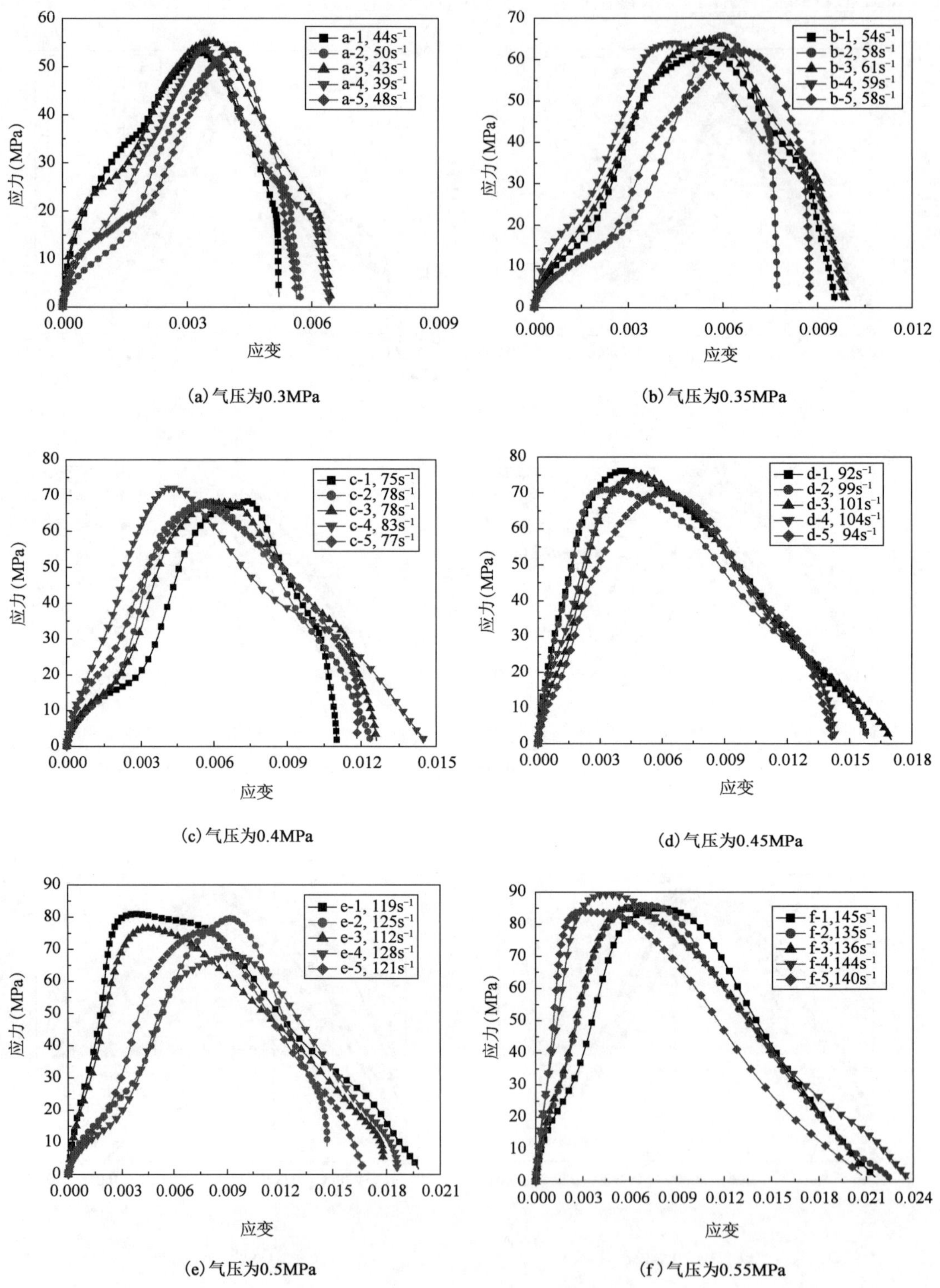

图6-10 不同气压下砂浆试件的应力-应变关系

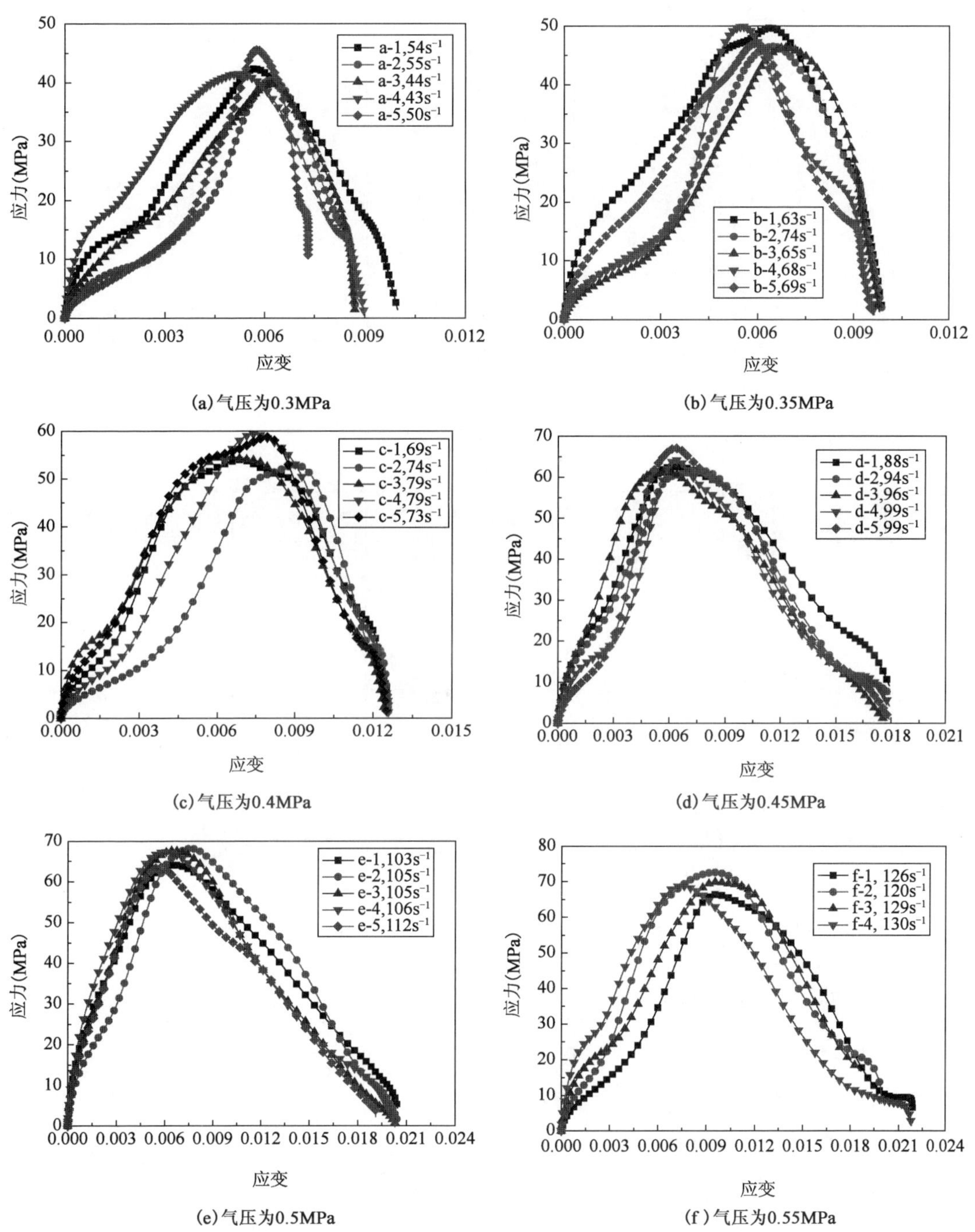

图6-11　不同气压下混凝土的应力-应变关系

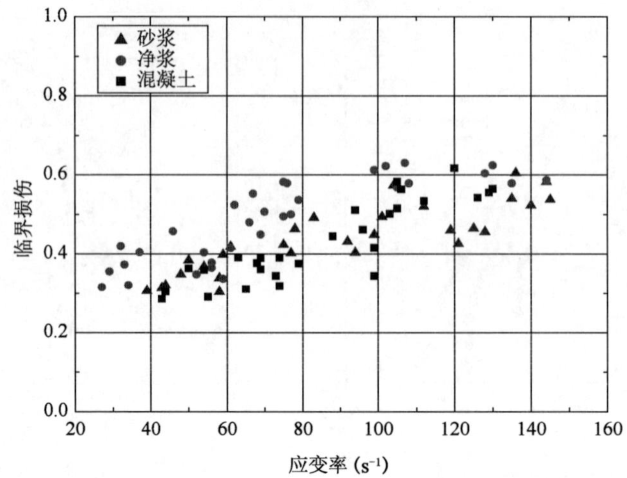

图 6-12　试件的临界损伤与应变率的关系

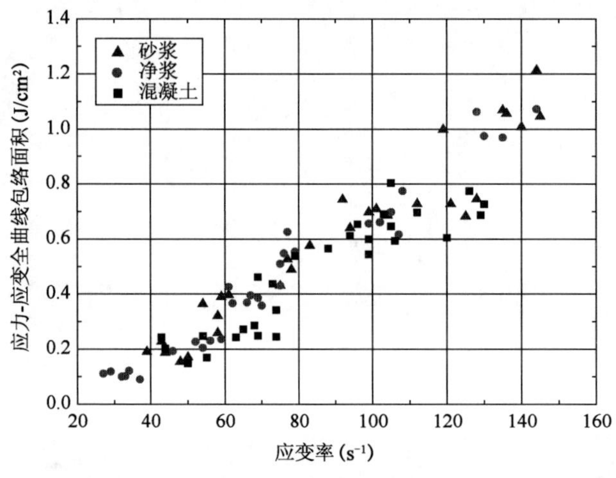

图 6-13　应变率对水泥基材料韧性的影响

6.3.4　动态抗压强度与提高因子

净浆、砂浆与混凝土的动态抗压强度与应变率的关系如图 6-14 所示，从图中可以看出，三者的动态抗压强度均与应变率呈线性升高关系。高应变率下，其他工程材料（如岩石[18-19]、陶瓷[20]、复合材料[21]及钢铁[22]）的强度也会与应变率成正比。诸多研究者从不同角度解释高应变率下材料强度增加的现象。Grady 和 Kipp[23]指出，抗压强度随应变率增加而提高是由于压缩引起的拉伸裂缝的动态扩展与聚核引起的。Ross 等[24]认为，混凝土内部的水分对动态强度的提高幅度有很大影响，在高应变率下，饱和试件本身惯性效应也要大于干燥试件。基于大量现有文献结果，Kim 等[25]总结了造成水泥基材料动态强度增加的两大原因，主要为材料中硬化水泥浆体的黏弹性特征及试件内部裂缝扩展与时间有关。

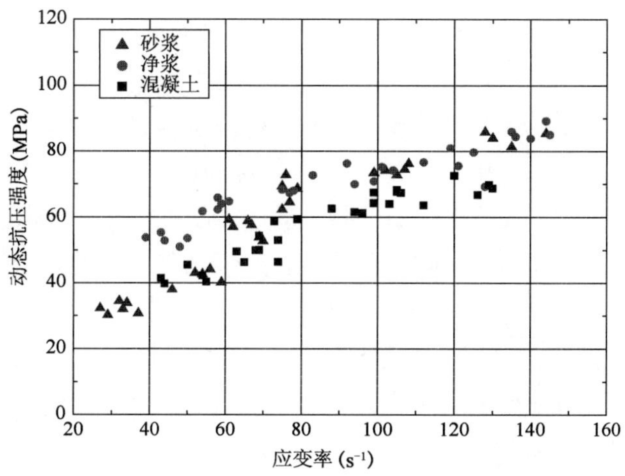

图6-14　净浆、砂浆与混凝土的动态抗压强度

动态提高因子DIF常用作比较不同材料力学性能的应变率效应。对于混凝土类材料来说，现有文献也常用此指标来描述动态力学特性[26]。从现有文献来看，虽然有针对混凝土材料的动态提高因子关系式，然而并未考虑其是否适用于所有水泥基材料。当前常见的动态提高因子模型对比如下。

CEB1993[27]提出了如下适用于最高应变率为300s^{-1}的混凝土DIF关系式：

$$DIF_{CEB}=\begin{cases}(\dot{\varepsilon}_d/\dot{\varepsilon}_s)^{1.026\alpha} & (\dot{\varepsilon}_d\leqslant 30s^{-1})\\ \gamma\,(\dot{\varepsilon}_d/\dot{\varepsilon}_s)^{0.33} & (\dot{\varepsilon}_d>30s^{-1})\end{cases}\tag{6-2}$$

式中，$\gamma=10^{7.11\alpha-2.33}$；$\alpha=\dfrac{1}{\left(10+6\dfrac{f_c}{10}\right)}$，其中$f_c$为静态抗压强度(MPa)；$\dot{\varepsilon}_s=3\times10^{-6}s^{-1}$。

Tedesco等[26]提出了混凝土DIF关系式，如式(6-3)所示：

$$DIF_{Tedesco\&Ross}=\begin{cases}0.000965\lg\dot{\varepsilon}_d+1.058 & (\dot{\varepsilon}_d\leqslant 63.1s^{-1})\\ 0.758\lg\dot{\varepsilon}_d-0.289 & (\dot{\varepsilon}_d>63.1s^{-1})\end{cases}\tag{6-3}$$

式(6-3)中拐点处对应的应变率认为是63.1s^{-1}，此值要略高于CEB模型中给出的值(30s^{-1})。

Zhou与Hao[28]对文献中的试验数据进行拟合分析后，给出了混凝土类材料的DIF公式，如式(6-4)所示：

$$DIF_{Zhou\&Hao}=\begin{cases}0.0225\lg\dot{\varepsilon}_d+1.12 & (\dot{\varepsilon}_d\leqslant 10s^{-1})\\ 0.2713\,(\lg\dot{\varepsilon}_d)^2-0.3563\lg\dot{\varepsilon}_d+1.2275 & (\dot{\varepsilon}_d>10s^{-1})\end{cases}\tag{6-4}$$

将试验结果与上述模型关系式所得结果绘制于同一张图上，如图6-15所示。图6-15表明，现有DIF模型关系式并不能较好地描述净浆、砂浆与混凝土的DIF试验结果，通常高估或低估试验数值的大小,这也可能是由于上述模型都是只针对混凝土一种材料而言的。从图6-15也可以看出,不同研究者给出的DIF模型存在差异性,虽然总体趋势一致(DIF均随着应变率的增加而提高)。这种差异性可能是诸多影响因素造成的,如试件的尺寸、材料、试验的加载设备等。正如在前面所提到的,诸多研究者对SHPB受压试验过程中的侧向约束惯性效应进行了理论与试验分析研究。Tang等[29]利用弹性力学对SHPB试验中的侧向惯性约束效应产生的径向应力进行了推导,并与试验得到的混凝土动态强度进行比较,认为侧向惯性效应产生的影响细微,可以忽略不计。Li与Meng[30]通过改进有限元程序对此效应的影响进行了定量分析,得到与前者相反的结论,认为混凝土类材料高应变率下动态抗压强度的增加主要是由侧向惯性效应引起的。Zhang等[31]对砂浆SHPB轴压试验进行了试验与数值分析,认为只有当应变率超过200s^{-1}时,侧向惯性约束效应才会对材料动态抗压强度的增加起显著影响。Hao与Tarasov[32]指出,所谓的侧向惯性约束效应与试件的尺寸有关,当试件直径由12mm增加到100mm时,侧向惯性约束效应的影响越来越明显,然而,当试件直径在100~200mm之间变化时,侧向惯性约束效应的变化并不显著,这也从另一角度说明了侧向惯性约束效应与试件尺寸呈非线性关系。现有文献中SHPB试验所用试件的尺寸也并不统一,比如Ross等[33]与Grote等[34]的试件尺寸从12.7mm变化到50.4mm。

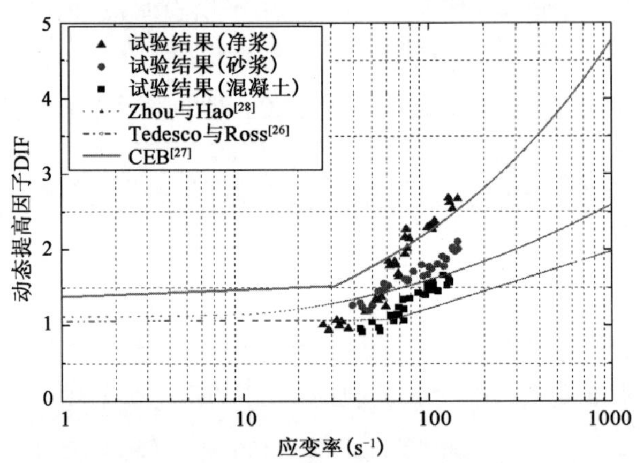

图6-15 试件的DIF与应变率的关系

除了试验材料本身的应变率效应之外,还有其他因素也会对SHPB试验中水泥基材料的动态抗压强度提高造成影响,如试件的长径比和试件表面与杆端的摩擦。随着试件长径比的减少,试件内部会由应力状态变化为应变状态。Bishoff与Perry[35]认为,长径比会影响试件的裂缝模式且产生端部效应。当对金属试件表面进行最大程度的润滑处理后,SHPB试验过程中试件表面与杆端的摩擦效应可以忽略。然而,由于水泥基材料的表面显然更粗糙,水泥基材料的摩擦肯定要比金属试件大许多。即使试验之前人为通过各种手段来降低水泥基材料表面与杆端的摩擦程度,但在SHPB试验中其摩擦效应并不能完全被忽略。Li与Meng[36]利用有限元方法对摩擦系数在0~0.7范围内变化时砂浆试件抗压力学性能的差异进行数值模拟，分析结果表明，当摩擦系数超过 0.2 时，摩擦效应就会对砂浆动态力学性能产生影响。Kim 等[37]指出，随着撞击杆冲击速度的增加，摩擦效应的影响也愈发显著。

Bishoff 与 Perry[35]在整理了大量文献与试验结果的基础上，认为 DIF 与应变率的关系可由下式来合理描述：

$$\mathrm{DIF}=A\lg(\dot{\varepsilon}_{\mathrm{d}}/\dot{\varepsilon}_{\mathrm{s}})+1 \tag{6-5}$$

基于式(6-5)并结合本章的试验结果，可以分别给出高应变率下净浆、砂浆与混凝土的 DIF 与应变率的关系表达式如下：

净浆

$$\mathrm{DIF}_{\mathrm{paste}}=0.10\lg(\dot{\varepsilon}_{\mathrm{d}}/\dot{\varepsilon}_{\mathrm{s}})+1 \qquad (R^2=0.91) \tag{6-6}$$

砂浆

$$\mathrm{DIF}_{\mathrm{mortar}}=0.08\lg(\dot{\varepsilon}_{\mathrm{d}}/\dot{\varepsilon}_{\mathrm{s}})+1 \qquad (R^2=0.89) \tag{6-7}$$

混凝土

$$\mathrm{DIF}_{\mathrm{concrete}}=0.04\lg(\dot{\varepsilon}_{\mathrm{d}}/\dot{\varepsilon}_{\mathrm{s}})+1 \qquad (R^2=0.87) \tag{6-8}$$

6.3.5 弹性模量

净浆、砂浆、混凝土的弹性模量可由应力-应变关系结合下式来求出：

$$E_{\mathrm{c}}=\frac{\sigma_2-\sigma_1}{\varepsilon_2-\varepsilon_1} \tag{6-9}$$

式中：σ_2——60% 峰值荷载时对应的应力；

σ_1——30% 峰值荷载时对应的应力；

ε_2——应力 σ_2 对应的应变；

ε_1——应力 σ_1 对应的应变。

弹性模量与应变率的关系如图 6-16 所示。从图中可以看出，随着应变率的增加，弹性模量的数值也会相应提高。其他研究者[35,38]也发现高应变率下会得到较高的弹性模量值。Yan 和 Lin[39]指出，自由水的黏性效应及混凝土中的骨料都会对内部微裂缝的扩展与成核产生一定的抗力，这些因素都会造成弹性模量的部分增加。另一方面，当试件受到高应变率荷载作用时，裂缝的扩展速率与应变率成正比[30]，然而，裂缝的扩展速率比材料中应力波速度要低[40]。相较于高速传播的应力波，应变会有一定的延时响应，即给定应力处的应变随着应变率的增加而降低。图 6-16 还证实，当应变率相同时，砂浆的弹性模量比净浆要高，这是由于砂粒的掺入引起的，而同样情况，混凝土的弹性模量比砂浆要高。砂粒或骨料的掺入会对基质材料产生两种相反的效应。它们的出现一方面会使得组分材料的弹性模量增加，减少其尺寸不稳定性。但由于基质材料与砂粒或骨料自身力学性能的差异，大颗粒的附近会不可避免的形成应力梯度与应变集中。上述两种效应的影响主要取决于刚性颗粒的粒径级配[41]。

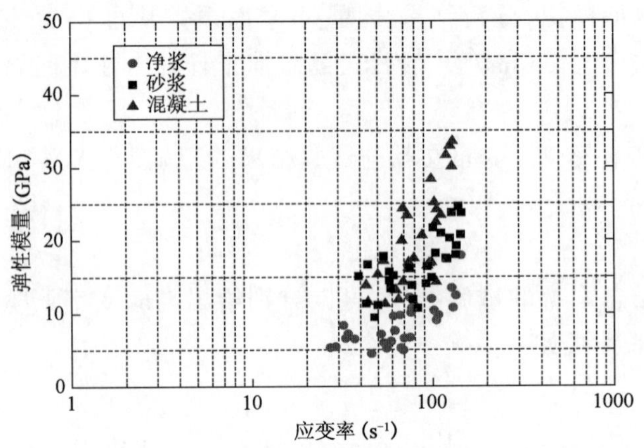

图 6-16　试件的弹性模量与应变率的关系

6.3.6　临界应变

临界应变为峰值应力点对应的应变。Bischoff 与 Perry[42] 在整理大量文献数据的基础上指出,在冲击荷载作用下,临界应变呈现出随应变率增加而增加的趋势。图 6-17 为本试验临界应变与应变率的关系,可以看出临界应变与应变率成正比,且临界应变的提高幅度要低于抗压强度及弹性模量。临界应变与应变率成正比的现象也可以认为是由于高应变率下的侧向约束造成的[35]。应变率越高,侧向约束逐渐明显,即导致的微裂缝数量也增加,然而宏观裂缝的形成会受到阻止。

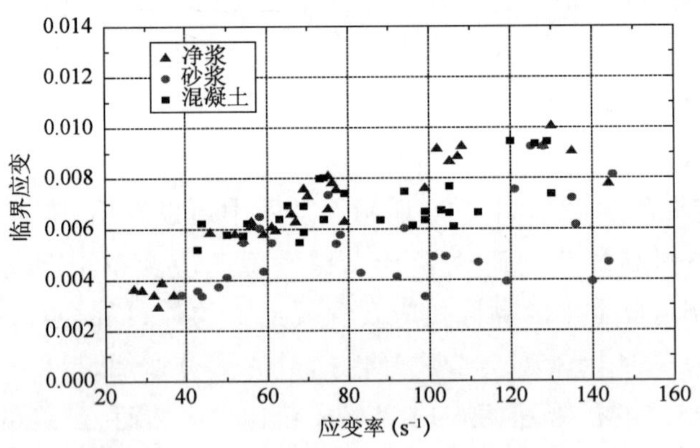

图 6-17　不同应变率下试件的峰值应变

基于本章试验结果,可以得出净浆、砂浆与混凝土的临界应变 ε_{cr} 与应变率的关系表达式,具体如下:

净浆

$$\varepsilon_{cr,paste} = 0.009\lg\dot{\varepsilon} - 0.01 \qquad (R^2 = 0.89) \tag{6-10}$$

砂浆

$$\varepsilon_{cr,mortar} = 0.004\lg\dot{\varepsilon} - 0.003 \qquad (R^2 = 0.76) \tag{6-11}$$

混凝土

$$\varepsilon_{\mathrm{cr,concrete}} = 0.005\lg\dot{\varepsilon} - 0.002 \qquad (R^2 = 0.81) \tag{6-12}$$

6.4　动态拉伸试验

6.4.1　试验方法

在水泥基材料静动态拉伸试验中,试件半径为37mm,高度为30mm,加载弧度为20°。

1. 静态拉伸试验

利用普通试验机进行静态的巴西圆盘试验,如图6-18所示。为了获得静态应力-应变关系,试件中部与加载方向垂直方向贴有应变片。试验采用位移加载,加载速率为0.08m/s,试件达到破坏所需时间一般为2~3min。

图6-18　静态平台巴西圆盘试验装置图

试件受载过程中,试件中部的拉应力可由下式计算得出:

$$\sigma_t = \frac{P}{\pi BR} Y(\theta) \tag{6-13}$$

式中:Y——与加载角度有关的参数,本试验中,$2\alpha = 20°$,则 $Y = 0.964$[43];

P——施加荷载值(kN)。

如果 $2\alpha = 0$,则 $Y = 1$,式(6-13)与常规巴西圆盘试验所得公式一致。

图6-19为试验得到的净浆、砂浆及混凝土的静态应力-应变关系曲线。

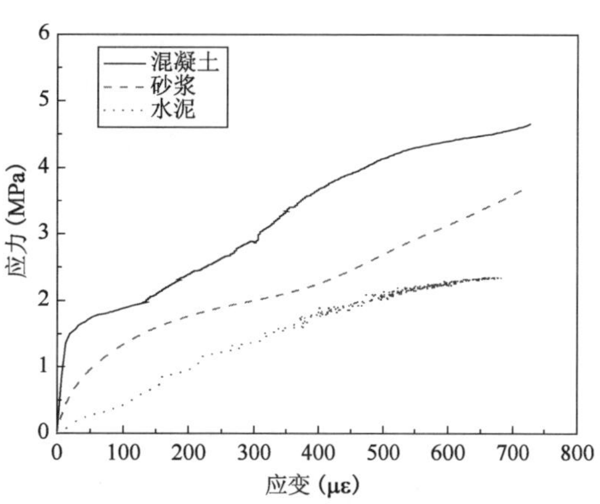

图6-19　试样的静态应力-应变关系曲线

2. 动态拉伸试验

利用改进SHPB装置进行水泥基材料的动态拉伸力学性能试验,如图6-20所示,将加工好的巴西圆盘试件放置于入射杆与透射杆之间,试件中部的应变片用于获取材料动态荷载下应变与时间的关系,入射杆及透射杆上的应变片采集得到的信号可以得到试件内部应力与时间的关系。对于砂浆材料而言,典型的入射波、反射波及透射波与时间的关系如图 6-21 所示。同动态抗压试验一样,为了保证入射杆及透射杆的应力平衡,利用紫铜片作为整形器,试验获取的入射杆后端及透射杆前端的力与时间的关系如图 6-22 所示,从图中可以发现采用整形器后,试验过程中实现了应力平衡。

图 6-20 动态巴西圆盘试验装置图

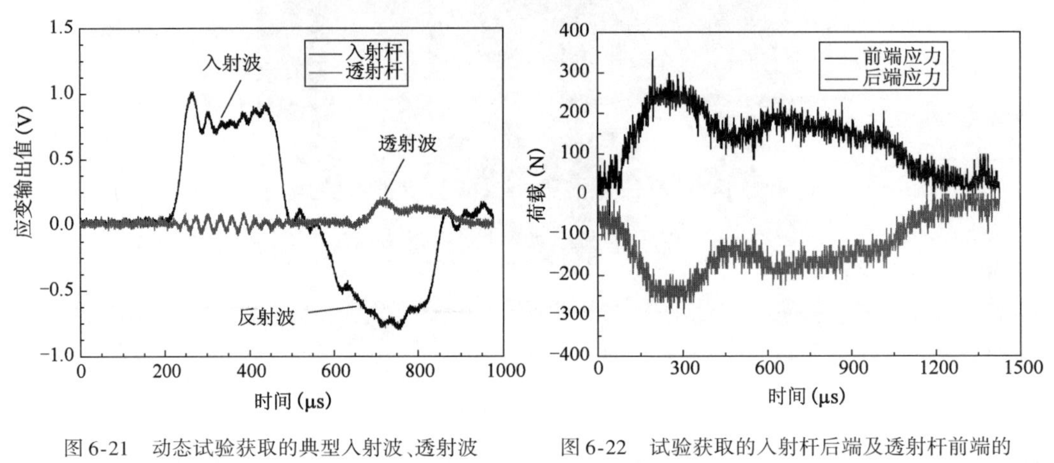

图 6-21 动态试验获取的典型入射波、透射波及反射波信号

图 6-22 试验获取的入射杆后端及透射杆前端的力与时间关系

6.4.2 破坏模式

静态荷载作用下净浆、砂浆及混凝土试件的破坏形态如图 6-23 所示。可以看出,净浆及砂浆的破坏均有一条宏观裂缝缓慢扩展,试件劈裂成两段,而混凝土试件则有多条裂缝,且裂缝的扩展多数沿着骨料周围。

动态荷载作用下净浆试件的破坏形态如图 6-24 所示,与静态荷载下试件破坏不同的是,动态荷载下净浆会破碎成数块,且随应变率的增加,破碎试件的块数也随之增加。这可能是由于净浆试件脆性程度较高。

Zhang 等[44]用高速照相机对玻璃材料在动态巴西圆盘试验中的破坏过程进行了研究,在冲击荷载作用下,试件首先在中间区域形成宏观裂缝,由于材料的脆性特征,为了吸附动载下更多的能量,试件接着往四周方向破碎,如图 6-25 所示,玻璃的破坏形态与本章净浆试件类似。

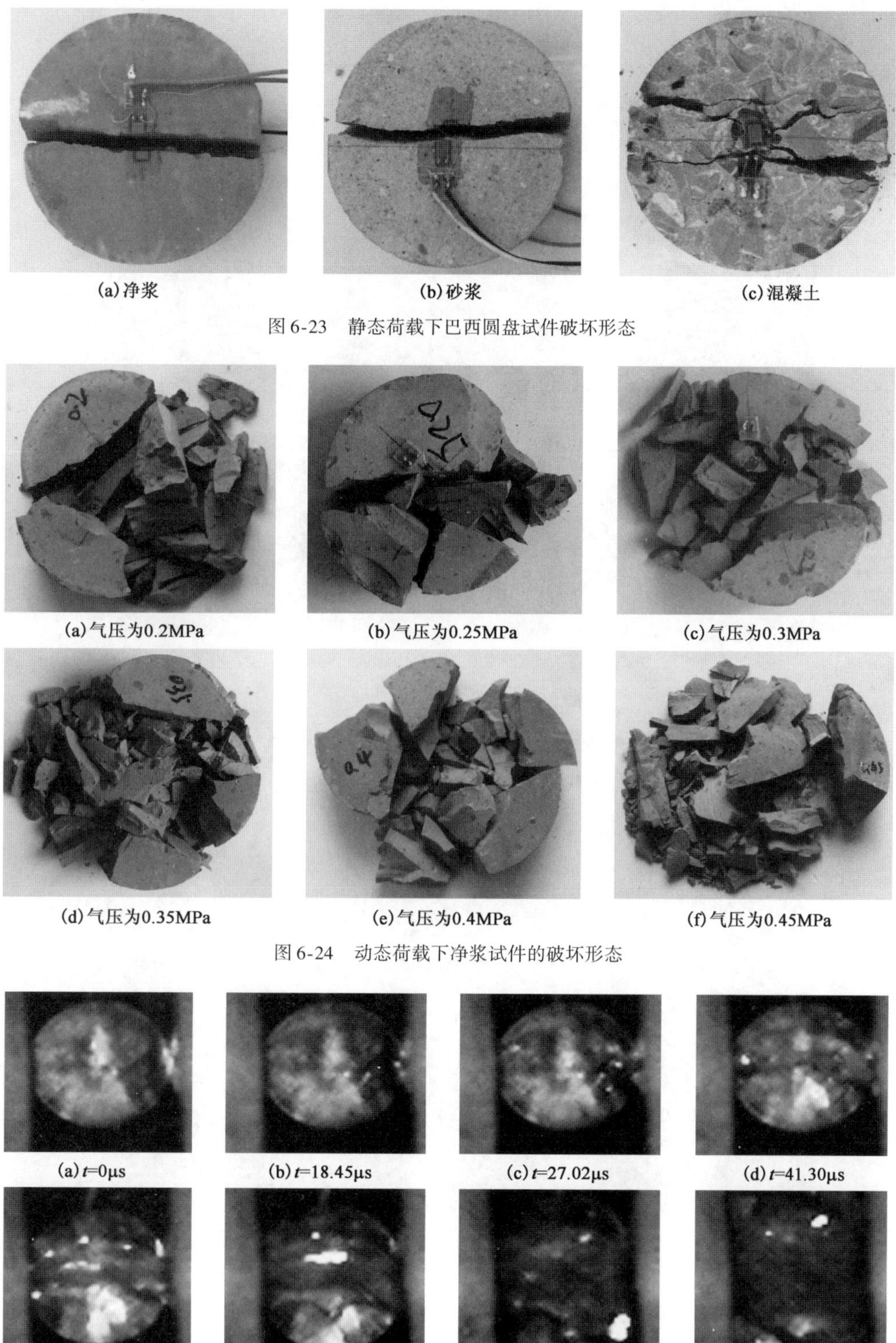

(a)净浆 (b)砂浆 (c)混凝土

图6-23 静态荷载下巴西圆盘试件破坏形态

(a)气压为0.2MPa (b)气压为0.25MPa (c)气压为0.3MPa

(d)气压为0.35MPa (e)气压为0.4MPa (f)气压为0.45MPa

图6-24 动态荷载下净浆试件的破坏形态

(a) t=0μs (b) t=18.45μs (c) t=27.02μs (d) t=41.30μs

(e) t=75.59μs (f) t=129.87μs (g) t=227.01μs (h) t=404.14μs

图6-25 高速照相机下玻璃试件的破坏过程

砂浆及混凝土在动态荷载下的破坏形态如图6-26与图6-27所示。从图中可以看出，由于砂浆及混凝土的脆性要小于净浆，其破坏形态也会有所区别，随着应变率的增加，试件中部区域的破坏情况也越为明显，且试件两端平台部分的损伤也会增加。对于混凝土试件，随着应变率增加，试件破坏区域骨料破坏的数据也随着增加。

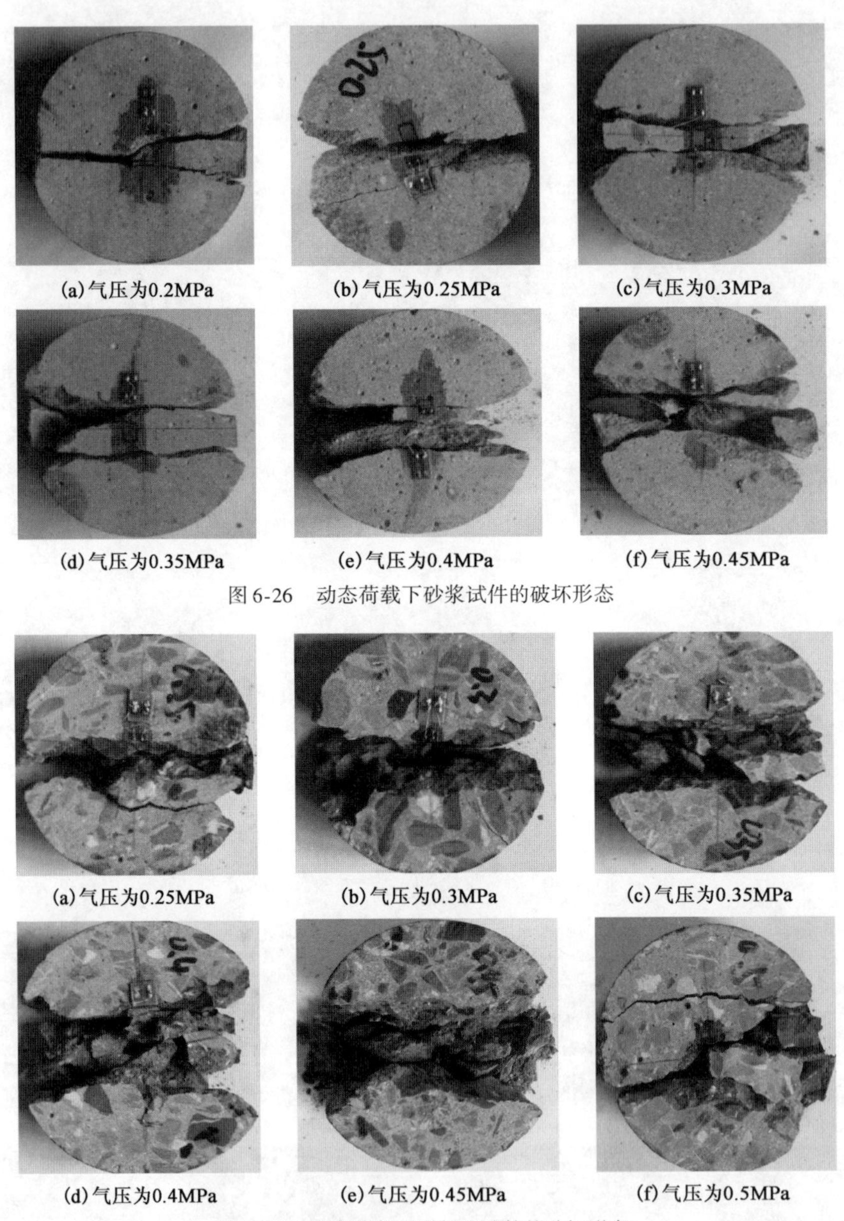

(a)气压为0.2MPa (b)气压为0.25MPa (c)气压为0.3MPa

(d)气压为0.35MPa (e)气压为0.4MPa (f)气压为0.45MPa

图6-26 动态荷载下砂浆试件的破坏形态

(a)气压为0.25MPa (b)气压为0.3MPa (c)气压为0.35MPa

(d)气压为0.4MPa (e)气压为0.45MPa (f)气压为0.5MPa

图6-27 动态荷载下混凝土试件的破坏形态

6.4.3 动态抗拉强度与提高因子

净浆、砂浆及混凝土抗拉强度与应变率的关系如图6-28～图6-30所示。从图中可以看出，高应变率下，水泥基材料的动态拉伸强度随着应变率的增加而提高。相同应变率下，混凝土的抗拉强度要高于净浆与砂浆;三种材料相比,净浆的抗拉强度最低(图 6-31)。材料的动态提高因子 DIF 与应变率的关系如图 6-32 所示,同抗压强度一样,水泥基材料的抗拉强度 DIF 也随着应变率的增加而提高。

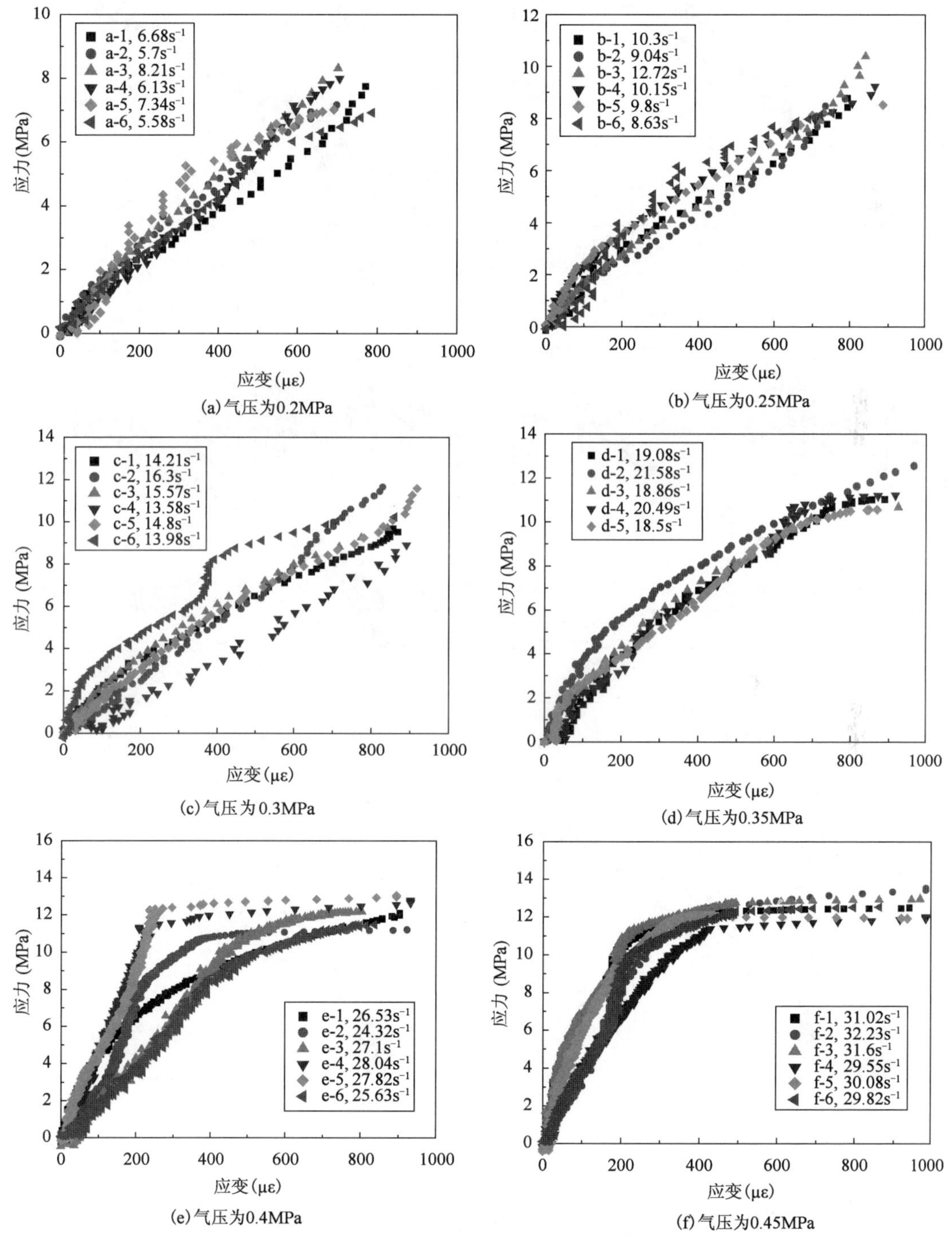

图 6-28　动态荷载下净浆试件的应力-应变关系

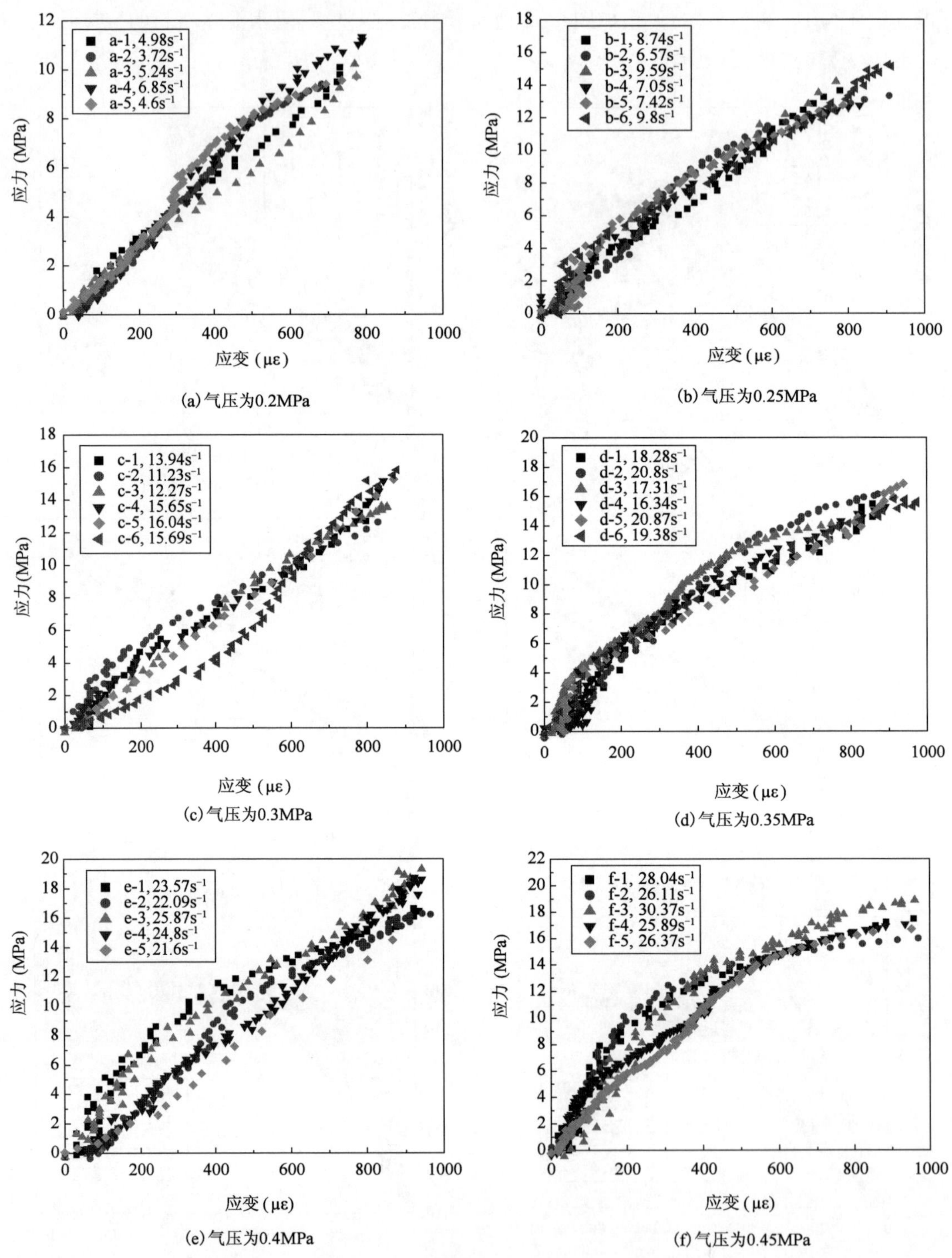

(a) 气压为0.2MPa

(b) 气压为0.25MPa

(c) 气压为0.3MPa

(d) 气压为0.35MPa

(e) 气压为0.4MPa

(f) 气压为0.45MPa

图 6-29 动态荷载下砂浆试件的应力-应变关系

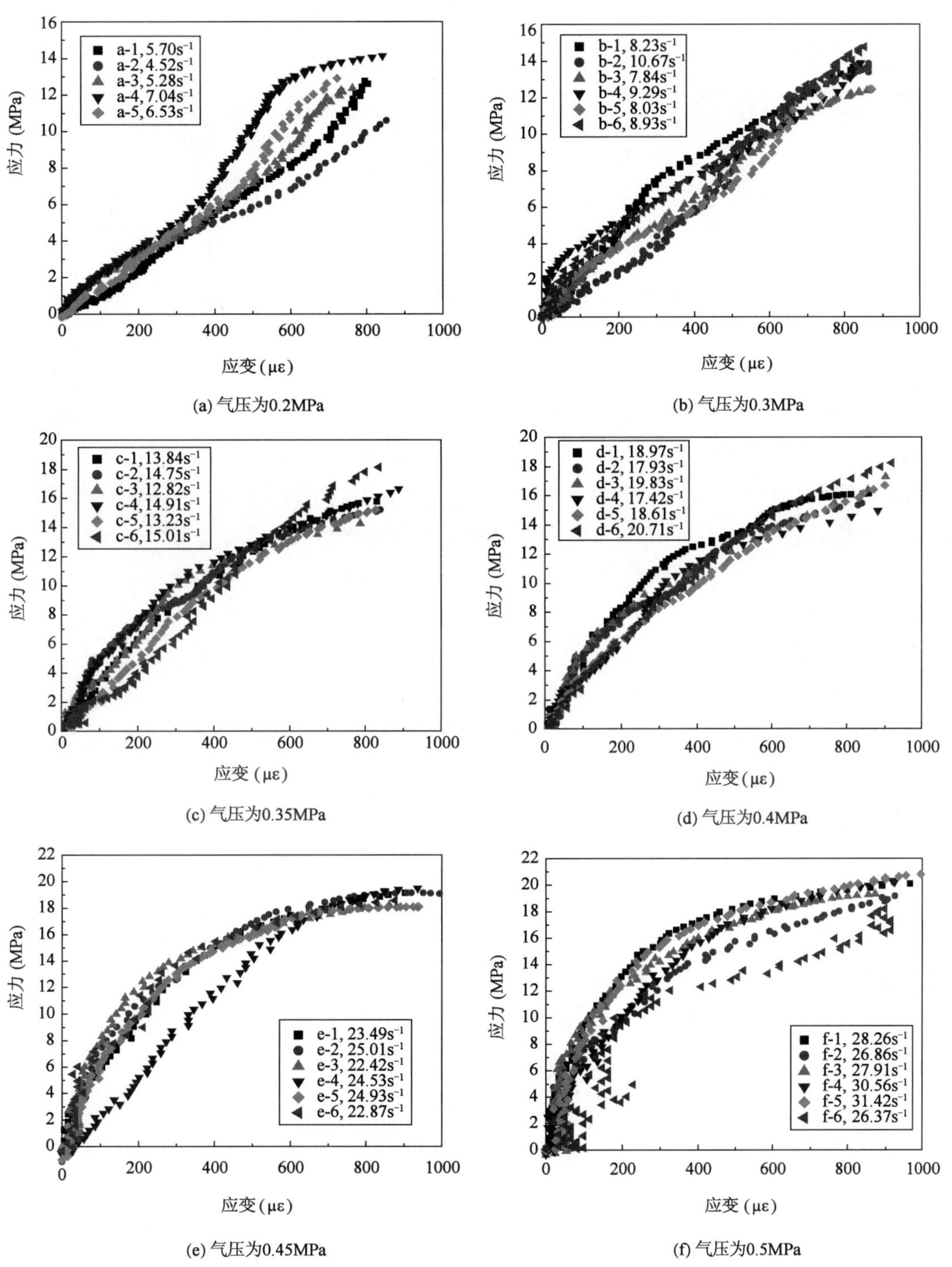

(a) 气压为0.2MPa

(b) 气压为0.3MPa

(c) 气压为0.35MPa

(d) 气压为0.4MPa

(e) 气压为0.45MPa

(f) 气压为0.5MPa

图6-30　动态荷载下混凝土试件的应力-应变关系

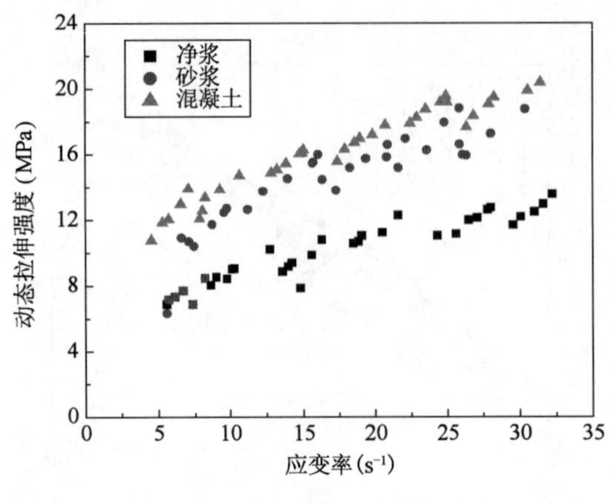

图 6-31 材料强度与应变率的关系

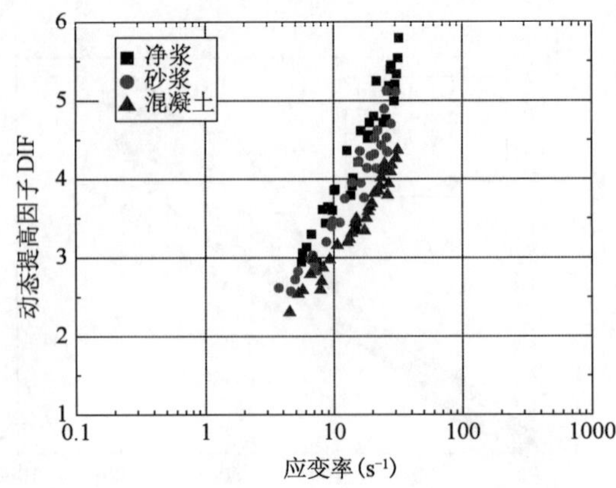

图 6-32 材料抗拉强度 DIF 与应变率的关系

Cadoni 等[45]给出了关于材料内部水分对动荷载下强度影响的另一种机理解释,他的解释是基于混凝土内应力波的传输原理提出的。当混凝土内部某孔隙并未充满水时,入射的应力波在遇到孔隙内壁时会发生局部反射。材料内部大量孔隙内的应力波的多重反射一定程度上会增加材料损伤。当应力波在试件内部传输过程中遇到充满液体的内部孔隙时,应力波在孔隙壁的反射效应必定由于水的存在而削弱。与干燥试件相比,在同样动荷载作用下,潮湿试件的强度提高幅度相对较大,其应变率效应也愈发明显。而 Cadoni 等[45]的机理解释只适用于干湿混凝土动态强度的区别,并不能用于解释动态荷载下材料自身动态强度提高的现象。

从图 6-32 可以看出,净浆、砂浆与混凝土的 DIF 率效应敏感性有所差异。净浆抗拉强度 DIF 受应变率的影响最为明显。根据本章试验结果,净浆、砂浆与混凝土的抗拉强度 DIF 与应变率的关系可以由下式表示:

净浆

$$\mathrm{DIF_p} = 0.50\lg(\dot{\varepsilon}_\mathrm{d}/\dot{\varepsilon}_\mathrm{s}) + 1 \qquad (R^2 = 0.97) \tag{6-14}$$

砂浆

$$\mathrm{DIF_m} = 0.43\lg(\dot{\varepsilon}_\mathrm{d}/\dot{\varepsilon}_\mathrm{s}) + 1 \qquad (R^2 = 0.96) \tag{6-15}$$

混凝土

$$\mathrm{DIF_c} = 0.37\lg(\dot{\varepsilon}_\mathrm{d}/\dot{\varepsilon}_\mathrm{s}) + 1 \qquad (R^2 = 0.94) \tag{6-16}$$

从本章的试验结果可以看出,动态荷载下水泥基材料的抗拉强度均随着应变率的增加而提高(图 6-31)。Rossi[46]指出,水泥基材料的应变率相关性可以分成两个尺度范围:第一个范围为 $10^{-5} \sim 1\mathrm{s}^{-1}$,第二个范围是应变率大于 $1\mathrm{s}^{-1}$。在第一个应变率范围内,试件的含水率被认为对材料的强度变化有很大影响[47]。材料内部孔隙自由水在外荷载作用下会形成所谓的 Stefan 效应[48],导致水泥基材料的强度随着应变率的增加而提高。Stefan 效应指的是两平板间的黏性液体快速分离时,液体由于自身的黏性会对平板产生一与分离方向相反的作用力,这个作用力的大小与平板分离速率成正比。

为了解释水泥基材料动态强度提升的现象,下面从宏观与微观角度来分析水泥基材料。

与众多脆性材料一样，水泥基材料的性能呈现轻微黏弹性与非线性固体，如图6-33所示。由图可以看出，材料黏度 η 主要是由微裂缝的聚核及裂缝扩展阶段的摩擦效应造成的。在低应变率下，阻尼会逐渐松弛以使弹簧 E_2 可以承受外荷载 F，然后储存作为应变能以至达到最终应力而形成破坏。对于高应变率荷载来说，由于加载历时很短，阻尼刚度瞬间增加，弹簧 E_1、E_2 只好共同作用，而且部分的外部输入能量会被阻尼耗散。试件破坏就需要比低应变率时更高的外部荷载。

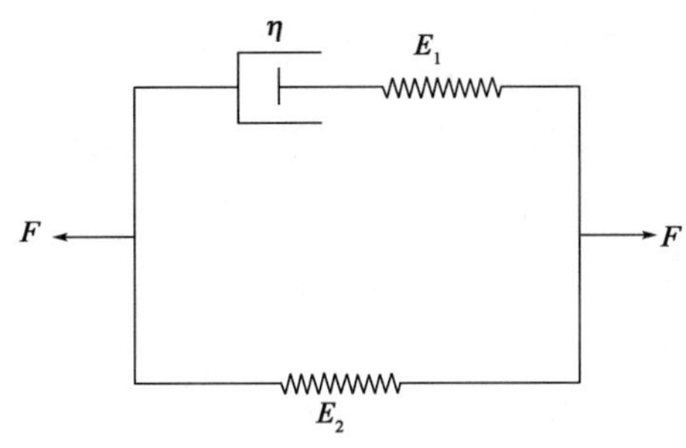

图6-33 标准的非线弹性固体单元

从微观角度来说，本章假设材料的每个颗粒作用可以用如图6-33所示的固体单元来表示。图中：η 为颗粒的黏性，用阻尼来表示；E_1 为与阻尼 η 共同作用的弹簧；E_2 为与阻尼 η 及 E_1 平行作用的弹簧。假定 V 为试件的体积，t 为时间变量，s 为空间变量，x 为沿加载方向的试件距离。

输入能量 W_{in} 就可以由下式表示：

$$W_{in} = F\iint\dot{\varepsilon}\mathrm{d}x\mathrm{d}t \tag{6-17}$$

应变能可以由下式得出：

$$W_s = \frac{1}{2}\int k(E_1 + E_2)\left(\iint\dot{\varepsilon}\mathrm{d}s\mathrm{d}t\right)^2\mathrm{d}V \tag{6-18}$$

式中：K——与方向有关的常数。

耗散能量 W_d 为：

$$W_d = \iiint K\eta_p\dot{\varepsilon}^2\mathrm{d}s\mathrm{d}t\mathrm{d}V \tag{6-19}$$

从能量平衡的角度可知：

$$W_{in} = W_s + W_d \tag{6-20}$$

对于静态荷载情况：

$$\dot{\varepsilon} \to 0 \tag{6-21}$$

$W_d \to 0$，由于阻尼弹簧 E_1 并未起作用，则可以得到：

$$F\iint\dot{\varepsilon}\mathrm{d}x\mathrm{d}t = \frac{1}{2}\int_V KE_2\left(\iint\dot{\varepsilon}\mathrm{d}s\mathrm{d}t\right)^2\mathrm{d}V \tag{6-22}$$

在极限荷载时：

$$F = F_u \tag{6-23}$$

$$E_2 = E_{2u} \tag{6-24}$$

而且

$$\sigma_t = \frac{F}{\pi BR}Y(\theta) \tag{6-25}$$

在高应变率的情况下，W_d 并不接近于0。由于动态荷载下弹簧 E_1、E_2 与阻尼共同作用，从上面公式就不难分析得出，此时极限荷载值 F_u 也需要增加，所以水泥基材料的动态抗拉强度也会提高。

6.4.4 弹性模量

本章中，净浆、砂浆与混凝土的拉伸弹性模量与应变率的关系见图6-34。从图中可以看出，三种材料的弹性模量均随着应变率的增加而增加，且在相同应变率下，混凝土的弹性模量最高，净浆的最低。依据本章试验结果，通过对数据回归分析可以得到三种材料弹性模量 E 与应变率的关系式如下式所示：

净浆

$$E_{\text{paste}} = 22.22 - 243.92/\dot{\varepsilon} + 2050/\dot{\varepsilon}^2 - 5841.83/\dot{\varepsilon}^3 \tag{6-26}$$

砂浆

$$E_{\text{mortor}} = 19.67 - 40.12/\dot{\varepsilon} + 106.63/\dot{\varepsilon}^2 - 642.53/\dot{\varepsilon}^3 \tag{6-27}$$

混凝土

$$E_{\text{concrete}} = 23.25 - 99.8/\dot{\varepsilon} + 407.08/\dot{\varepsilon}^2 - 570.72/\dot{\varepsilon}^3 \tag{6-28}$$

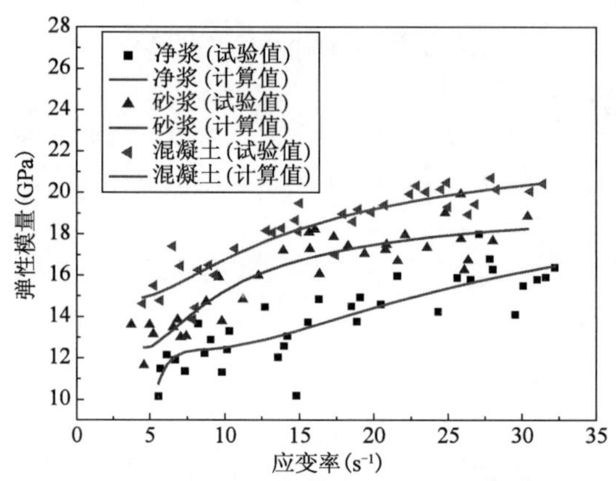

图6-34 净浆、砂浆及混凝土弹性模量与应变率的关系

6.4.5 临界应变

净浆、砂浆及混凝土临界应变与应变率的关系见图6-35。从图中可以看出，随着应变率的增加，材料的临界应变也随着增加。与抗拉强度DIF不一样，净浆、砂浆及混凝土在高应变率下其临界应变的增加幅度均相似，且受材料种类的影响不大。水泥基材料临界应变随应变率增加而提高的趋势，可以用静动态荷载下材料内部裂缝破坏数量的区别来解释。从图6-35可以发现，静态荷载下材料破坏裂缝数要明显少于动载情况。动态荷载下，材料内部裂缝数目的增加显然会导致其变形的增大。

从以往文献来看，研究者对高应变率下临界应变的变化趋势还存在争议。Wastein[49]指出，临界应变随着应变率的增加而增大。相反，Harsh 等[50]及 Harris 等[51]认为，临界应变受应变率的影响不大。Hughes 等[52]、Dilger 等[53]及 Dhir 与 Sangha[54]甚至指出，临界应变随着应变率的增加而降低。尽管研究者们对临界应变的变化规律存在着明显争议,他们还是认为随着应变率的增加,材料率效应也愈发明显。本章试验材料的临界应变与应变率的关系可以由式(6-29)来表示:

$$\varepsilon_c = 0.06[0.4119 - 0.4665\lg\dot{\varepsilon} + 0.151(\lg\dot{\varepsilon})^2] \tag{6-29}$$

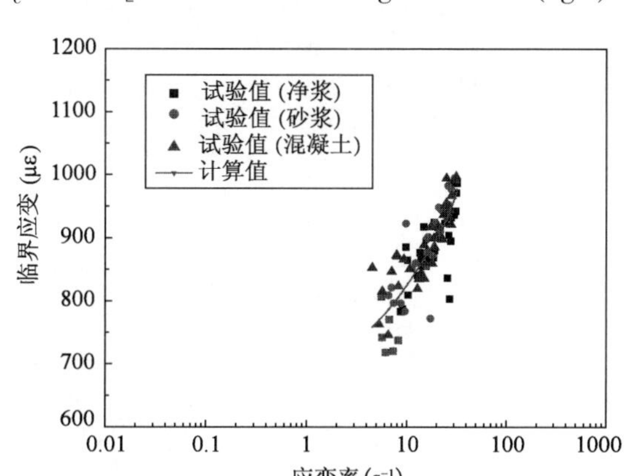

图6-35　材料临界应变与应变率的关系

6.4.6　能量吸附

为了从能量角度研究动态劈裂拉伸过程中水泥基材料的力学性能,输入波能量 $W_i(t)$、反射波能量 $W_r(t)$ 及透射波能量 $W_t(t)$ 的计算公式如下:

$$W_i(t) = EAc\int_0^t \varepsilon_i^2(t) \tag{6-30}$$

$$W_r(t) = EAc\int_0^t \varepsilon_r^2(t) \tag{6-31}$$

$$W_t(t) = EAc\int_0^t \varepsilon_t^2(t) \tag{6-32}$$

入射波能量的平均率定义为:

$$\dot{W}_i = \frac{W_{i,max}}{T} \tag{6-33}$$

式中:T——入射波的持续时间。

基于能量守恒的原理,水泥基材料的能量耗散可以由式(6-34)计算得到:

$$W_s(t) = W_i(t) - W_r(t) - W_t(t) \tag{6-34}$$

分析动态试验的特征,知道 $W_s(t)$ 可以直接与材料的损伤联系起来。研究 $W_{s,max}$ 与 $\dot{W}_i$ 的关系,可以直接有效地反映水泥基材料在不同加载速率下的动态破坏过程。如图6-36所示,本章中用到的净浆、砂浆与混凝土的 $W_{s,max}$ 与 $\dot{W}_i$ 有着很明显的关系,水泥基材料的抗拉能力随着输入能量率的增加而提高,这个结论与强度及变形的试验结果一致,从另一方面也验证本章试验结果的可信性。两者的关系可以用如下双项式函数关系式来表示:

净浆

$$W_{s,max}=\frac{\dot{W}_i}{46.19-0.09\dot{W}_i} \tag{6-35}$$

砂浆

$$W_{s,max}=\frac{\dot{W}_i}{5.39-0.006\dot{W}_i} \tag{6-36}$$

混凝土

$$W_{s,max}=\frac{\dot{W}_i}{10.87-0.005\dot{W}_i} \tag{6-37}$$

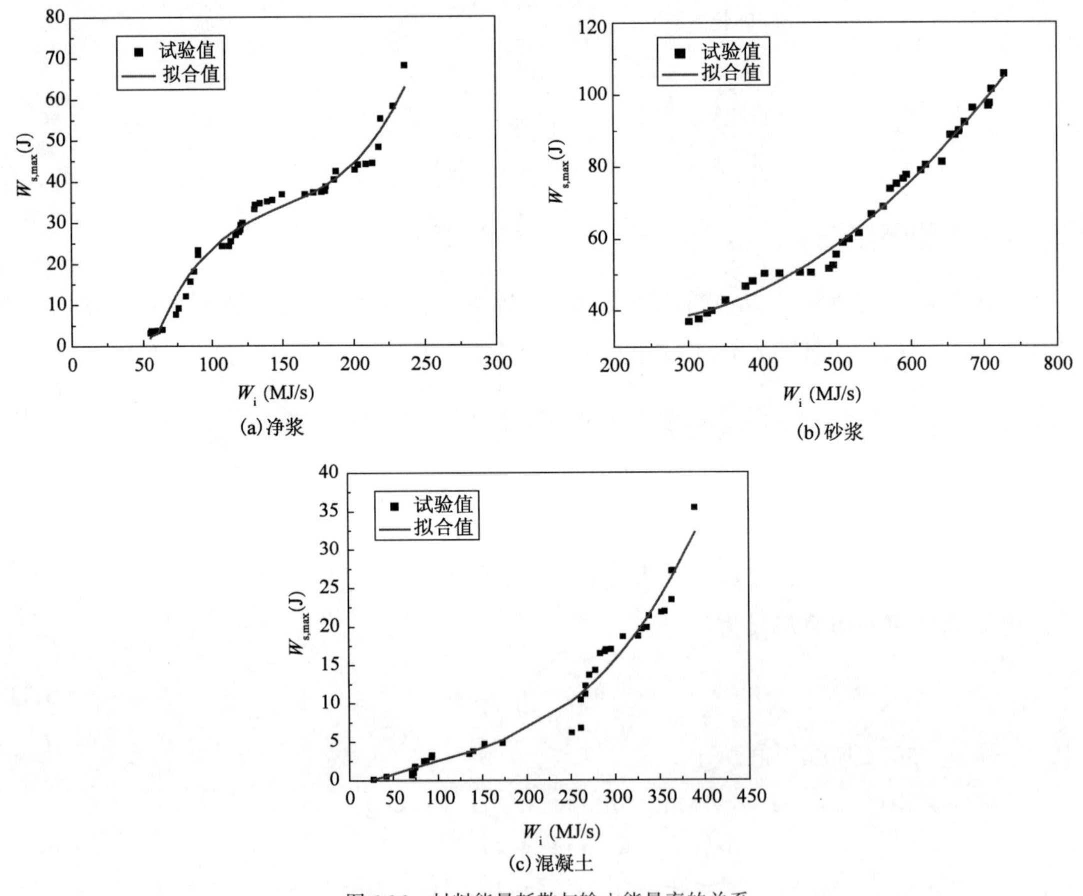

图 6-36　材料能量耗散与输入能量率的关系

6.5　动态拉压本构模型

动态荷载作用下，水泥基材料在整个受载过程伴随着弹性模量的降低及变形的累积[11]。通常用损伤来描述试件在此过程中损伤程度的变化规律。例如，有研究者对受到冲击荷载作用的混凝土结构，将试件耗散的能量与其冲击能量的比值定义为损伤参数[55]。本章中，为了对试验结果进行更为定量精确的总结，在静态连续损伤力学本构模型的基础上，考虑应变率效应，提出了适用于净浆、砂浆与混凝土的动态本构模型。

材料损伤的累积可以用式(6-38)来表示：

$$\sigma = \sigma_r[1 - D] \tag{6-38}$$

式中：σ——试件内的真实应力；

σ_r——材料无任何损伤发生时的应力；

D——反映试件内部损伤累积程度的参数，该参数随着应变及应变率的变化而发生改变。

试件内部的损伤状态非常复杂，出于简化起见，用理想的损伤参数 D 来描述复杂的损伤过程。当加载初期应变非常小时，试件可以认为不存在损伤，即 $D = 0$，这与应力-应变关系初期几乎呈线性的结论相互吻合。所以，当应变非常小时，式(6-38)可转化为式(6-39)：

$$\sigma = \sigma_r \tag{6-39}$$

基于此时材料呈现的线弹性力学特性，可以知道：

$$\sigma_r = E\varepsilon \tag{6-40}$$

结合现有结论与试验结果，我们知道初始弹性模量 E 与应变率有关。与应变率对水泥基材料动态强度的影响相类似[35,56]，下式可以用于描述弹性模量与应变率的关系：

$$E = A_0 + A_1 \left(\frac{\dot{\varepsilon}_d}{\dot{\varepsilon}_s}\right)^B \tag{6-41}$$

式中：A_0、A_1 和 B——材料参数。

正如之前所提到的，水泥基材料在受载过程中随着变形的增加，其损失也会累积。Wang 等[56]利用下式来描述累积速率与应变率的非线性关系：

$$\dot{D} = D_0 \ |\dot{\varepsilon}_d|^{\lambda} \tag{6-42}$$

式中：λ——材料参数。

为了能更加准确地描述动态荷载下材料的力学响应，本章用式(6-43)来描述损伤率的演化规律：

$$\dot{D} = D_1\dot{\varepsilon} + D_0\dot{\varepsilon}^{\lambda} \tag{6-43}$$

式中：D_0、D_1——常数。

值得指出的是，当 $D_0 = 0$ 或 $D_1 = 1$，且 $\lambda = 1$，式(6-43)也可以用来描述损失量与应变率的线性关系。所以，损失参数与应变率的关系可以通过对式(6-42)对时间变量求积分来获得，详见下式：

$$D = (D_1 + D_0\dot{\varepsilon}_d^{\xi})\varepsilon + D_2,\text{其中 } \xi = \lambda - 1 \tag{6-44}$$

式中：D_2——积分常数。

考虑初始情况：

$$D|_{\varepsilon=0} = 0 \tag{6-45}$$

可以得到 $D_2 = 0$，式(6-44)就可以重新整理如下：

$$D = (D_1 + D_0 \dot{\varepsilon}_d^{\xi}) \varepsilon \tag{6-46}$$

根据以上分析推导,考虑应变率及损失变化的影响,净浆、砂浆及混凝土动态拉压荷载下的应力-应变关系可以由下式表示:

$$\sigma = [1 - (D_1 + D_0 \dot{\varepsilon}_d^{\xi}) \varepsilon] \left[A_0 + A_1 \left(\frac{\dot{\varepsilon}_d}{\dot{\varepsilon}_s} \right)^B \right] \varepsilon \tag{6-47}$$

式(6-47)中所涉及的净浆、砂浆及混凝土材料的拉压模型参数取值见表 6-1。图 6-37 和图 6-38 分别为拉压典型的试验结果与理论计算值的对比,从图中可以看出,试验结果与计算值吻合较好。这也说明式(6-46)可用于描述高应变率下水泥基材料的动态拉压力学性能。

水泥基材料动态抗压、抗拉本构模型的参数值 表 6-1

参数	抗压			抗拉		
	净浆	砂浆	混凝土	净浆	砂浆	混凝土
D_0	0.019	0.0113	0.0144	0.002	0.0011	0.031
D_1	0.657	0.855	0.401	0.170	0.341	0.280
ξ	0.487	0.538	0.617	0.487	0.86	0.490
A_0	5064.1	20347.8	11134.3	0.080	0.018	0.070
A_1	4.71	5.08	3.74	0.64	0.80	1.31
B	1.70	1.69	1.78	0.019	0.029	0.069

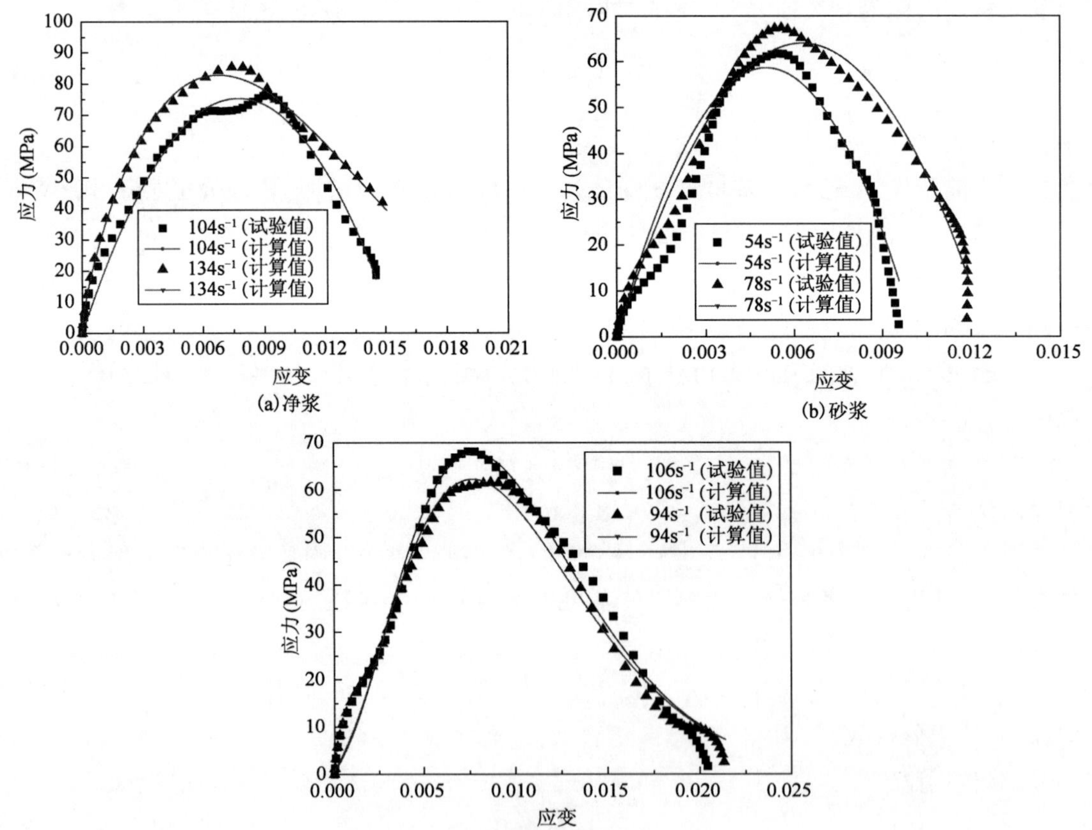

图 6-37 动态荷载下材料试验结果与理论计算值的比较

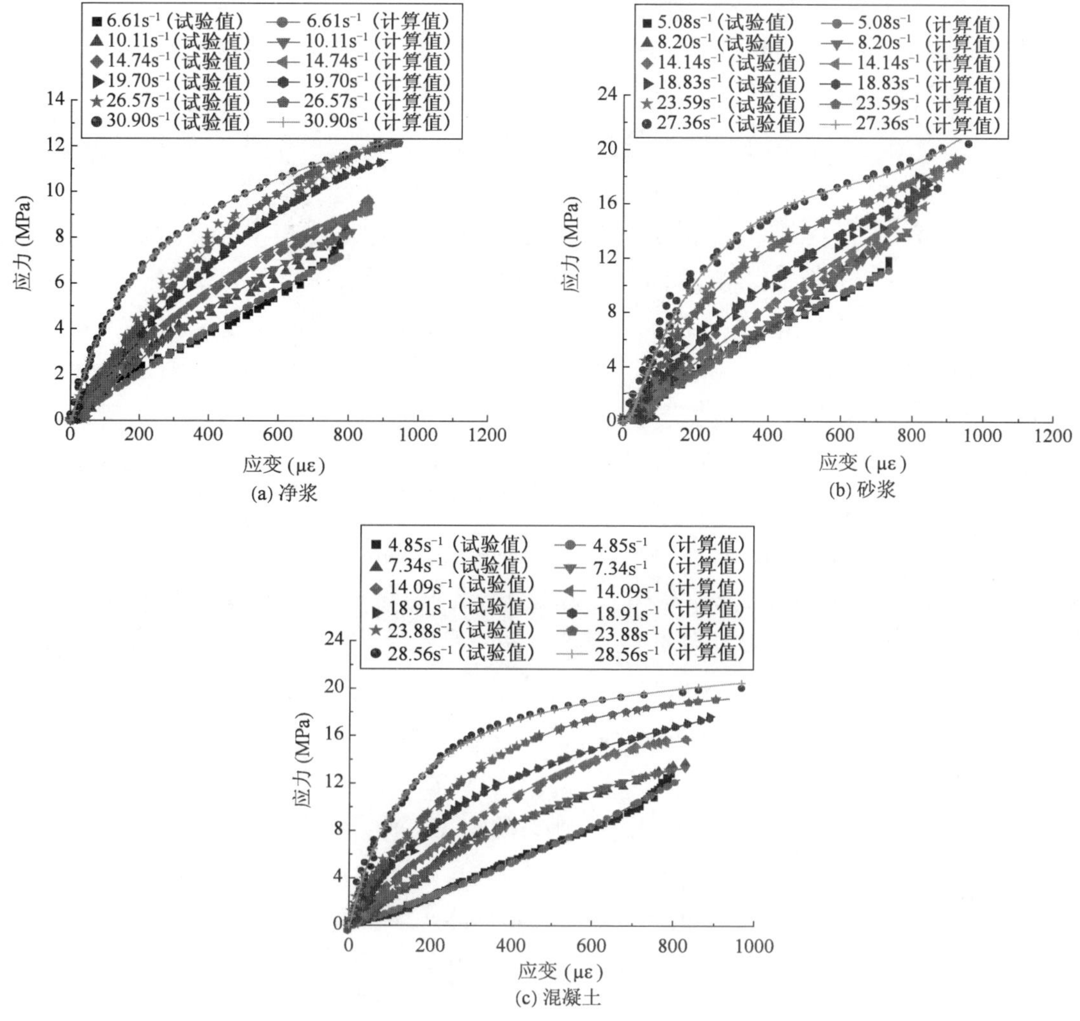

图6-38　试验与模型所得应力-应变关系的比较

6.6　本章小结

通过对净浆、砂浆及混凝土开展动态拉压力学性能试验，本章得到了水泥基材料应力-应变曲线、破坏模型、动态提高因子、弹性模量及临界应变在高应变率下的变化规律，主要得出以下结论：

(1)动态压缩试验中，应变率效应对净浆、砂浆、混凝土的影响基本一致。抗压强度、弹性模量、峰值应变均随着应变率的增加而提高，其中抗压强度的提高幅度最大。除此之外，随着应变率的提高，试件的破坏形式会发生变化。

(2)动态拉伸试验中，净浆、砂浆与混凝土的 DIF 率效应敏感性有所不同。净浆抗拉强度 DIF 受应变率的影响最为明显。净浆、砂浆与混凝土的弹性模量与临界应变均随着应变率的增加而增加。而相同应变率下，混凝土的弹性模量最高，净浆的最低。三种材料临界应变的应变率敏感性与材料属性并无太大关系。

(3)基于试验现象与现有材料模型，提出考虑应变率与损伤变化的动态拉压本构模型。此模型可很好地描述高应变率下水泥基材料的动态力学性能。

本章参考文献

[1] ASTM C 192/C 192M-06. Standard practice for making and curing concrete test specimens in the laboratory[S]. West Conshohocken: ASTM International,2006.

[2] Li J, Zhang Y X. Evaluation of constitutive models of hybrid-fiber engineered cementitious composites under dynamic loading[J]. Construction and Building Materials,2012,30(5): 149-160.

[3] Jawed I, Childs G, Ritter A, et al. High-strain-rate behavior of hydrated cement pastes[J]. Cement and Concrete Research,1987,17(3): 433-440.

[4] Saksala T, Hokka M, Kuokkala V T, et al. Numerical modeling and experimentation of dynamic Brazilian disc test on Kuru granite[J]. International Journal of Rock Mechanics and Mining Sciences,2013,59(4): 128-138.

[5] Wong T F, Wong R H C, Chau K T, et al. Microcrack statistics, Weibull distribution and micromechanical modeling of compressive failure in rock[J]. Mechanics of Materials,2006,38(7): 664-681.

[6] Knaack A M, Kurama Y C, Kirkner D J. Compressive stress-strain relationships for North American concrete under elevated temperatures[J]. ACI Materials Journal,2011,108(3): 270-280.

[7] Wu W, Zhang W, Ma G. Mechanical properties of copper slag reinforced concrete under dynamic loading[J]. Construction and Building Materials,2010,24(6): 910-917.

[8] Wang S, Zhang M H, Quek S T. Mechanical behavior of fiber-reinforced high-strength concrete subjected to high strain-rate compressive loading[J]. Construction and Building Materials, 2012,31(6): 1-11.

[9] Liu F, Chen G, Li L, et al. Study of impact performance of rubber reinforced concrete[J]. Construction and Building Materials,2012,36: 604-616.

[10] Li W, Xu J. Mechanical properties of basalt fiber reinforced geopolymeric concrete under impact loading[J]. Materials Science and Engineering: A,2009,505(1): 178-186.

[11] Miller O, Freund L B, Needleman A. Modeling and simulation of dynamic fragmentation in brittle materials[J]. International Journal of Fracture,1999,96(2): 101-125.

[12] Wang Z L, Liu Y S, Shen R F. Stress-strain relationship of steel fiber-reinforced concrete under dynamic compression[J]. Construction and Building Materials,2008,22(5): 811-819.

[13] Clayton J D. A model for deformation and fragmentation in crushable brittle solids[J]. International Journal of Impact Engineering,2008,35(5): 269-289.

[14] Liu L,Katsabanis P D. Development of a continuum damage model for blasting analysis[J]. International Journal of Rock Mechanics and Mining Sciences,1997,34(2): 217-231.

[15] Hamdi E,Romdhane N B,Le Cleach J M. A tensile damage model for rocks: Application to blast induced damage assessment[J]. Computers and Geotechnics,2011,38(2): 133-141.

[16] Wang Z L,Li Y C,Wang J G. A damage-softening statistical constitutive model considering rock residual strength[J]. Computers & Geosciences,2007,33(1): 1-9.

[17] Li W,Xu J. Impact characterization of basalt fiber reinforced geopolymeric concrete using a 100-mm-diameter split Hopkinson pressure bar[J]. Materials Science and Engineering: A, 2009,513(4): 145-153.

[18] Zhao J,Li H B. Experimental determination of dynamic tensile properties of a granite[J]. International Journal of Rock Mechanics and Mining Sciences,2000,37(5): 861-866.

[19] Cadoni E. Dynamic characterization of orthogenesis rock subjected to intermediate and high strain rates in tension[J]. Rock Mechanics and Rock Engineering,2010,43(6): 667-676.

[20] Johnstone C,Ruzi C. Dynamic testing of ceramic under tensile stress[J]. International Journal of Solids and Structures,1995,32(17): 2647-2656.

[21] Lee O S,Kim G H. Thickness effects on mechanical behavior of a composite material (1001P) and polycarbonate in split Hopkinson pressure bar[J]. Journal of Materials Science Letters, 2000,19(20): 1805-1808.

[22] Cadoni E,Fenu L,Forni D. Strain rate behavior in tension of austenitic stainless steel used for reinforcing bars[J]. Construction and Building Materials,2012,35: 399-407.

[23] Grady D E,Kipp M E. The micromechanics of impact fracture of rock[J]. International Journal of Rock Mechanics and Mining Sciences,1979,16(5): 293-302.

[24] Ross C A,Jerome D M. Moisture and strain rate effects on concrete strength[J]. ACI Materials Journal,1996,93(3): 293-300.

[25] Kim D J, Sirijaroonchai K, El-Tawil S, et al. Numerical simulation of the split Hopkinson pressure bar test technique for concrete under compression[J]. International Journal of Impact Engineering,2010,37(2): 141-149.

[26] Tedesco J W,Powell J C,Ross C A,et al. A strain-rate-dependent concrete material model for ADINA[J]. Computers and Concrete,1997,64(5): 1053-1067.

[27] CEB Committee. CEB-FIP Model Code 1990 [S]. Lausanne, Switzerland: Thomas Telford Ltd. ,1993.

[28] Zhou X Q,Hao H. Modeling of compressive behaviour of concrete-like materials at high strain rates[J]. International Journal of Solids and Structures,2008,45(2): 4648-4661.

[29] Tang T,Malvern L E,Jenkin D A. Rate effects in uniaxial dynamic compression of concrete [J]. ASCE Journal of Engineering Mechanics,1991,118(1): 108-124.

[30] Li Q M, Meng H. About the dynamic strength enhancement of concrete-like materials in a split Hopkinson pressure bar test[J]. International Journal of Solids and Structures, 2003, 40(2): 343-360.

[31] Zhang X X, Yu R C, Ruiz G. Effect of loading rate on crack velocities in HSC[J]. International Journal of Impact Engineering, 2010, 37(4): 359-370.

[32] Hao H, Tarasov B G. Experimental study of dynamic material properties of clay brick and mortar at different strain rates[J]. Australian Journal of Structural Engineering, 2008, 8(2): 117-132.

[33] Ross C A, Tedesco J W, Kuennen S T. Effects of strain rate on concrete strength[J]. ACI Materials Journal, 1995, 92(1): 37-47.

[34] Grote D L, Park S W, Zhou M. Dynamic behavior of concrete at high strain rates and pressures: I. experimental characterization[J]. International Journal of Impact Engineering, 2001, 25(9): 869-886.

[35] Bischoff P H, Perry S H. Impact behaviour of plain concrete loaded in uniaxial compression [J]. ASCE Journal of Engineering Mechanics, 1995, 121(6): 685-693.

[36] Li Q M, Meng H. About the dynamic strength enhancement of concrete-like materials in a split Hopkinson pressure bar test[J]. International Journal of Solids and Structures, 2003, 40(2): 343-360.

[37] Kim D J, El-tawil S, Naaman A E. Rate-dependent tensile behavior of high performance fiber reinforced cementitious composites[J]. Materials and Structures, 2009, 42(3): 399-414.

[38] Scott B D, Park R, Priestley M J N. Stress-strain behaviour of concrete confined by overlapping hoops at low and high strain rates[J]. ACI Journal Proceedings, 1982, 79(1): 13-27.

[39] Yan D, Lin G. Influence of initial static stress on the dynamic properties of concrete[J]. Cement & Concrete Composites, 2008, 30(4): 327-333.

[40] Swamy N, Rigby G. Dynamic properties of hardened paste, mortar and concrete[J]. Materials and Structures, 1971, 4(1): 13-40.

[41] Zhang Q B, Zhao J. Determination of mechanical properties and full-field strain measurements of rock material under dynamic loads[J]. International Journal of Rock Mechanics and Mining Sciences, 2013, 60(6): 423-439.

[42] Bischoff P H, Perry S H. Compressive behaviour of concrete at high strain rates[J]. Materials and Structure, 1991, 24(6): 425-450.

[43] Wang Y, Wang Z, Liang X, et al. Experimental and numerical studies on dynamic compressive behavior of reactive powder concretes[J]. Acta Mechanica Solida Sinica, 2008, 21(5): 420-430.

[44] Zhang M, Wu H J, Li Q M, et al. Further investigation on the dynamic compressive strength enhancement of concrete-like materials based on split Hopkinson pressure bar tests. Part I:

Experiments[J]. International Journal of Impact Engineering,2009,36(12): 1327-1334.

[45] Cadoni E,Labibes K,Albertini C,et al. Strain-rate effect on the tensile behaviour of concrete at different relative humidity levels[J]. Materials and Structures,2001,34(1): 21-26.

[46] Rossi P. Influence of cracking in the presence of free water on the mechanical behavior of concrete[J]. Magazine of Concrete Research,1991,43(154): 53-57.

[47] Wu S,Chen X,Zhou J. Tensile strength of concrete under static and intermediate strain rates: Correlated results from different testing methods[J]. Nuclear Engineering and Design,2012, 250: 173-183.

[48] Rossi P,van Mier J G M,Boulay C,et al. The dynamic behavior of concrete: influence of free water[J]. Materials and Structures,1992,25(9): 509-514.

[49] Watstein D. Effect of straining rate on the compressive strength and elastic properties of concrete[J]. ACI Journal Proceedings,1953,49(4): 729-744.

[50] Harsh D W,Shen S,Darwin D. Strain-rate sensitivity behavior of cement paste and mortar in compression[J]. ACI Materials Journal,1990,87(5): 508-516.

[51] Harris D W,Mohorovic C E,Dolen T P. Dynamic properties of mass concrete obtained from dam cores[J]. ACI Materials Journal,2000,97(3): 290-296.

[52] Hughes M L,Tedesco J W,Ross C A. Numerical analysis of high strain rate splitting-tensile tests[J]. Computers & Structures,1993,47(4): 653-671.

[53] Dilger W H,Koch R,Kowalczyk R. Ductility of Plain and Confined Concrete Under Different Strain Rates[J]. ACI Journal Proceedings,1984,81(1): 73-81.

[54] Dhir R K,Sangha C M. A study of the relationship between time,strength,deformation and fracture of plain concrete[J]. Magazine of Concrete Research,1972,24(81): 197-208.

[55] Yon J H,Hawkins N M,Kobayashi A S. Strain-rate sensitivity of concrete mechanical properties [J]. ACI Materials Journal,1992,89(2): 146-153.

[56] Wang L L,Zhou F H,Sun Z J,et al. Studies on rate-dependent macro-damage evolution of materials at high strain rates[J]. International Journal of Damage Mechanics,2010,19(7): 805-820.

第 7 章 初始荷载历史对混凝土动态力学特性影响

7.1 引言

在评估结构及其组成材料的力学特性时,必须考虑其加载历史的影响。本章针对混凝土开展 SHPB 动态压缩和拉伸试验,探究预加不同静态荷载水平对混凝土的动态力学性能的影响,并引入 Weibull 分布统计模型对试验结果进行对比分析,进一步探讨混凝土动态压缩强度和动态拉伸强度在初始静载作用下的损伤机制。同时,基于大直径 SHPB 试验装置开展混凝土重复冲击压缩试验,利用有限元软件 LS-DYNA 和 HJC(* MAT_JOHNSON_HOLMQUIST_CONCRETE)本构模型对混凝土动态压缩试验过程进行模拟。

7.2 预加静载对混凝土动态抗压性能影响

7.2.1 试验程序

1. 试件准备

本节试验选用的混凝土原材料、配合比和浇筑工艺同第 2.2.1 节。将混凝土浇筑在尺寸为 150mm × 150mm × 550mm 的钢模中并放置于实验室自然养护一周,一周后对长方体试件进行取芯、切割,试件加工成 ϕ74mm × 37mm 的圆柱体,用于静态劈拉试验和动态冲击试验,同时对切割面进行打磨,保证试件表面的平行度。将处理好的矮圆柱试件置于饱和的氢氧化钙溶液中,养护 30d 后取出准备试验。用于试验研究的部分试件如图 7-1 所示。

2. 试验步骤

本试验主要按照以下三个步骤完成:

S1:确定混凝土静态劈拉强度 σ_t。

S2：将试件分成5组，每组30个，分别施加S1中已经确定的拉伸应力 σ_t 到不同等级水平，即0%、25%、50%、75%、90%。

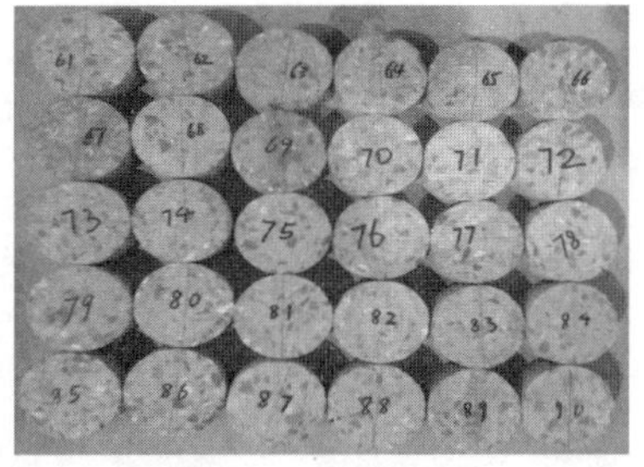

图7-1　部分试件实物图

S3：确定混凝土在不同预加静载及不同应变率下的动态压缩强度 f_c。

其中，S1和S2均采用标准巴西圆盘装置进行加载，试件长度与直径的比值为0.5，即 $L/D=0.5$，其示意图如图7-2所示。S3中利用SHPB试验装置进行混凝土的动态压缩试验，并且考虑应变率的影响。

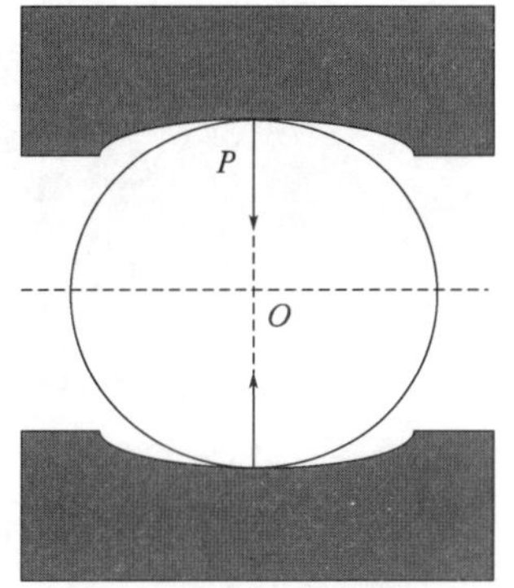

图7-2　标准巴西圆盘加载试件受力示意图

3. 静态劈拉试验

混凝土静态劈拉试验选用标准巴西圆盘试件。试验装置为万能试验机，采用荷载控制方式进行加载。加载速率设置为0.05kN/s，加载示意图如图7-3(a)所示。试件高度为37mm，直径为74mm，高径比为0.5。试件破坏时中心处的拉伸应力 σ_t，按照式(5-1)进行计算。

先取出10～15个试件进行准静态劈拉试验，并用Weibull分布统计模型确定混凝土的静态拉伸强度 σ_t。然后，将150个试件分成5组，编号为0、1、2、3、4组(如第2组编号依次为1-1、1-2、…、1-30)。利用图7-3(b)的劈拉装置进行静态试验，分别施加初始静载，其静态受拉水平为(0%、25%、50%、75%、90%)$\times\sigma_t$ 五个等级。

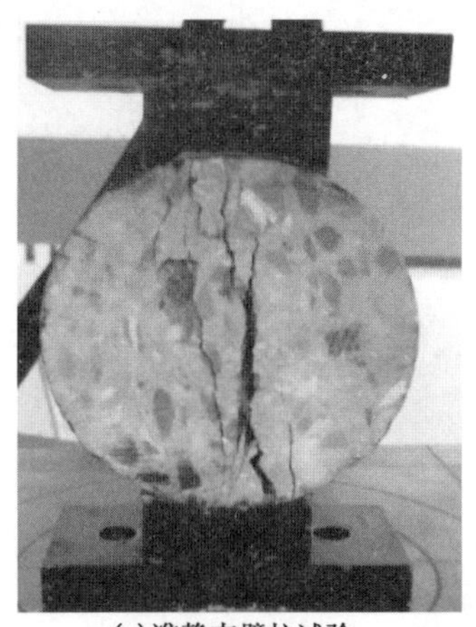

(a)准静态劈拉试验

(b)施加初始静载

图7-3　准静态劈拉试验示意图

4. 动态劈拉试验

采用 ϕ74mm 的 SHPB 试验装置对预加静载的 5 组试件开展动态冲击压缩试验。

另外,考虑应变率 ε 的影响,将每组 30 个试件再分为 3 组。每组 10 个试件,分别在 0.2MPa、0.3MPa、0.4MPa 三种冲击气压下进行动态压缩试验,记录每次冲击脉冲,试验结果将在后面讨论。

为清晰地描述混凝土圆柱试件的加载过程,图 7-4 给出了试件加载方向。施加劈拉静载时,受力沿着直径方向。SHPB 动态压缩试验中,受力方向则垂直于圆柱试件的底面。

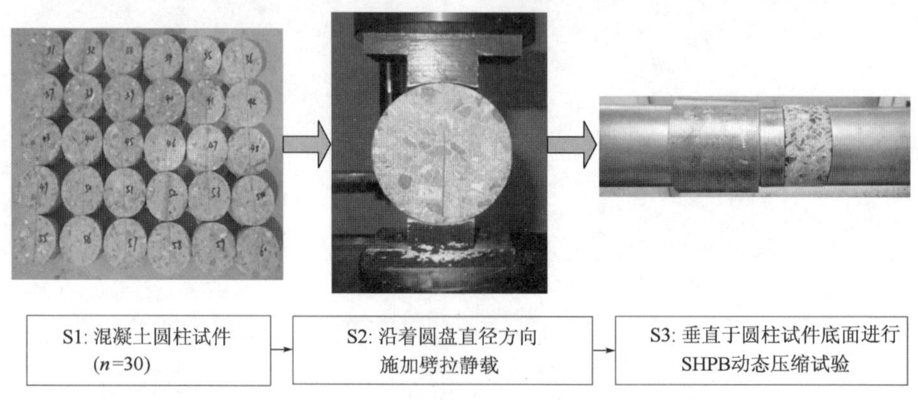

图 7-4　混凝土圆柱试件的加载方向

7.2.2　破坏模式

图 7-5 为不同气压下混凝土冲击压缩的破坏实物图,从图中可以发现,在低气压时,试件开裂或者裂成较大的 2 ~ 3 块;随着冲击气压的增大,碎块越来越多,越来越小,逐渐碎成粉末状。

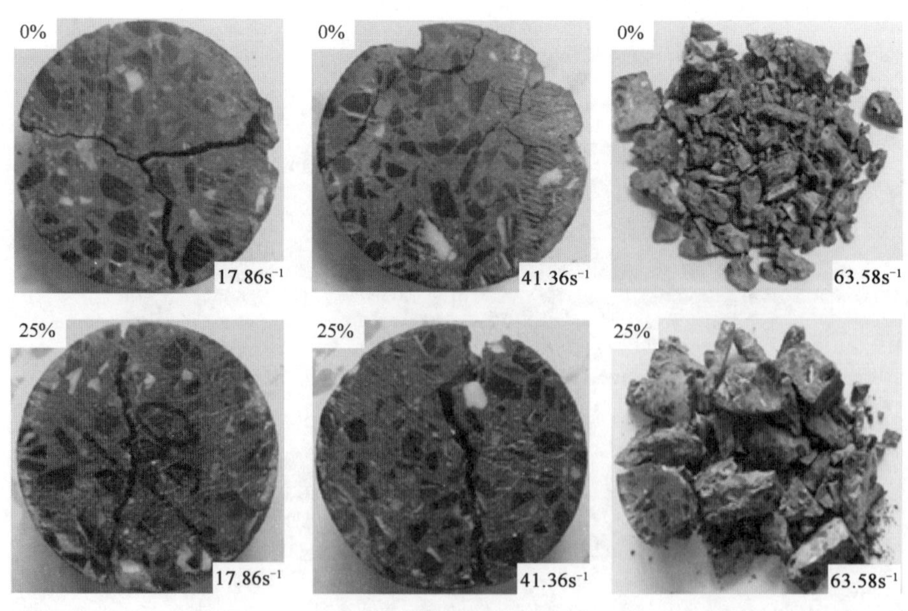

图　7-5

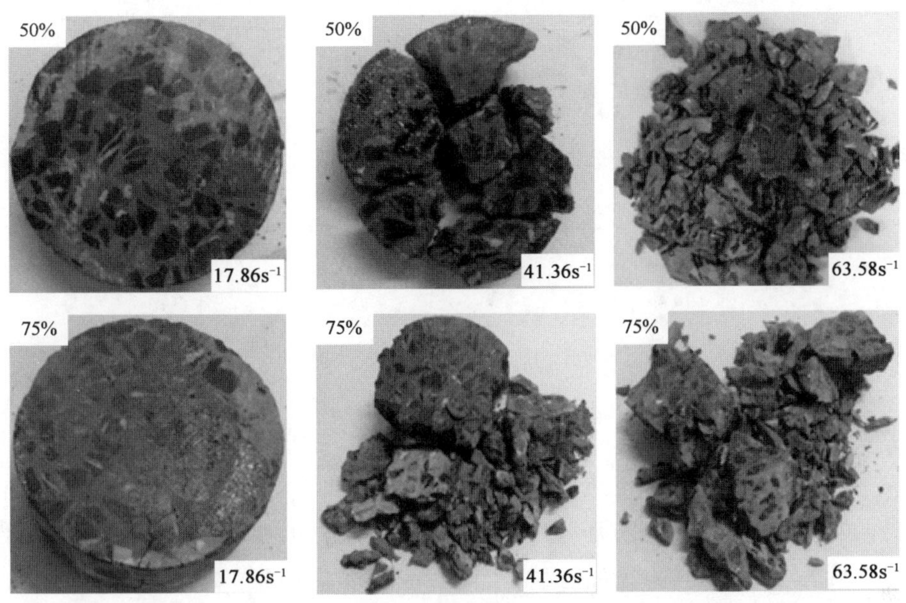

图7-5　不同预加静载及应变率下混凝土冲击压缩的破坏实物图

图7-6(a)中0-3试件(0%)对应的峰值应力为26.7MPa,1-2试件(25%)对应的峰值应力为32.65MPa,2-3试件(50%)对应的峰值应力为38.3MPa,3-4试件(75%)对应的峰值应力为42.25MPa,相比无预加静载的试件,峰值应力分别增加了22.3%、43.4%、58.2%。图7-6(c)中1-22试件(25%)对应的峰值应力为55.47MPa,3-26试件(75%)对应的峰值应力为50.9MPa,4-23试件(90%)对应的峰值应力为59.11MPa,相比25%预加静载的试件,峰值应力依次减少8.2%、增加6.6%。综上,预加静载水平和应变率对混凝土强度的均有影响,但应变率的影响更为显著。

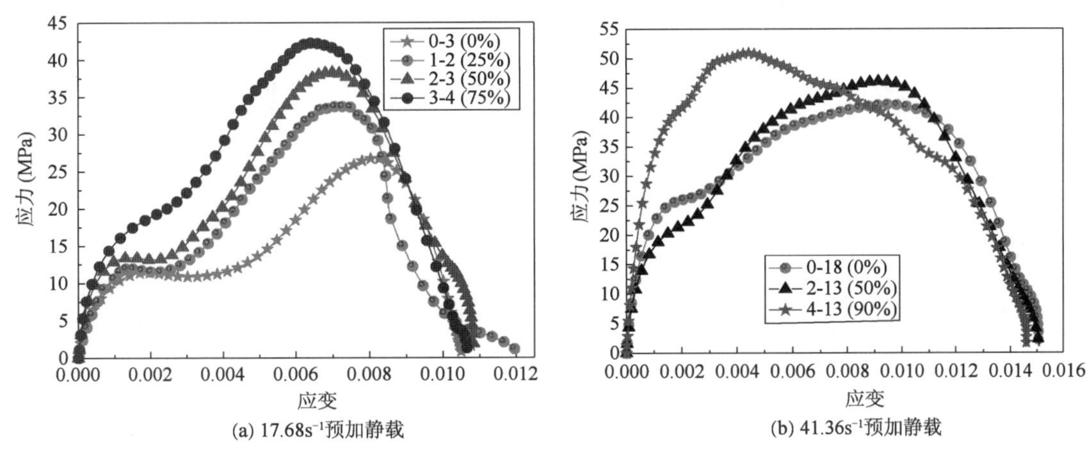

(a) 17.68s⁻¹预加静载　　(b) 41.36s⁻¹预加静载

图　7-6

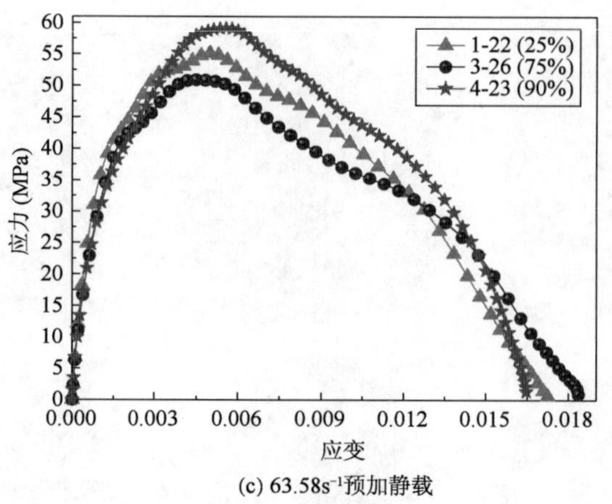

(c) $63.58s^{-1}$预加静载

图 7-6　不同预加静载的应力-应变曲线

表 7-1 给出了混凝土的动态抗压强度值(表中“坏”意为预加静态劈拉荷载时试件发生破坏,故剔除)。从表中可知,同一预加静载下,随着应变率的提高,压缩强度显著增大;同一应变率下,随着预加静载的提高,混凝土强度呈增大趋势。

不同应变率、不同预加静载下混凝土动态压缩强度　　表 7-1

应变率 $\dot{\varepsilon}$ (s^{-1})	预拉损伤水平									
	0% (3.67MPa)		25% (0.92MPa)		50% (1.83MPa)		75% (2.75MPa)		90% (3.30MPa)	
	试件编号	压缩强度	试件编号	压缩强度	试件编号	压缩强度	试件编号	压缩强度	试件编号	压缩强度
17.68	0-1	31.95	1-1	36.73	2-1	35.84	3-1	45.47	4-1	43.87
	0-2	48.02	1-2	32.65	2-2	38.23	3-2	38	4-2	48.81
	0-3	26.7	1-3	36.98	2-3	38.3	3-3	42.27	4-3	48.32
	0-4	34.2	1-4	26.74	2-4	45.1	3-4	42.25	4-4	47.09
	0-5	32.59	1-5	30.09	2-5	47.03	3-5	39.66	4-5	39.67
	0-6	26.21	1-6	28.91	2-6	43.28	3-6	坏	4-6	51.48
	0-7	30.85	1-7	32.46	2-7	22.97	3-7	42.48	4-7	48.42
	0-8	27.73	1-8	34.76	2-8	25.18	3-8	40.35	4-8	46.75
	0-9	24.12	1-9	38.05	2-9	32.42	3-9	44.77	4-9	39.9
	0-10	21.97	1-10	35.44	2-10	坏	3-10	52.89	4-10	38.92
41.36	0-11	38.48	1-11	39.69	2-11	63.99	3-11	48.94	4-11	54.42
	0-12	53.84	1-12	40.33	2-12	54.16	3-12	57.89	4-12	46.02
	0-13	43.62	1-13	41.07	2-13	46.96	3-13	49.04	4-13	58.81
	0-14	34.70	1-14	42	2-14	38.54	3-14	46.05	4-14	49.39
	0-15	52.38	1-15	42.15	2-15	54.73	3-15	48.52	4-15	44.69
	0-16	58.22	1-16	42.76	2-16	39.72	3-16	坏	4-16	55.84
	0-17	41.46	1-17	48.62	2-17	40.39	3-17	44.89	4-17	45.15
	0-18	42.03	1-18	45.93	2-18	40.18	3-18	51.99	4-18	55.53
	0-19	32.79	1-19	48.81	2-19	35.58	3-19	49.58	4-19	56.66
	0-20	39.79	1-20	52.68	2-20	67.16	3-20	42.98	4-20	49.86

续上表

应变率 $\dot{\varepsilon}$ (s^{-1})	预拉损伤水平									
	0%（3.67MPa）		25%（0.92MPa）		50%（1.83MPa）		75%（2.75MPa）		90%（3.30MPa）	
63.58	0-21	46.86	1-21	54.74	2-21	50.9	3-21	53.08	4-21	50.4
	0-22	55.02	1-22	55.47	2-22	69.01	3-22	57.12	4-22	70.45
	0-23	54.22	1-23	56.53	2-23	58.49	3-23	60.75	4-23	59.11
	0-24	61.85	1-24	48.37	2-24	54.41	3-24	69.43	4-24	50.04
	0-25	48.92	1-25	49.45	2-25	72.79	3-25	44.44	4-25	72.91
	0-26	44.01	1-26	52.04	2-26	58.05	3-26	50.9	4-26	52.22
	0-27	40.27	1-27	50.97	2-27	54.12	3-27	63.84	4-27	48.63
	0-28	55.08	1-28	47.43	2-28	51.31	3-28	59.34	4-28	59.11
	0-29	45.97	1-29	48.29	2-29	46.75	3-29	55.07	4-29	坏
	0-30	49.13	1-30	48.49	2-30	38.23	3-30	47.47	4-30	坏

与前面确定静态劈拉强度的方法一样，取50%的概率所对应的强度作为混凝土的动态抗压强度f_c。图7-7为不同预加静载下混凝土动态强度的概率分布曲线。由图可知，概率分布曲线形状相似，均先由凹形变为凸形，并可以认为拐点处近似为50%概率对应的抗压强度f_c；应变率越高，50%概率对应的f_c越大。

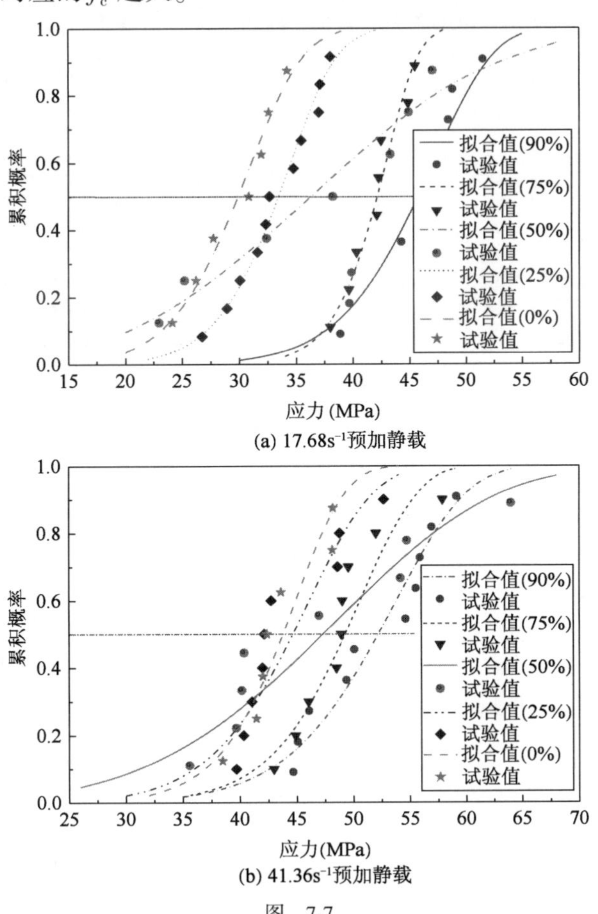

(a) 17.68s⁻¹预加静载

(b) 41.36s⁻¹预加静载

图 7-7

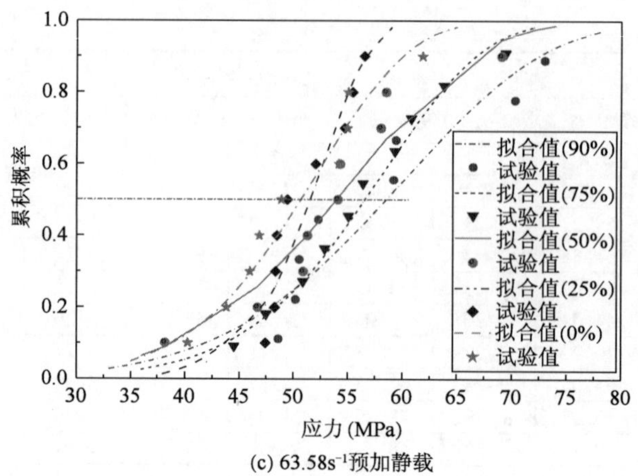

(c) 63.58s⁻¹预加静载

图 7-7　不同预加静载下混凝土动态抗压强度概率分布图

表 7-2 为预加不同静载的混凝土试件在三种应变率下的动态强度汇总表。从表中可以很直观地看出,混凝土的抗压强度随着应变率的增大而显著提高,同时随着的预加静载水平的提高呈增大趋势,且增大的幅度不同。

三种应变率下混凝土的动态抗压强度值　　表 7-2

应变率 $\dot{\varepsilon}$ (s^{-1})	$\left(\frac{\sigma_t}{\sigma_{tbrz}}\right)$预加静载水平	50% 的概率对应的动态抗压强度 (MPa)
17.68	0%	29.90
	25%	33.46
	50%	36.58
	75%	42.14
	90%	45.75
41.36	0%	43.80
	25%	44.65
	50%	47.33
	75%	49.27
	90%	52.2
63.58	0%	50.66
	25%	51.51
	50%	53.97
	75%	56.59
	90%	58.52

图 7-8 为混凝土的动态抗压强度(f_c)、应变率($\dot{\varepsilon}$)以及预加静载水平(σ_t/σ_{tbrz})三者之间的关系图。由图可知,应变率越大,混凝土的动态抗压强度越大;同一应变率下,预加静载水平越高,混凝土的抗压强度越大;与预加静载水平对混凝土动态抗压强度影响相比,应变率影响

更显著。因此，将试验数据利用回归分析可得：

$$f_c = 11.84\frac{\sigma_t}{\sigma_{tbrz}} + 0.364\dot{\varepsilon} + 25.86;\sigma_t \leqslant \sigma_{tbrz} \tag{7-1}$$

式中：f_c——混凝土动态抗压强度；

σ_t——初始劈拉静载；

σ_{tbrz}——混凝土准静态劈拉强度；

$\dot{\varepsilon}$——应变率。

该公式的相关系数$R^2=0.961$。

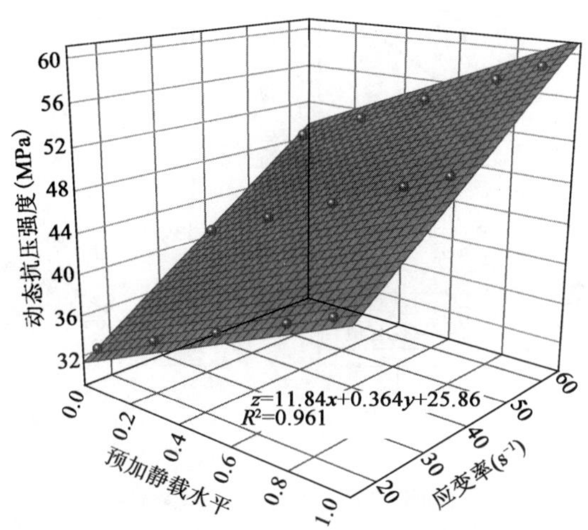

图7-8　混凝土的动态抗压强度、应变率以及预加静载水平三者之间的关系

7.2.3　动态压缩强度模型

由于混凝土等脆性材料的离散性较大，为了更加准确地描述混凝土的静动态特性，引入Weibull分布统计模型分析其可靠性和分散性。标准Weibull方程为：

$$P = 1 - e^{-\left(\frac{\sigma-\sigma_u}{\sigma_0}\right)^m} \tag{7-2}$$

式中：P——失效概率；

σ——可变参数；

σ_u——失效概率接近于零的最小临界应力；

m——Weibull模数或形状参数；

σ_0——尺度参数。

临界值σ_u很难根据试验确定，因为出现在模型低强度末端，且对结果影响很小，故本节中σ_u取为零。为了实现线性拟合，对式(7-2)取双对数，得到：

$$\ln\left(\ln\left(\frac{1}{1-P}\right)\right) = m\ln(\sigma) - m\ln(\sigma_0) \tag{7-3}$$

$\ln(\sigma)$和$\ln\left(\ln\left(\frac{1}{1-P}\right)\right)$的关系可用直线方程表示。$P$值一般根据概率指数函数计算确

定,常用的概率指数为 $P=\frac{i}{n+1}$,其中 n 为数据点数,i 为某点序号。对于任一组试验数据,先将数据按照升序排列并依次编号 1、2、3、…、i,然后计算 P 值,并绘出 $\ln(\sigma)$ 和 $\ln\left(\ln\left(\frac{1}{1-P}\right)\right)$ 关系曲线,最后运用线性回归方法确定 m 和 σ_0 的值。

图 7-9(a)、(b)分别为采用 Weibull 分布得到的准静态试验的拟合曲线和劈拉强度概率分布图。其中拟合参数 $m=5.354$,$\sigma_0=3.932$,$R^2=0.969$。定义 50% 的失效概率对应的强度值作为最大静态劈拉强度,即 $\sigma_t=3.67\text{MPa}$。

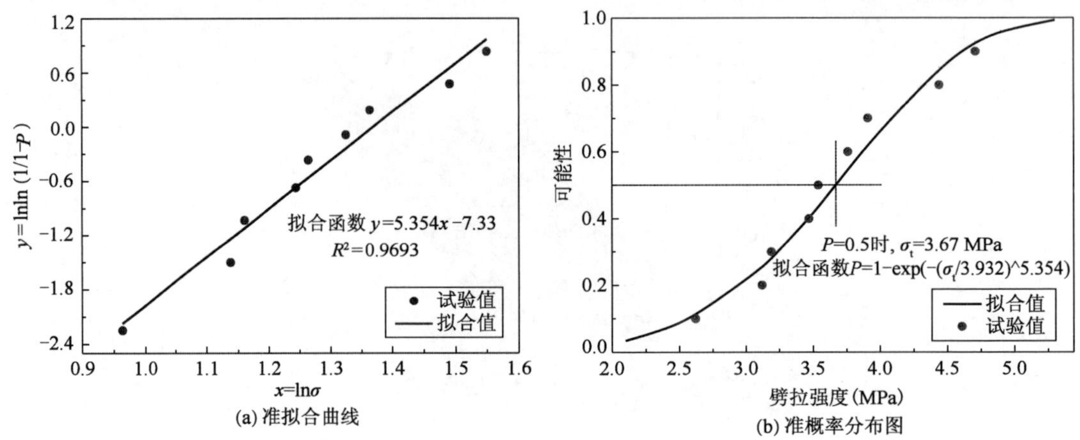

图 7-9　Weibull 分布得到的准拟合曲线及准概率分布图

7.3　预加静载对混凝土动态拉伸性能影响

7.3.1　试验方法

1. 试验步骤

本试验主要按照以下四个步骤完成:

S1:确定混凝土静态弯拉强度 σ_{st}。

S2:将试件分成 5 组,每组 30 个,分别施加 S1 中已经确定的拉伸应力 σ_{st} 到不同荷载水平,即 0%、25%、50%、75%、90%。

S3:确定不同静载下混凝土在 3 种不同应变率(即 0.10MPa、0.15MPa、0.20MPa)下的动态弯拉强度 σ_{dt}。

S4:从 S2 中的 5 组试件中每组各取出 1 个试件进行 SEM 电镜扫描试验。

其中,S1 和 S2 均采用 10kN 万能试验机进行静态弯拉试验(三点弯)。S3 利用 SHPB 试验装置进行动态弯拉试验,并且考虑应变率的影响。

2. 试件准备

本节试验选用的混凝土原材料、配合比和浇筑工艺同第 2.2.1 节。将混凝土拌合物浇筑在尺寸为 40mm × 40mm × 160mm 的长方体模板内。

3. 静态弯拉试验

静态弯拉试验根据 ASTM 规范（ASTM C293-02）[1]进行加载。一般情况下，试件沿中心位置破坏，即最大弯矩截面处破坏。为了测量该截面的拉伸应力，按照以下公式进行计算：

$$\sigma_{st} = \frac{3FL}{2bh^2} \tag{7-4}$$

式中：σ_{st}——静态拉伸强度；

F——试件破坏时的最大荷载；

L——支座距离；

b、h——试件的宽度和高度。

试件的物理参数见表 7-3。

试件的物理参数　　表 7-3

弹性模量 E（GPa）	密度 ρ（kg/m^3）	支座距离 L（mm）
30	2400	120

具体试验过程为：先取出 10～15 个试件进行静态弯拉试验，并用 Weibull 分布统计模型确定混凝土的静态弯拉强度 σ_{st}。然后，将 150 个试件分成 5 组，编号为 0、1、2、3、4 组（如第 2 组编号依次为 1-1、1-2、…、1-30）。利用万能试验机进行静态弯拉试验，分别施加初始静载，其静态拉伸水平为（0%、25%、50%、75%、90%）× σ_{st} 五个等级。

4. 动态弯拉试验

将已经施加初始弯拉静载的 5 组试件利用图 7-10 所示的 SHPB 加载装置进行动态弯拉试验。混凝土试件用三点弯垫块固定在入射杆与透射杆之间，保证其处于弯拉状态，如图 7-11 所示。

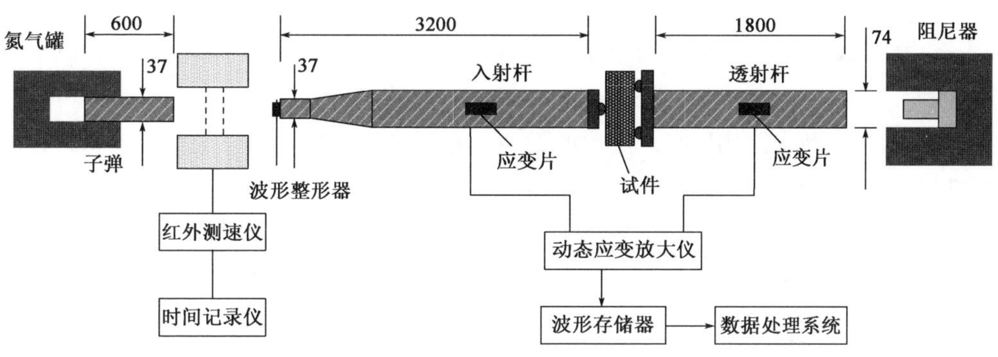

图 7-10　SHPB 动态弯拉装置示意图（尺寸单位：mm）

通过调节气压，子弹获得不同的冲击速度撞击入射杆，并在入射杆中产生向试件传播的压缩应力波。当该应力波传到试件与入射杆端界面时，由于试件和入射杆的材料阻抗不匹配，在两者交界面上发生反射，可以由粘贴在入射杆中间的应变片记录这两个脉冲，即入射波 $\varepsilon_i(t)$ 和反射波 $\varepsilon_r(t)$。SHPB 杆的尺寸及相关参数见表 7-4。

图 7-11 动态三点弯试验的加载装置图

SHPB 杆的尺寸及相关参数 表 7-4

相关尺寸		物理参数	
子弹长度	$L_I = 600mm$	密度	$\rho_B = 7850kg/m^3$
入射杆长度	$L_B = 3200mm$	弹性模量	$E_B = 210GPa$
压杆直径	$\phi_B = 74mm$	弹性波速度	$C_B = 5172m/s$
压杆截面积	$A_B = 4.3 \times 10^{-3} m^2$	波阻抗	$Z_B = 174587kg/s$

入射杆和试件之间的冲击速度 V_c 和冲击力 F_c 可以采用经典的动量守恒和动力学方程进行计算：

$$V_c(t) = -C_B[\varepsilon_i(t) - \varepsilon_r(t)] \tag{7-5}$$

$$F_c(t) = -C_B Z_B[\varepsilon_i(t) + \varepsilon_r(t)] \tag{7-6}$$

式中：C_B——压杆中应力波速度，$C_B = \sqrt{\dfrac{E_B}{\rho_B}}$；

Z_B——压杆的材料阻抗，$Z_B = \dfrac{E_B A_B}{C_B}$。

Delvare 等[2]提出了一个适用于准脆性材料的模型，即长梁模型。该模型考虑以下两个假设作为前提：

(1)简化梁只受弯矩作用，剪力产生的扭矩忽略不计；

(2)试件的横截面保持为平面，且垂直于梁的轴线。

长梁模型已用于压缩试验中[3]，同样适用于弯拉试验的数据分析中。为了准确描述试验的弹性响应过程，入射波和反射波需要保持同步，因此需要对试验中得到的反射波进行修正，从而计算得到试件的冲击速度和冲击力。由于动态弯拉强度与冲击点的速度成正比，应变率与冲击点的加速度成正比，故可以进一步得到试件的动态弯拉强度和应变率。

另外，考虑应变率对混凝土动态弯拉强度 σ_{dt} 的影响，将每组 30 个试件继续分为 3 组，每组 10 个试件，分别在 0.10MPa、0.15MPa 和 0.20MPa 三种气压下进行动态弯拉试验，并记录每次冲击脉冲，处理结果将在后面讨论。

7.3.2 动态弯拉强度模型

本节基于 Weibull 分布统计模型准确地描述混凝土的静动态特性。图 7-12(a)、(b)分别为采用 Weibull 分布得到的准静态试验拟合曲线和弯拉强度概率分布图。其中,拟合参数 $m = 11.80$,$\sigma_0 = 11.965$,$R^2 = 0.970$。定义 50% 的失效概率对应的强度值作为弯拉强度值,即 $\sigma_{st} = 11.60\text{MPa}$。

预加不同弯拉静载作用的混凝土试件在不同应变率下的动态弯拉强度值如表 7-5 所示。从表中可以发现,同一预加弯拉静载水平下,随着应变率的增大,混凝土的动态弯拉强度明显增大;而同一应变率下,预加的弯拉静载对混凝土的动态弯拉强度也有一定的影响,但不如应变率的影响显著。

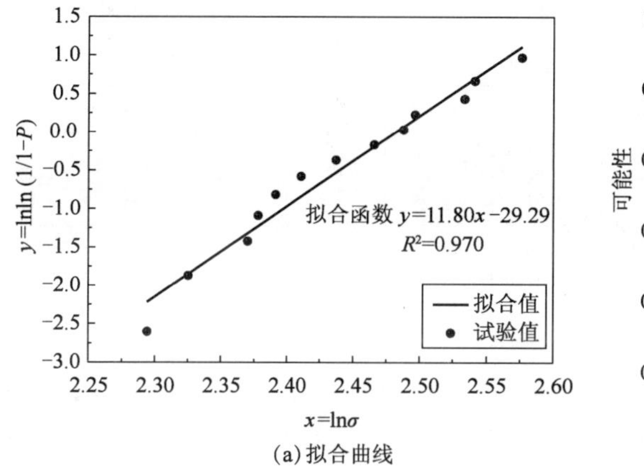

(a)拟合曲线

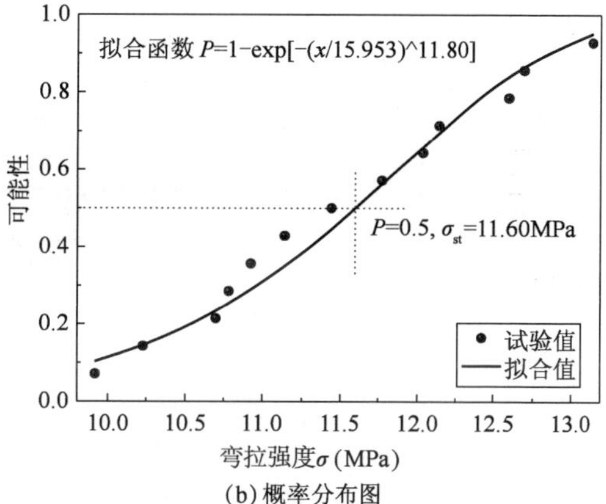

(b)概率分布图

图 7-12 Weibull 分布得到的准静态拟合曲线及准静态概率分布图

初始弯拉静载下混凝土动态弯拉强度 表 7-5

平均应变率 (s^{-1})	预加静载水平									
	0%(11.60MPa)		25%(2.89MPa)		50%(5.79MPa)		75%(8.69MPa)		90%(10.43MPa)	
	试件编号	弯拉强度	试件编号	弯拉强度	试件编号	弯拉强度	试件编号	弯拉强度	试件编号	弯拉强度
14.56	0-1	22.35	1-1	23.43	2-1	27.22	3-1	27.1	4-1	17.79
	0-2	30.09	1-2	21.13	2-2	21.77	3-2	23.15	4-2	18.88
	0-3	32.4	1-3	28.22	2-3	26.61	3-3	27.89	4-3	22.55
	0-4	23.99	1-4	30.54	2-4	24.16	3-4	21.76	4-4	21.53
	0-5	25.25	1-5	29.38	2-5	26.57	3-5	23.4	4-5	17.64
	0-6	19.18	1-6	25.74	2-6	26.9	3-6	22.82	4-6	22.03
	0-7	31.42	1-7	21.69	2-7	25.16	3-7	22.63	4-7	20.53
	0-8	28.42	1-8	22.41	2-8	27.39	3-8	27.83	4-8	22.79
	0-9	27.3	1-9	29.47	2-9	30.77	3-9	坏	4-9	17.15
	0-10	26.68	1-10	25.32	2-10	26.85	3-10	坏	4-10	坏

续上表

平均应变率 (s^{-1})	预加静载水平									
	0%(11.60MPa)		25%(2.89MPa)		50%(5.79MPa)		75%(8.69MPa)		90%(10.43MPa)	
26.45	0-11	41.87	1-11	42.3	2-11	38.14	3-11	30.83	4-11	27.92
	0-12	36.49	1-12	42.32	2-12	37.9	3-12	29.66	4-12	28.55
	0-13	35.76	1-13	34.53	2-13	34.24	3-13	36.04	4-13	33.38
	0-14	38.94	1-14	36.49	2-14	40.52	3-14	45.88	4-14	34.12
	0-15	33.72	1-15	36.32	2-15	36.89	3-15	37.03	4-15	28.75
	0-16	34.17	1-16	34.83	2-16	36.4	3-16	46.87	4-16	29.14
	0-17	40.46	1-17	34.03	2-17	37.11	3-17	39.24	4-17	28.81
	0-18	41.21	1-18	39.16	2-18	34.99	3-18	32.12	4-18	28.8
	0-19	39.15	1-19	37.5	2-19	40.52	3-19	28.92	4-19	27.7
	0-20	37.06	1-20	45.59	2-20	40.58	3-20	30.04	4-20	30.48
40.58	0-21	59.17	1-21	50.83	2-21	56.67	3-21	52.63	4-21	50.35
	0-22	54.43	1-22	58.47	2-22	53.89	3-22	53.55	4-22	52.11
	0-23	59.94	1-23	58.35	2-23	52.28	3-23	54.12	4-23	48.7
	0-24	56.07	1-24	57.86	2-24	55.82	3-24	51.19	4-24	49.5
	0-25	54.02	1-25	53.12	2-25	54.63	3-25	53.71	4-25	48.57
	0-26	56.32	1-26	55.64	2-26	53.02	3-26	52.04	4-26	52.89
	0-27	54.08	1-27	56.84	2-27	55.02	3-27	56.04	4-27	52.97
	0-28	51.3	1-28	54.95	2-28	57.65	3-28	52.13	4-28	49.08
	0-29	56.22	1-29	55.39	2-29	55.75	3-29	50.28	4-29	48.09
	0-30	48.01	1-30	53.53	2-30	53.02	3-30	51.63	4-30	坏

图 7-13 给出了混凝土试件典型的动态弯拉破坏模式。从图中可以看出,通常情况下,裂缝条数比较少,且沿着中心位置或者其周围破坏,即弯矩最大截面处破坏。

图 7-13 混凝土试件动态弯拉破坏模式

采用 Weibull 分布对每组试验数据进行概率分布计算,取 50% 的概率所对应的强度作为混凝土的动态弯拉强度值。预加静载对不同应变率下混凝土动态弯拉强度的影响如图 7-14 所示。从图中可知,混凝土的动态弯拉强度随着应变率的增大而显著提高;同一应变率下,预加静载水平的影响也是很明显的。但两者相比,应变率的影响更为显著。

动态弯拉强度的变化主要依赖于预加静载的大小，当施加的预加静载未超过50%的峰值静态强度时，此时试件处于弹性阶段，混凝土的动态强度基本保持不变；而当预加静载水平超过75%时，试件进入塑性阶段，混凝土的动态弯拉强度随着预加静载水平的提高而逐渐降低。

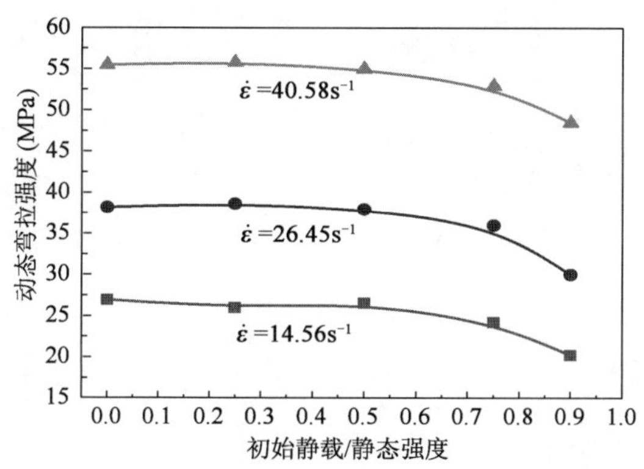

图7-14　预加静载水平对不同应变率下混凝土动态弯拉强度的影响

7.3.3　微观结构分析

从5组试件中每组各取出一个试件进行Scan Electron Microscope（SEM）电镜扫描试验。SEM扫描电镜型号为HITACHI S-4800，加速电压为20.0kV。借助SEM获取5种不同加载水平下试件的微观结构图片，分析混凝土微观结构变化及裂缝开展情况对动态性能的影响。

不同预加静载作用下混凝土试件的微观结构扫描照片全部按照150倍或者500倍两种情况放大，如图7-15所示。从图中可以看出，图7-15(a)是没有任何损伤影响下的混凝土内部裂缝分布情况。由于干燥和自收缩等相互作用的原因，即使混凝土没有受到外界任何损伤，内部也存在一些细裂缝，且细裂缝多出现在骨料界面及连接处，而骨料的存在有效地阻碍了这些细小裂缝的扩展、延伸与相互连接。

直到施加50%的静载水平时，骨料周围的细小裂缝缓慢延伸，宽度缓慢加深，相邻或相近的细裂缝相互交错，连接，传播路径弯曲无规则，并非呈直线传播，如图7-15(b)、(c)所示。大多数的细小裂缝仍被混凝土基体内坚硬的大骨料和石块阻挡了传播的路径。这是因为裂缝的开展需要消耗一定的能量，而提供的外荷载产生的能量还不足以抵抗微观结构的防御力。因此，与没有初始损伤的混凝土试件相比，宏观上表现出的动态弯拉强度基本保持不变。

当施加的静载超过峰值静态强度的75%时，如图7-15(d)、(e)所示，细小的裂缝迅速延伸且相互贯通。宽度明显变宽，深度加深，成为长的大裂缝。骨料界面上以及多处水泥浆区域也出现了许多细小裂缝，没有了骨料的阻挡，它们沿着水泥浆基体快速地传播，相互连接。大小裂缝共同作用，破坏了微观结构，试件不再是坚硬的整体，逐渐失去抵御能力，如果继续提供外部荷载，最终将会导致混凝土试件的完全破坏。因此，试件的动态弯拉强度降低。

综上所述，预加静载作用下混凝土微观结构的变化与宏观上动态弯拉强度的变化一致。

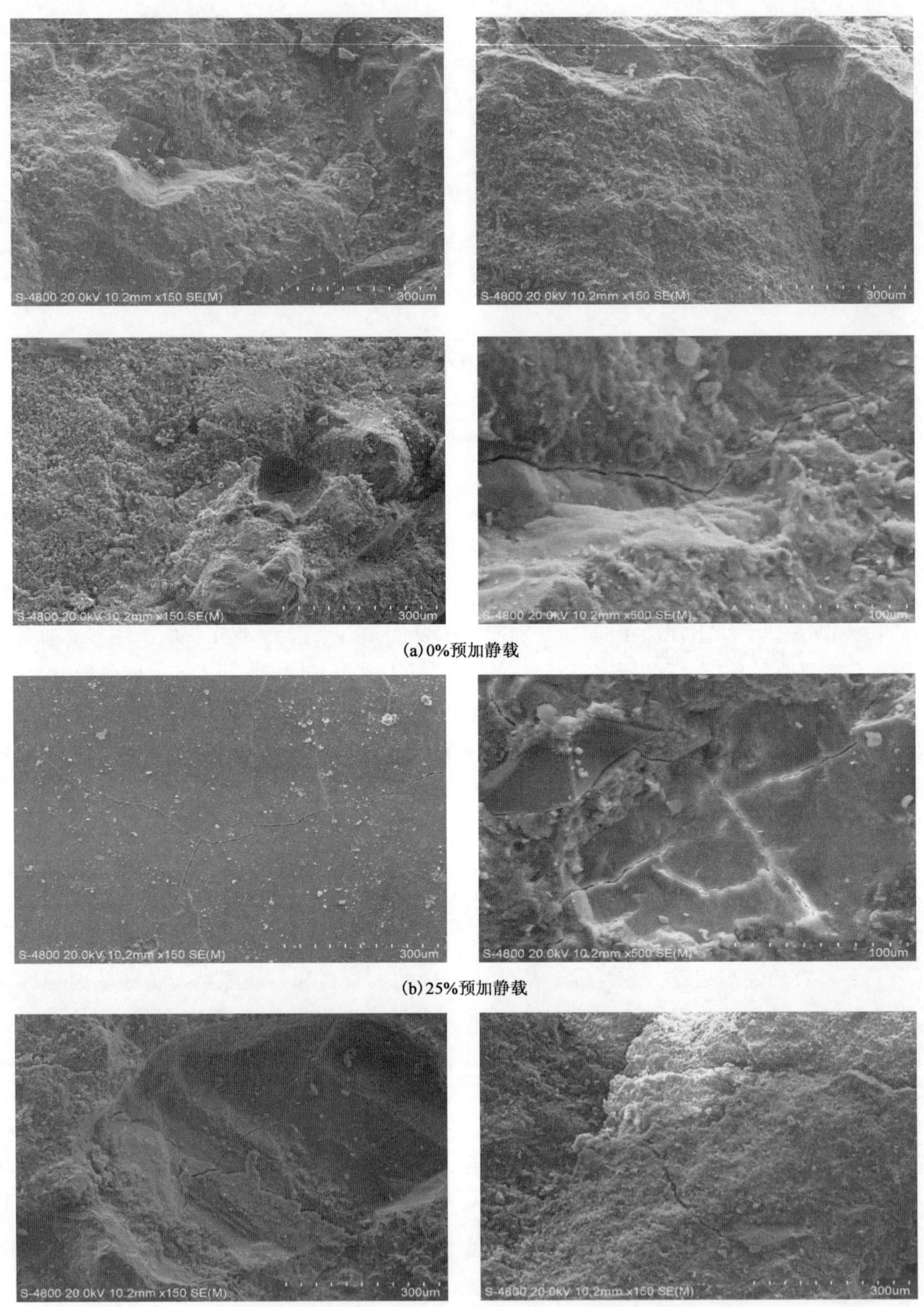

(a) 0%预加静载

(b) 25%预加静载

图 7-15

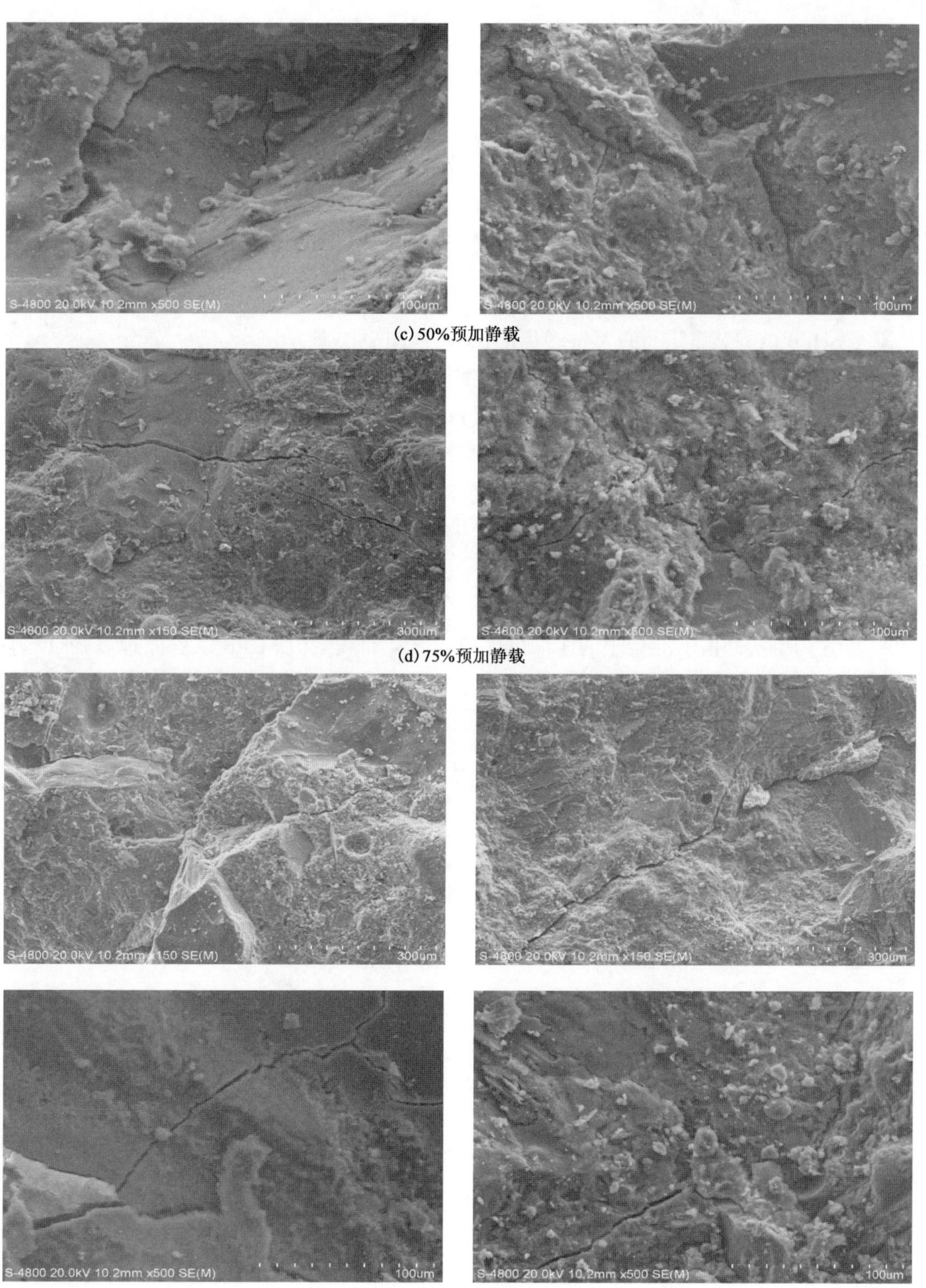

(c) 50%预加静载

(d) 75%预加静载

(e) 90%预加静载

图7-15　不同预加静载下混凝土电镜扫描照片

7.4 多次冲击作用对混凝土动态力学特性影响

7.4.1 试验过程

1. 试件准备

本节试验选用的混凝土原材料、配合比和浇筑工艺同第 2.2.1 节。

2. 混凝土动态抗压力学试验方法

采用 SHPB 试验装置进行重复冲击压缩试验,如图 7-10 所示。

首先,取出 5 ~ 10 个试件进行单次冲击压缩试验,确定混凝土破坏时的临界峰值应变。其次,将准备好的 40 个试件分成 4 组。最后,以上的各组试件分别在 0.05MPa、0.06MPa、0.07MPa和 0.08MPa 四种不同气压下进行动态冲击压缩试验,记录每次冲击脉冲。

根据一维弹性波的传播理论及位移和应力平衡的界面连续性理论,可计算得到混凝土试件动态轴压应力和应变数据,具体计算原理和方法详见第 2.2.2 节。

7.4.2 多次冲击下的应力波

图 7-16 为单次冲击下混凝土的压缩试验原始脉冲曲线。由 SHPB 试验原理可知,反射应力波可唯一确定试件应变率。图中反射波曲线上出现一个短暂的"平台区",此时,可认为试件内部实现了恒定应变率加载。

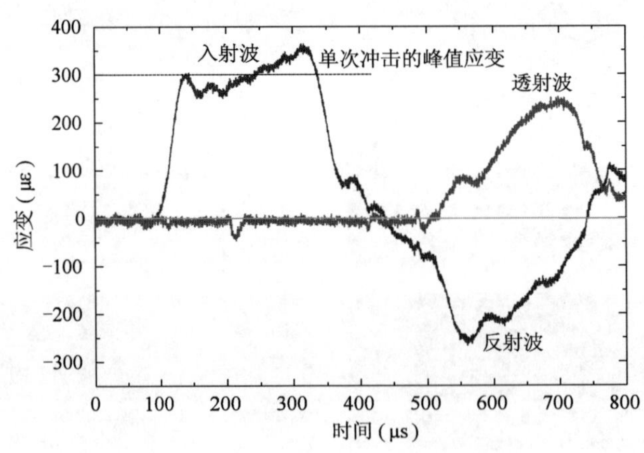

图 7-16 单次冲击下混凝土的原始脉冲

在进行单次 SHPB 冲击压缩试验时,通过调节不同气压产生不同入射波来确定混凝土临界破坏时的峰值应变,为后续多次冲击试验做准备。当入射波的峰值应变达到 300με 时,试件已经开裂,如图 7-15 所示。因此,为了探究混凝土在重复冲击荷载下的动态力学特性,以 40% ~75% 的入射波峰值应变水平作为重复冲击的依据。每个试件在进行重复冲击试验时,需要提供相同的冲击荷载,直至试件最终破坏,记录下每次冲击的脉冲,结果在后续讨论。

图 7-17 为其中一个试件在 4 次冲击破坏的原始脉冲。由图可知,入射波的形状基本相同,随着冲击次数的增加,透射波幅值越来越小,而反射波幅值越来越大。现有研究表明,试件的应力与透射波成正比。图 7-17 中试件的峰值应力在第 2 次、第 3 次和第 4 次冲击后明显逐渐降低,这表明试件抵抗重复冲击的能力随着冲击次数的增加逐渐减弱。

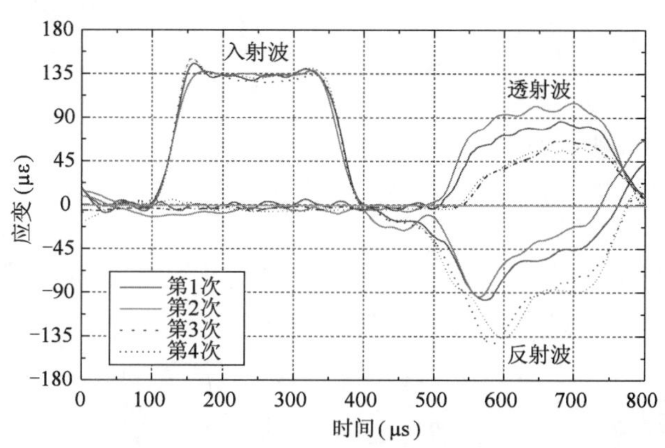

图 7-17　多次冲击下混凝土的原始脉冲

7.4.3　应力-应变曲线

图 7-18 为多次冲击荷载作用下混凝土试件的应力-应变关系曲线。单次冲击破坏下应力-应变曲线如图 7-18(a)所示,由图可知,入射波峰值应变 300$\mu\varepsilon$ 可作为混凝土出现裂缝的临界应变值 ε_0,峰值应力 32MPa,峰值应变 0.96%,接近于 1%。

图 7-18(b)以临界应变值ε_0 的 60% 水平作为冲击荷载,冲击两次后混凝土试件完全破坏。从图中可以发现,第 2 次冲击后的上升段的斜率显著下降,即混凝土的动态弹性模量降低,峰值应力明显降低,而应变率和极限应变相应地增加。

由图 7-18(c)可知,冲击 6 次后试件完全破坏,它是以临界应变值ε_0 的 66% 水平作为重复冲击荷载,随着冲击次数的增加,混凝土的峰值应变和应变率逐渐增大而峰值应力减小。

图 7-18(d)和(e)分别为重复冲击 13 次和 21 次后破坏的应力-应变曲线,其均是以临界应变值ε_0 的 50% 水平作为重复冲击荷载。由图可知,随着冲击次数的增加,上升段的斜率逐渐降低,即动态弹性模量减小,应变率增大,最后两次的峰值应力相比第 1 次冲击后的应力大幅度降低,峰值应变也是相应成倍增加。

综上所述,在多次冲击荷载的作用下,由于应力集中等原因导致混凝土内部原始存在的微裂纹开裂,进而混凝土材料出现损伤迹象,但是最初混凝土内部的微裂纹分布是随机的,杂乱无章的,无规律可循,未相互、连接贯通,试件此时未破坏。随着冲击次数的增加,外荷载提供大量的能量使得更多的微裂纹被激活、连接、扩展、相互贯通,材料内部损伤累积并迅速加剧,使得材料力学特性劣化,导致混凝土内部结构传递荷载的能力降低,即峰值应力和动态弹性模量的降低。

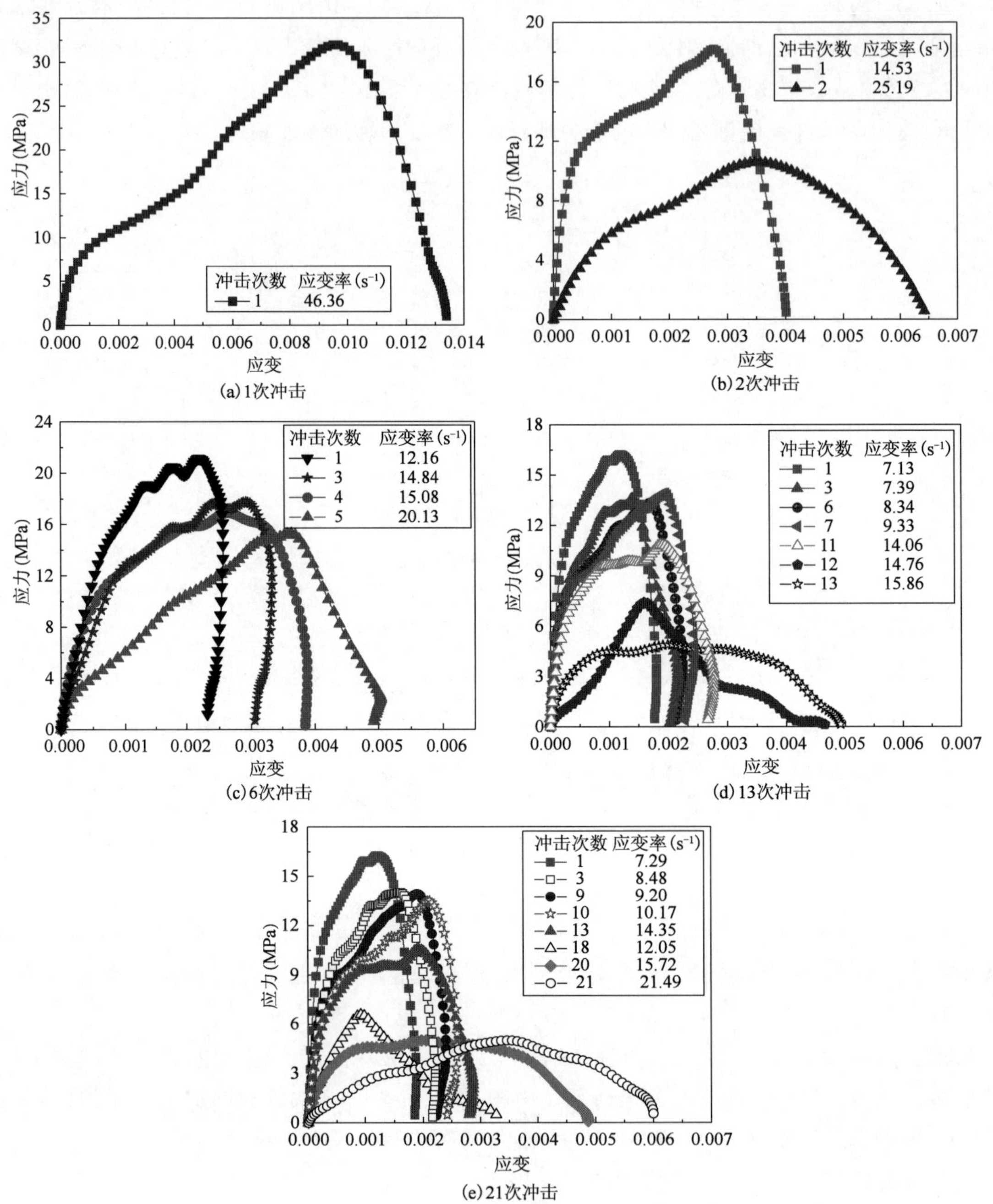

(a)1次冲击

(b)2次冲击

(c)6次冲击

(d)13次冲击

(e)21次冲击

图 7-18 不同冲击次数下混凝土的应力-应变曲线

图 7-19 为不同气压下混凝土动态冲击后的破坏实物图。由图可知,不同气压和冲击次数对混凝土的破坏形态有不同的影响。冲击气压越大,冲击破坏次数越少,如图 7-19(a)所示,当冲击气压为 0.08MPa 时,试件在 3 次冲击后即发生破坏。且试件内部裂纹扩展很快并且相互贯通,在第 3 次冲击后裂成很多小块。图 7-19(d)中,气压较低,试件破坏时的冲击次数增

加到 13 次，且内部裂纹扩展得比较缓慢，在第 6 次冲击之后，试件上才观察到一条细小的裂缝。第 7 次冲击后，这条裂缝变宽，同时出现多条细小裂纹，但是试件仍然保持完整。直到第 13 次冲击后，混凝土试件最终破坏，并且碎成完整的两块。

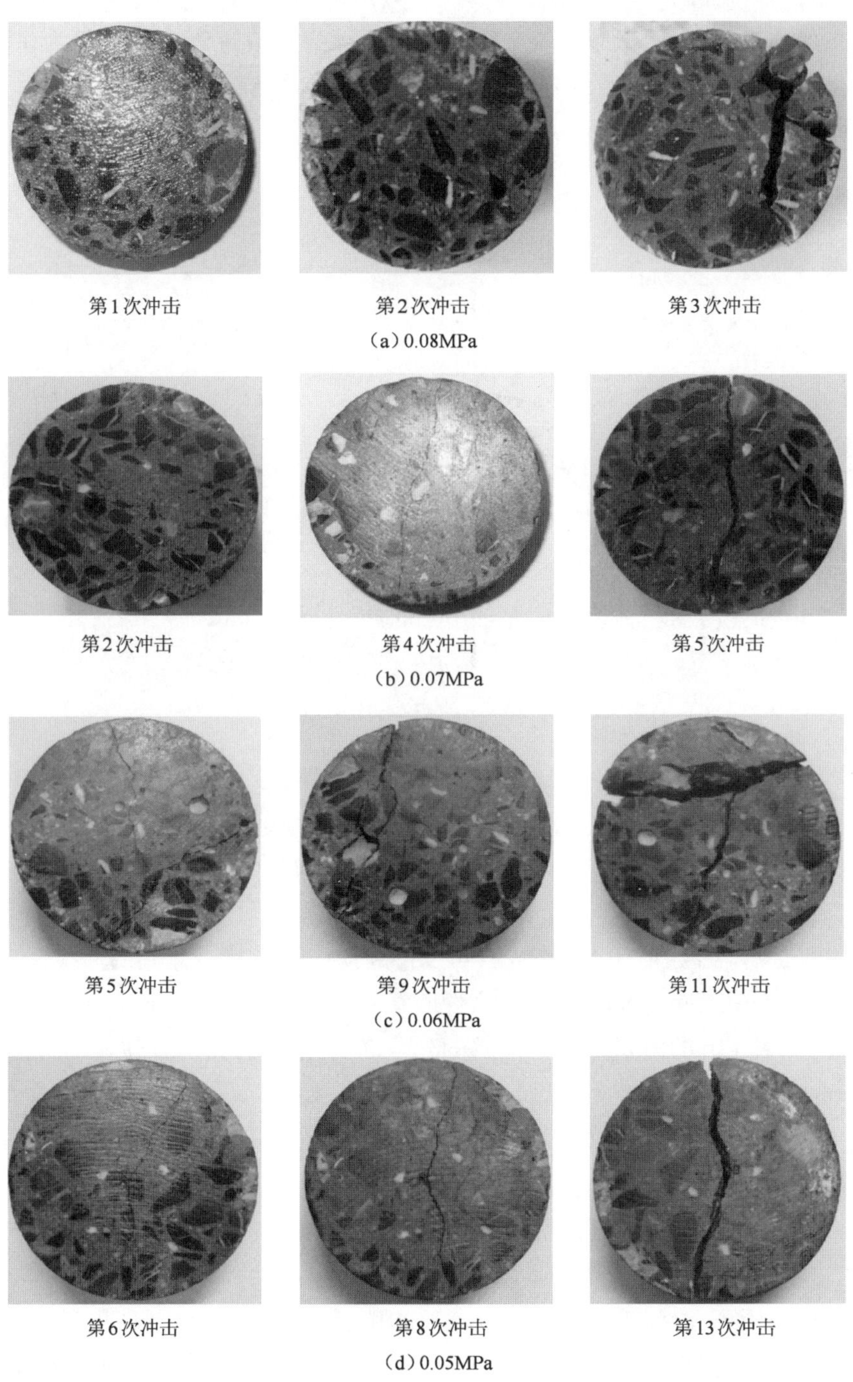

图 7-19　不同气压下混凝土多次冲击破坏的实物图

7.4.4 损伤演变规律

D. Krajcinovic 和 M. A. G. Silva[4]最早提出统计损伤模型的结构，随后该理论的应用发展迅速，尤其关于材料方面的损伤研究，比如基于 Weibull 分布的统计损伤模型应用较为广泛。该模型认为在加载过程中，由微裂纹及空隙的聚集而导致材料逐渐破坏的行为可用一个参量 D，即损伤表示。本节采用四参数的双峰 Weibull 分布统计模型拟合求得损伤 D。

由试验中得到的应力-应变曲线可用公式表示为：

$$\sigma = E\varepsilon(1 - D) \tag{7-7}$$

式中：σ——应力；

E——弹性模量；

ε——应变；

D——累积损伤。

混凝土的损伤可表示为：

$$D = 1 - \exp\left[- \left(\frac{E\varepsilon}{\sigma_{01}}\right)^{\beta_1} - \left(\frac{E\varepsilon}{\sigma_{02}}\right)^{\beta_2} \right] \tag{7-8}$$

式中：β_1、β_2——形状参数；

σ_{01}、σ_{02}——尺度参数。

结合式(7-7)和式(7-8)，混凝土的压缩应力-应变曲线可表示为：

$$\sigma = E\varepsilon\exp\left[- \left(\frac{E\varepsilon}{\sigma_{01}}\right)^{\beta_1} - \left(\frac{E\varepsilon}{\sigma_{02}}\right)^{\beta_2} \right] \tag{7-9}$$

对式(7-9)两边取双对数，得到：

$$\ln\left[- \ln\left(\frac{\sigma}{E\varepsilon}\right) \right] = \ln\left[\left(\frac{E\varepsilon}{\sigma_{01}}\right)^{\beta_1} + \left(\frac{E\varepsilon}{\sigma_{02}}\right)^{\beta_2} \right] \tag{7-10}$$

由每一次冲击后处理得到的应力-应变曲线以及相应的物理参数，经过拟合可以得到 σ_{01}、σ_{02}、β_1 和 β_2 四个参数的数值。

将拟合得到的四个参数值代入式(7-9)，可以得到损伤 D 和应变之间的曲线关系，如图 7-20 所示。图 7-20(a)为单次冲击破坏的损伤-应变曲线，由图可知，在应变值 ε 不超过 0.009 时，损伤 D 不大于 0.15，且上升的斜率比较小，但超过这个转折点之后，损伤 D 快速增大，且接近 1.0。

图 7-20(b)为重复冲击 2 次后破坏的损伤-应变曲线。第一次冲击后，在应变 ε 小于 0.0025 之前，损伤基本为零。第 2 次冲击后，在应变 ε 小于 0.003 之前，损伤也是接近零。随后损伤均是随着应变急剧增加。

图 7-20(c)～(e)中显示，随着冲击次数的增加，损伤曲线随着应变的增大逐渐后移，且当损伤 D 超过“拐点”后，D 随着应变均呈急剧增大趋势。

在冲击荷载作用下，混凝土内部会形成大量的微裂纹，随着外界持续提供的能量，这些微裂纹迅速连接、扩展并相互贯穿，导致混凝土材料力学特性的劣化直至最终失效，因此，混凝土重复冲击破坏的过程其实是材料内部损伤累积的过程。

由于 Weibull 分布统计模型是由每一次冲击后得到的应力-应变曲线来统计混凝土的动态损伤，除第一次动态损伤计算外，其他每次动态损伤的计算都是在前一次冲击后的有效承载能力上进行的，即后一次动态损伤的计算是将前一次冲击后混凝土有效承载力当作一个“新”的混凝土试件来进行的。由于试件破坏时的损伤为 1，故本节采用式(7-11)计算重复冲击后的累积损伤：

$$D_{累积} = \begin{cases} D_1 & (n=1) \\ D_{(n-1)} + D_n(1 - D_{(n-1)累积}) & (n \geqslant 2) \end{cases} \tag{7-11}$$

式中：D_n——第 n 次冲击产生的损伤；

$D_{(n-1)累积}$——第 $n-1$ 次累积损伤；

n——冲击次数。

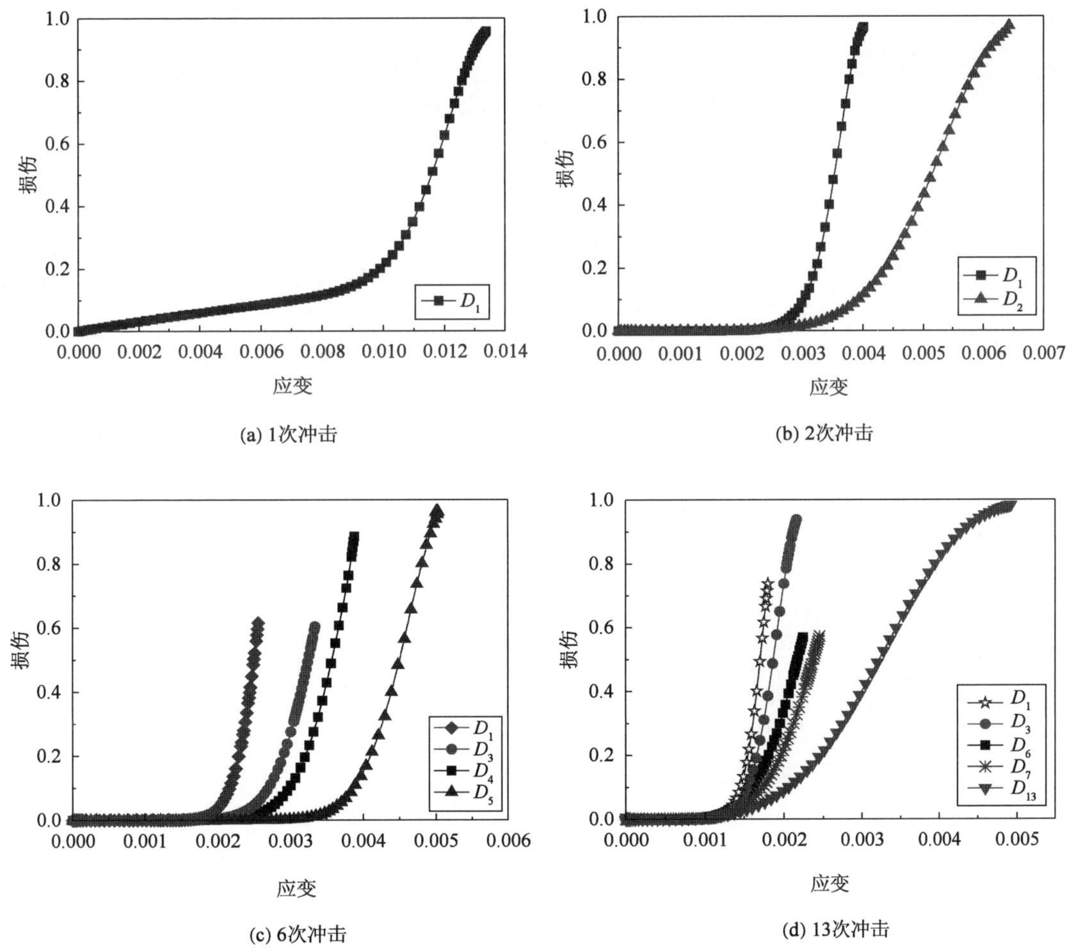

图　7-20

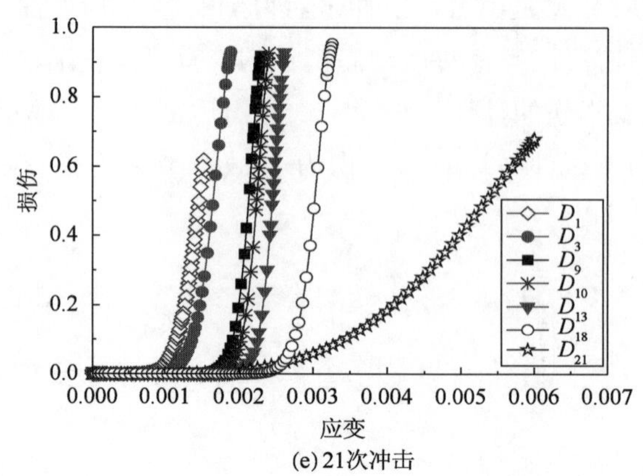

(e) 21次冲击

图 7-20　不同冲击次数下混凝土的损伤-应变曲线

根据每次冲击获得应力-应变曲线及相应物理参数，采用 Weibull 分布统计损伤模型计算多次冲击下混凝土的损伤，计算结果见表 7-6。其中，损伤一栏中峰值指应力-应变曲线中峰值应力对应的损伤。

多次冲击下混凝土力学及损伤特性　　表 7-6

试件编号	冲击次数	应变率(s^{-1})	弹性模量(GPa)	峰值应力(MPa)	峰值应变($\times10^{-3}$)	损伤	
						峰值	累积
4-1	1	48.36	4.00	31.97	9.65	0.178	0.958
4-8	1	14.53	6.63	18.18	2.75	0.005	0.966
	2	25.19	2.98	10.57	3.54	0.019	0.999
3-5	1	12.16	9.56	21.14	2.21	0.082	0.615
	2	13.82	6.459	18.99	2.94	0.464	0.806
	4	15.08	6.41	16.91	2.64	0.012	0.991
	6	21.76	4.41	13.09	2.97	0.072	1.000
3-3	1	7.13	13.30	16.20	1.22	0.008	0.737
	3	7.39	9.73	13.62	1.40	0.003	0.899
	6	8.34	7.77	13.37	1.72	0.122	0.993
	8	9.75	5.77	10.85	1.88	0.141	0.998
	13	15.86	2.41	4.89	2.03	0.283	1.000
1-9	1	6.94	14.07	17.30	1.23	0.130	0.618
	6	7.56	9.80	13.72	1.40	0.068	0.764
	9	8.48	7.59	13.35	1.76	0.027	0.849
	13	10.17	6.50	13.52	2.08	0.026	0.896
	17	12.05	6.94	6.59	0.95	0.130	0.957
	20	15.72	2.50	4.99	2.00	0.064	0.992
	21	21.49	1.46	4.99	3.41	0.103	1.000

从图7-20和表7-6可以看出，随着冲击次数的增加，混凝土的动态弹性模量降低，抗压强度减小，损伤增加，直至完全破坏。这表明，在动态冲击过程中，混凝土的内部结构遭到破坏，并形成大量的裂纹，而这些裂纹随着冲击次数的增加而逐渐扩展、贯通并最终导致混凝土的变形能力与抗压能力变弱。

7.4.5　LS-DYNA 数值模拟

1. HJC 本构模型

本节采用LS-DYNA有限元软件模拟重复冲击作用下混凝土的动态破坏过程。混凝土材料选用HJC本构模型，作为一种率相关损伤型本构模型，HJC本构模型能够较好地描述脆性材料在压缩加载下的挤压破碎行为。该模型综合考虑了高应变率、大应变、高压效应，其等效强度是压力、应变率及损伤的函数，而压力是体积应变（包括永久压垮状态）的函数，损伤累积是塑性体积应变、等效塑性应变及压力的函数。

HJC模型主要包括三方面：状态方程、屈服面方程、损伤演化方程。该模型根据金属材料的JC模型改造得到，本节对混凝土等效强度极限面仍称为屈服面。屈服面方程可表示为：

$$\sigma^* = [A(1-D) + BP^{*N}](1 + C\ln\varepsilon^*) \tag{7-12}$$

式中：A、B、N、C——材料常数；

σ^*——无量纲应力，$\sigma^* = \dfrac{\sigma}{f_c}$，$\sigma$为混凝土的实际受力，$f_c$为静态单轴抗压强度；

P^*——无量纲压力，$P^* = \dfrac{P}{f_c}$，P为单元真实静水压；

ε^*——无量纲应变率，$\varepsilon^* = \dfrac{\dot{\varepsilon}}{\dot{\varepsilon}_0}$，$\dot{\varepsilon}$为真实应变率，$\dot{\varepsilon}_0$为参考应变率；

D——损伤因子（$0 \leqslant D \leqslant 1$）。

引入一个最大无量纲强度S_{fmax}，$\sigma^* \leqslant S_{fmax}$。

HJC模型以等效塑性应变和塑性体积应变的累积来描述损伤，用损伤因子D予以表达，其损伤演化方程为：

$$D = \sum \frac{\Delta\varepsilon_p + \Delta\mu_p}{\varepsilon_p^f + \mu_p^f}，其中\ \varepsilon_p^f + \mu_p^f = D_1(P^* + T^*)^{D_2} \tag{7-13}$$

式中：$\Delta\varepsilon_p$——一个计算循环内单元的等效塑性应变增量；

$\Delta\mu_p$——一个计算循环内单元的塑性体积应变增量；

T^*——材料所能承受的标准化最大静水拉力，$T^* = \dfrac{T}{f_c}$；

D_1、D_2——混凝土材料的损伤常数。

当$P^* = -T^*$时，混凝土不能承受任何塑性应变，则定义一个最小的损伤常数$\varepsilon_{f,min}$。

混凝土压缩过程，对于加载（卸载）状态分为三个阶段进行计算，分别为线弹性阶段、塑性过渡阶段、压实阶段，而压实阶段混凝土已经完全破碎，压力为：

$$P = K_1\bar{\mu} + K_2\bar{\mu}^2 + K_3\bar{\mu}^3, 其中\ \bar{\mu} = \frac{\mu - \mu_{lock}}{1 + \mu_{lock}} \tag{7-14}$$

式中：K_1、K_2、K_3——混凝土材料常数；

μ_{lock}——压实体应变。

2. 混凝土 SHPB 试验的有限元模拟

混凝土的强度等级为 C40，从静态试验中获得混凝土的密度为 $\rho = 2500\ kg/m^3$，抗压强度 $f_c = 43.6MPa$。根据公式 $T = 0.62\ (f_c)^{0.5}$ 计算，可求得拉伸强度 $T = 4.09MPa$。从而压碎应力为 $P_{crush} = f_c/3 = 14.53MPa$。

由试验获得的动态应力-应变曲线，可以获得最小的断裂应变，即 $\varepsilon = f_{min}$。弹性模量和泊松比分别取 $E = 30GPa$，$\upsilon = 0.2$，剪切模量可由公式 $G = \frac{E}{2(1+\upsilon)}$ 得 $G = 12.50GPa$。弹性体积模量 $K = \frac{E}{3(1-2\upsilon)}$ 及压碎体积应变 $\mu_{crush} = P_{crush}/K$，可以求出 $\mu_{crush} = 0.00087$。

另外，材料的压力参数 K_1、K_2、K_3 可参考手册取值，即 $K_1 = 85GPa$，$K_2 = -171GPa$，$K_3 = 208GPa$。

5 个材料强度参数取值如下：A 可由初始强度和压碎强度的差值获取，$A = 0.79$；而 B、C、可参考相关手册和文献，即 $B = 1.60$，$C = 0.007$，$N = 0.61$；S_{fmax} 取初值 S_{fmax}。

混凝土的压实密度为 $\rho_{grain} = 2680\ kg/m^3$，由 $\mu_{lock} = \frac{\rho_{grain}}{\rho_0} - 1$ 知：压实体应变 $\mu_{lock} = 0.072$，由公式 $T^* = \frac{T}{f_c}$ 和 $D_1 = \frac{0.01}{1/6 + T^*}$，$D_1$ 取 0.038，而 $D_2 = 1.0$。

最后两个软件参数参考应变率 EPS_0 和失效类型 F_S 分别取值为：$EPS_0 = 10^{-6}s^{-1}$，$F_S = 0.004$。

HJC 模型共有 21 个计算参数，具体计算结果如表 7-7 所示。

本节中建立的有限元模型包括子弹、入射杆、透射杆和试件，其直径均为 74mm，长度分别为 600mm、3200mm、1800mm 和 37mm，均采用 Solid164 实体单元。子弹、入射杆和透射杆均采用刚性材料的线弹性（*MAT_ELASTIC）模型，其密度、弹性模量和泊松比分别为 $7800kg/m^3$、210GPa 和 0.3。试件和压杆的接触类型选择侵蚀面面接触（*CONTACT_ERODING_SURFACE_TO_SURFACE）。另外，添加关键字*MAT_ADD_EROSION，考虑材料失效。通过控制最大主应变，达到人为设置值时，相应的单元就会被删除，可以看到试件裂纹扩展过程。

混凝土 HJC 本构模型参数 表 7-7

$\rho(kg/m^3)$	G(GPa)	A	B	C	N	f_c(MPa)	T(MPa)	EPS_0	$\varepsilon_{f,min}$	S_{fmax}
2500	12.50	0.79	1.60	0.007	0.61	43.6	4.09	10^{-6}	0.01	7.0
P_{crush}(MPa)	μ_{crush}	P_{lock}(GPa)	μ_{lock}	D_1	D_2	K_1(GPa)	K_2(GPa)	K_3(GPa)	F_S	
14.53	0.00087	1.0	0.072	0.038	1.0	85	−171	208	0.004	

有限元模型图、压杆和试件的网格划分如图7-21所示。

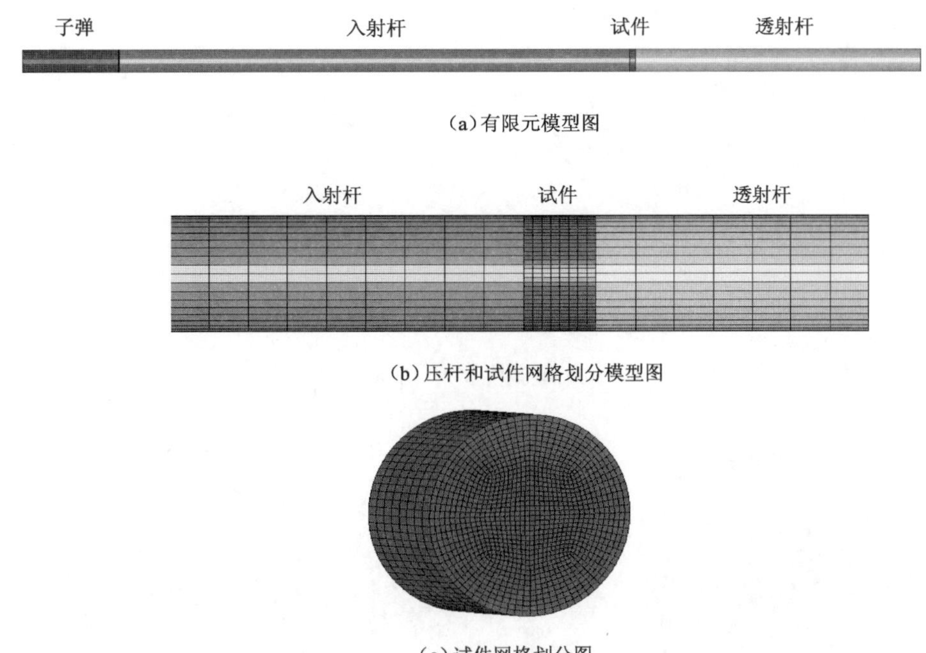

(a)有限元模型图

(b)压杆和试件网格划分模型图

(c)试件网格划分图

图7-21　有限元模型图、压杆和试件的网格划分图

图7-22为应力波在压杆中的传播过程图。由于子弹和入射杆较长，划分网格比较细，冲击速度比较小，使得应力波到达试件与入射杆的交界面时间过长，长达1.6ms。

图7-22　应力波在压杆中的传播过程图

图7-23为数值模拟获得的应变-时间脉冲图，与试验结果进行对比，发现两者吻合比较好，说明选用的HJC本构模型以及表7-10的参数值适用于混凝土动态压缩试验。

图7-24、图7-25分别为子弹单次冲击、多次冲击下混凝土的断裂过程。试件从中心开始破坏，然后向四周扩散。失效单元被删除，试件受压，直至完全破碎。多次冲击作用下，混凝土完全破坏时需要的时间比较长，这是因为冲击速度小的缘故，需要多次冲击获取能量才能使混凝土最终破坏。

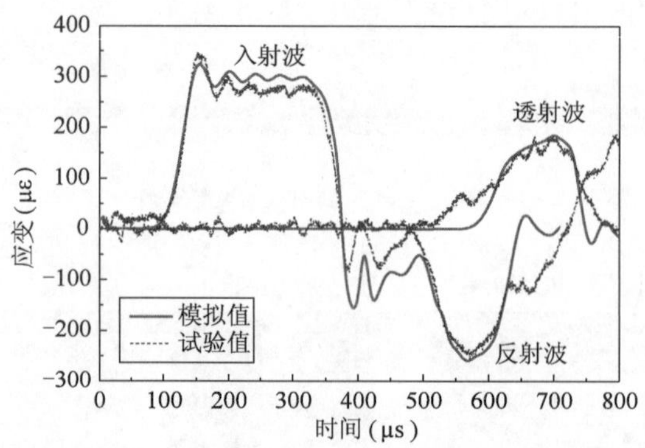

图 7-23　混凝土的应变-时间曲线模拟值与试验值结果的对比($V=6\text{m/s}$)

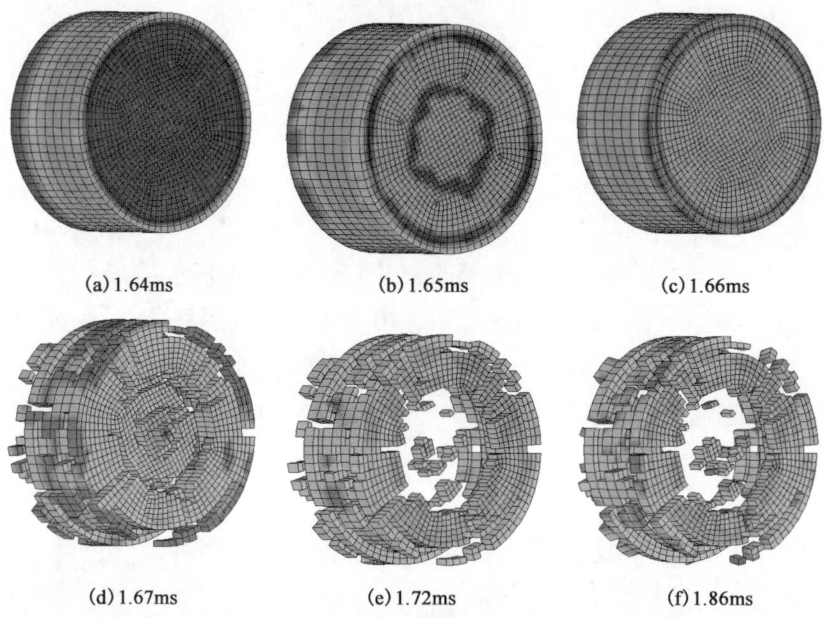

(a) 1.64ms　(b) 1.65ms　(c) 1.66ms

(d) 1.67ms　(e) 1.72ms　(f) 1.86ms

图 7-24　单次冲击下($V=6\text{m/s}$)混凝土的破坏过程

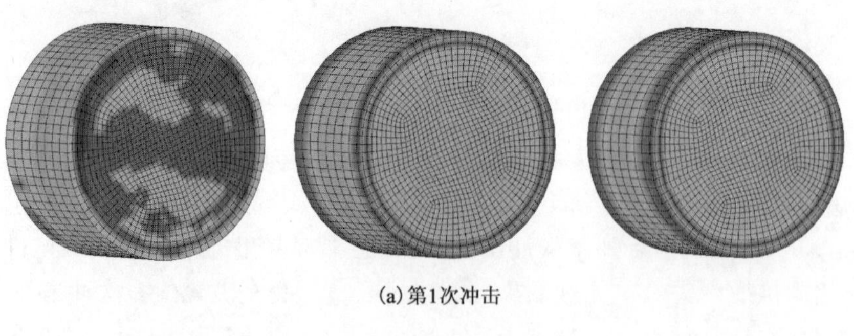

(a)第1次冲击

图　7-25

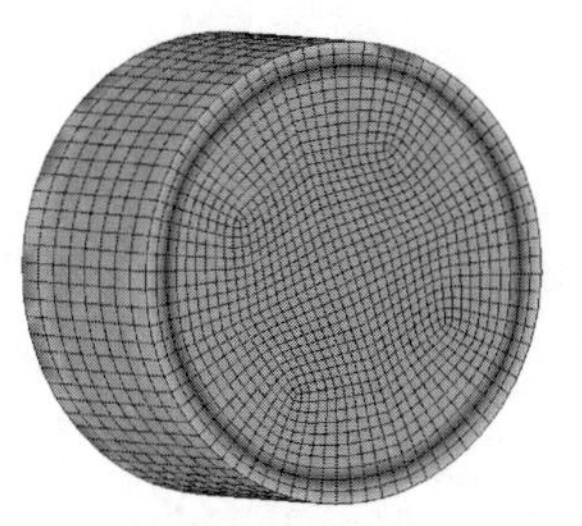
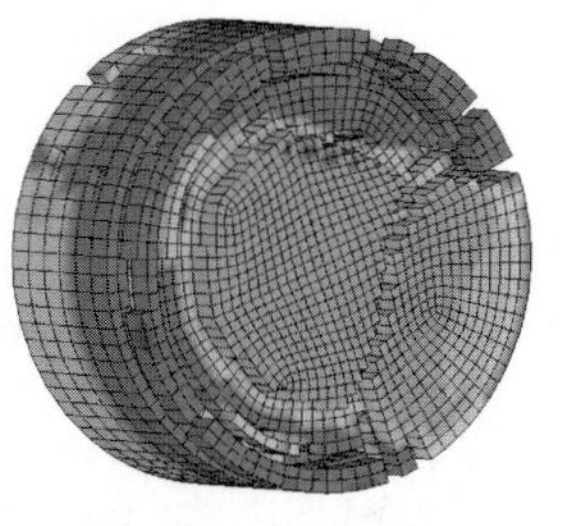
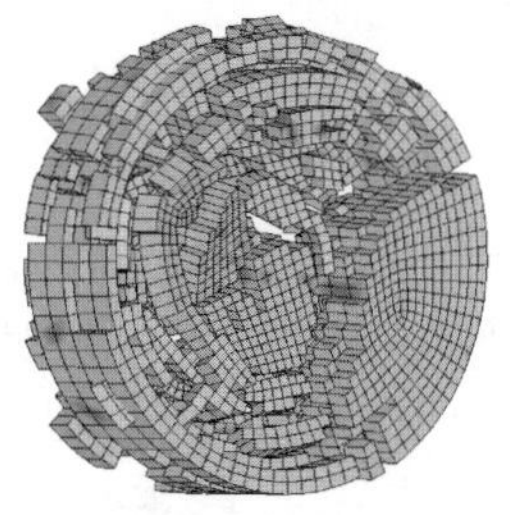

(b)第6次冲击

图7-25　不同冲击次数下混凝土的断裂过程

7.5　本章小结

本章基于SHPB试验技术,开展了不同初始预加载下混凝土的动态力学试验。通过引入Weibull分布统计模型探究不同初始静动载对混凝土的动态力学特性的影响。结合LS-DYNA有限元软件模拟多次冲击作用对混凝土动态受压特性的影响,主要得出以下结论:

(1)预加的劈拉荷载对混凝土的动态压缩特性有一定的影响,且预加荷载对抗压强度有提高作用;而同一应变率下,随着预加静载的提高,混凝土的动态压缩强度总体上呈增大趋势。与预加的静态荷载水平相比,应变率对混凝土的动态压缩强度影响更为显著。

(2)预加弯拉静载历史对混凝土的动态弯拉强度有一定的影响。同一应变率下,当预加静载水平不超过50%时,混凝土的动态弯拉强度基本保持不变,而当预加静载水平超过75%时,动态弯拉强度开始降低。同一预加弯拉静载下,混凝土的动态弯拉强度随着应变率的增大显著增大。

(3)当预加静载水平不超过50%时,大多数细小裂缝被混凝土基体内坚硬的粗骨料阻挡传播的路径。外荷载产生的能量不足以抵抗微观结构的防御力,此时动态弯拉强度基本保持不变。而当预加静载超过断裂荷载的75%时,裂缝迅速延伸扩展且相互贯通。大、小裂缝共同作用,微观结构遭到破坏,试件逐渐失去抵御能力,进而导致混凝土动态弯拉强度降低。综上所述,预加静载作用下混凝土微观结构的变化与宏观上动态弯拉强度的变化相吻合。

(4)与无预加往复荷载作用相比,随着初始荷载水平的提高,混凝土的拉伸强度呈降低趋势,但下降幅度均不超过5%,而上升段的弹性模量和峰值应变降低幅度偏大,均在5% ~10%范围内变化。有预加循环荷载的试件破坏时所需要的能量与无预加循环荷载相比,下降幅度超过10%。

(5)随着动态冲击次数的增加,峰值应力降低,混凝土上升段斜率减小,即动态弹性模量降低,而峰值应变增大。损伤随着应变的提高而提高,并且当应变低于某一值时,损伤曲线上出现一个明显的“转折点”,其值由缓慢上升到急剧上升。

(6)利用有限元软件LS-DYNA和HJC本构模型对动态压缩试验过程进行数值模拟,模拟结果与试验值比较吻合,反映了HJC本构模型适合模拟SHPB试验动态加载过程。

本章参考文献

[1] ASTM C293-02. Standard test method for flexural strength of concrete (using simple beam with center-point loading)[S]. West Conshohocken: ASTM International,2002.

[2] Delvare F, Hanus J L, Bailly P. A non-equilibrium approach to processing Hopkinson Bar bending test data: Application to quasi-brittle materials[J]. International Journal of Impact Engineering,2010,37(12): 1170-1179.

[3] Zhao H, Gary G. On the use of SHPB techniques to determine the dynamic behavior of materials in the range of small strains[J]. International Journal of Solids and Structures,1996,33(23): 3363-3375.

[4] Krajcinovic D, Silva M A G. Statistical aspects of the continuous damage theory[J]. International Journal of Solids and Structures,1982,18(7): 551-562.

第8章

高温作用后混凝土动态力学性能

8.1 引言

混凝土本身为不可燃材料,但在高温作用之后,混凝土内部会发生复杂的物理和化学反应。这对混凝土力学特性造成的弱化作用十分显著,甚至会影响混凝土结构的使用与安全。而当前针对高温作用后混凝土的动力学研究比较少,开展高温作用后混凝土结构动态损伤研究十分必要。本章对不同高温作用后的混凝土进行了不同冲击速度的动态轴压加载试验,从能量的角度研究混凝土的动态本构关系,探讨混凝土的基本性质、力学特性与温度、应变率之间的关系。

8.2 试验方法

8.2.1 试件制备

本章研究中所使用的圆柱体混凝土试件尺寸为 ϕ74mm × 37mm,水泥为普通硅酸盐水泥,水使用实验室的自来水。混凝土试件的配合比见表8-1。混凝土浇筑在内径为74mm PVC圆管中。为了方便之后拆模,浇筑前在PVC管内涂一层油膜,浇筑完毕后在振动台上振捣密实。

混凝土的配合比 表8-1

混凝土中各材料的质量(kg/m^3)						水胶比
水	水泥	砂	石子	粉煤灰	减水剂	
205	328	668	1089	82	2.05	0.50

养护28d后,用岩石切割机将混凝土试件沿其长度方向切成37mm的圆柱体试件,拆模,将试件的两端面打磨平整光滑。

图 8-1　预试验中 800℃冷却后的混凝土试件

8.2.2　高温处理

将加工完成后的试件放入 BLMT-1200 炉中加热。加热升温速度为 10℃/min。达到预定温度后，保持试件在炉中继续恒温一小时，然后让试件在炉箱中自然冷却。在本章中，对使用的混凝土设置四个温度等级：常温（25℃）、200℃、400℃和 600℃。在预试验时，将试件加热至 800℃，当混凝土试件冷却后，试件已经基本损坏，见图 8-1。因此，本次试验将混凝土的温度上限定为 600℃。

8.2.3　动态轴压试验方法

采用 SHPB 试验装置开展混凝土动态压缩试验。采用 4 种不同的入射杆冲击速度，分别为 16m/s、17m/s、18m/s 和 20m/s，共进行 16 组不同工况的冲击压缩试验，每组试验重复 3 次。

根据一维弹性波的传播理论及位移和应力平衡的界面连续性理论，可计算得到混凝土试件动态轴压应力和应变数据，具体计算原理和方法详见第 2.2.2 节。

8.3　试件破坏形态及分形特征

8.3.1　宏观形态

图 8-2(a)～(d)分别是常温(25℃)、200℃、400℃、600℃时的试件。200℃高温作用后的混凝土试件与常温试件相比，变化并不明显，仅仅是混凝土的颜色产生了些许变化，略微变白。400℃高温作用后的混凝土试件侧面开始出现裂纹，与 200℃高温作用后的混凝土试件相比，颜色变得更浅。600℃高温作用后的混凝土试件侧面的裂缝更加明显，数量与裂缝宽度相比 400℃高温作用后的混凝土试件均有所增大，且混凝土试件的颜色变得更白。

(a)常温(25℃)

(b)200℃

图　8-2

(c)400℃

(d)600℃

图 8-2　高温作用后混凝土试件形态

8.3.2　微观形态

本章通过使用扫描电子显微镜(SEM)对高温作用后混凝土试件进行微观结构分析。图8-3(a)~(d)是放大20k倍的试件SEM图。如图所示,随着混凝土试件温度的升高,C-S-H凝胶、水泥石基质等随之发生变化。25℃时,混凝土内部结构很紧凑,水泥石基质比较致密,C-S-H凝胶以块状形式出现。200℃时,混凝土内部结构依然比较紧凑,与25℃时混凝土相比,C-S-H凝胶仍以块状存在,但是水泥石基质开始变得蓬松,孔隙增加,裂缝开始出现。当温度提升至400℃时,块状的C-S-H凝胶出现退化,水泥石基质更加疏松多孔,裂缝开始增加。到了600℃时,C-S-H凝胶已经基本退化,水泥石基质极为松散,裂缝数量翻倍。由此可知,温度的变化,是导致C-S-H凝胶的退化、水泥石基质的疏松、孔隙的增加以及裂缝扩大的原因。

(a)25℃

(b)200℃

图　8-3

(c)400℃

(d)600℃

图 8-3　高温作用后混凝土扫描电镜图

8.3.3　分形特征

分形几何最开始是由 Mandelbrot[1] 提出的，用来描述高度不规则的、自相似的对象。随后，分形理论应用于许多其他的科学领域[2-4]。而在岩石破碎的研究领域，已经有许多的研究[5-6]表明，岩石的破碎颗粒碎片具有分形特征，能够反映岩石破碎过程中的能量耗散情况。本节则利用分形理论，探究高温作用后混凝土破碎过程中的分形特征以及能量耗散过程。利用分形的基本概念[7]，碎片颗粒大小大于 r 的碎片颗粒的数目 N 与 r 表现出幂函数相关。即：

$$N(r)=C_0 r^{-D_{\mathrm{f}}} \tag{8-1}$$

式中：D_{f}——分形维数；

r——碎片颗粒大小(mm)；

C_0——比例系数。

由上式可得，碎片颗粒大小小于 r 的碎片的累积分布为：

$$P(r)=1-\left(\frac{r_{\min}}{r}\right)^{D_{\mathrm{f}}} \tag{8-2}$$

则碎片颗粒断裂面积可由积分得：

$$A=\int_{r_{\min}}^{r_{\max}} N_{\mathrm{t}}(4\pi r^2)\,\mathrm{d}P(r) \tag{8-3}$$

式中：N_{t}——混凝土破碎后的碎片总个数；

$r_{\min}$——混凝土破碎颗粒的最小粒径大小；

$r_{\max}$——混凝土破碎颗粒的最大颗粒的粒径大小。

将式(8-2)代入式(8-3)，则可以得到断裂总表面积为：

$$A=4\pi N_{\mathrm{t}}\frac{D_{\mathrm{f}}}{D_{\mathrm{f}}-2}r_{\min}^{D_{\mathrm{f}}}\left(\frac{1}{r_{\min}^{D_{\mathrm{f}}-2}}-\frac{1}{r_{\max}^{D_{\mathrm{f}}-2}}\right)$$

$$\cong \begin{cases} 4\pi N_t \dfrac{D_f}{D_f-2} r_{min}^2 & (D_f>2) \\ 4\pi N_t \dfrac{D_f}{2-D_f} r_{min}^{D_f} r_{max}^{2-D_f} & (D_f<2) \end{cases} \tag{8-4}$$

同样地,碎片颗粒总体积之和可由积分求得:

$$V = \int_{r_{min}}^{r_{max}} N_t \left(\frac{4}{3}\pi r^3\right) dP(r) = \frac{4}{3}\pi N_t \frac{D_f}{3-D_f} r_{min}^{D_f} (r_{max}^{3-D_f} - r_{min}^{3-D_f})$$

$$\cong \frac{4}{3}\pi N_t \frac{D_f}{3-D_f} r_{min}^{D_f} r_{max}^{3-D_f} \tag{8-5}$$

混凝土破碎的过程是新的自由表面形成的过程。根据断裂力学理论,在破碎过程中产生新的自由表面所损耗的能量 W 由表面能 E_s 和碎片颗粒断裂面积 A(当混凝土破碎后碎片粒径远小于初始试件时,试件的初始表面积可忽略不计)求得:

$$W = E_s A = \begin{cases} 3E_s V \left(\dfrac{3-D_f}{D_f-2} r_{min}^{2-D_f} r_{max}^{D_f-3}\right) & (D_f>2) \\ 3E_s V \left(\dfrac{3-D_f}{2-D_f} \cdot \dfrac{1}{r_{max}}\right) & (D_f<2) \end{cases} \tag{8-6}$$

能量耗散密度 E_v 被定义为单位体积混凝土破碎所需的能量,即:

$$E_v = \frac{W}{V} = \begin{cases} 3E_s \left(\dfrac{3-D_f}{D_f-2} r_{min}^{2-D_f} r_{max}^{D_f-3}\right) & (D_f>2) \\ 3E_s \left(\dfrac{3-D_f}{2-D_f} \cdot \dfrac{1}{r_{max}}\right) & (D_f<2) \end{cases} \tag{8-7}$$

式(8-7)表征混凝土破碎的分形能耗密度模型,可由混凝土断裂表面能和破碎颗粒分布直接决定。

由式(8-5)可得,混凝土破碎颗粒粒径小于 r_i 的质量 $M(<r_i)$ 可表示如下:

$$M(<r_i) \cong \frac{4}{3}\pi N_t \rho \frac{D_f}{3-D_f} r_{min}^{D_{fi}\,3-D_f} \tag{8-8}$$

式中:ρ——材料密度。

破碎颗粒的质量与试件总质量之比 y_i 为:

$$y_i = \frac{M(<r_i)}{M} \cong \left(\frac{r_i}{r_{max}}\right)^{3-D_f} \tag{8-9}$$

对式(8-9)左右两边取对数,可得:

$$\ln y_i = (3-D_f)\ln\left(\frac{r_i}{r_{max}}\right) \tag{8-10}$$

式(8-10)中,$3-D_f$ 的值可由筛分数据得到,其代表了拟合直线 $\ln y_i - \ln(r_i/r_{max})$ 的斜率,因此,混凝土的分形维数可求得。

为了定量、直观地描述混凝土的破碎程度,破碎颗粒的平均粒径 d_m 被定义为:

$$d_m = \frac{\sum(\gamma_i r_i)}{\sum \gamma_i} \tag{8-11}$$

式中：r_i——所在筛网颗粒的平均粒径；

γ_i——相应粒径的质量分数。

收集SHPB试验后的混凝土碎片颗粒，进行筛分试验得到颗粒筛分数据，得到的数据见表8-2。

筛分结果　　表8-2

试件	累计通过特定筛网颗粒的质量分数（%）							
	0.16mm	0.315mm	0.63mm	1.25mm	2.5mm	5mm	10mm	30mm
25℃-16m/s	0.71	1.18	3.24	4.87	9.03	18.72	50.02	100
25℃-17m/s	0.66	1.08	3.10	4.85	8.30	17.48	51.54	100
25℃-18m/s	1.24	2.11	5.90	8.94	16.13	31.44	76.33	100
25℃-20m/s	1.43	2.49	6.84	10.08	16.80	33.84	77.17	100
200℃-16m/s	0.77	1.34	4.00	6.21	11.53	24.47	67.81	100
200℃-17m/s	0.81	1.30	3.81	5.94	10.69	23.38	61.68	100
200℃-18m/s	0.87	1.40	4.01	6.11	11.41	25.92	73.22	100
200℃-20m/s	1.36	2.33	6.98	10.56	18.15	37.68	85.32	100
400℃-16m/s	1.09	1.84	5.49	8.23	14.71	29.64	70.87	100
400℃-17m/s	1.49	2.63	8.52	13.64	23.62	43.71	94.22	100
400℃-18m/s	1.37	2.33	7.04	10.51	18.10	36.01	79.62	100
400℃-20m/s	1.76	3.15	9.36	13.92	22.23	39.85	86.78	100
600℃-16m/s	2.41	4.48	13.24	18.68	27.91	44.15	83.50	100
600℃-17m/s	2.44	4.53	12.68	17.62	26.15	41.90	81.74	100
600℃-18m/s	2.58	4.77	14.24	20.10	29.89	45.97	86.92	100
600℃-20m/s	3.62	6.60	18.62	25.64	36.73	54.65	92.36	100

根据式(8-10)和表8-2的筛分结果，可以得到混凝土试件$\ln y_i$-$\ln(r_i/r_{max})$散点图如图8-4

所示。从图中可以看出,拟合直线的相关系数均超过 0.95,这说明混凝土碎片分布表现出明显的分形特性。

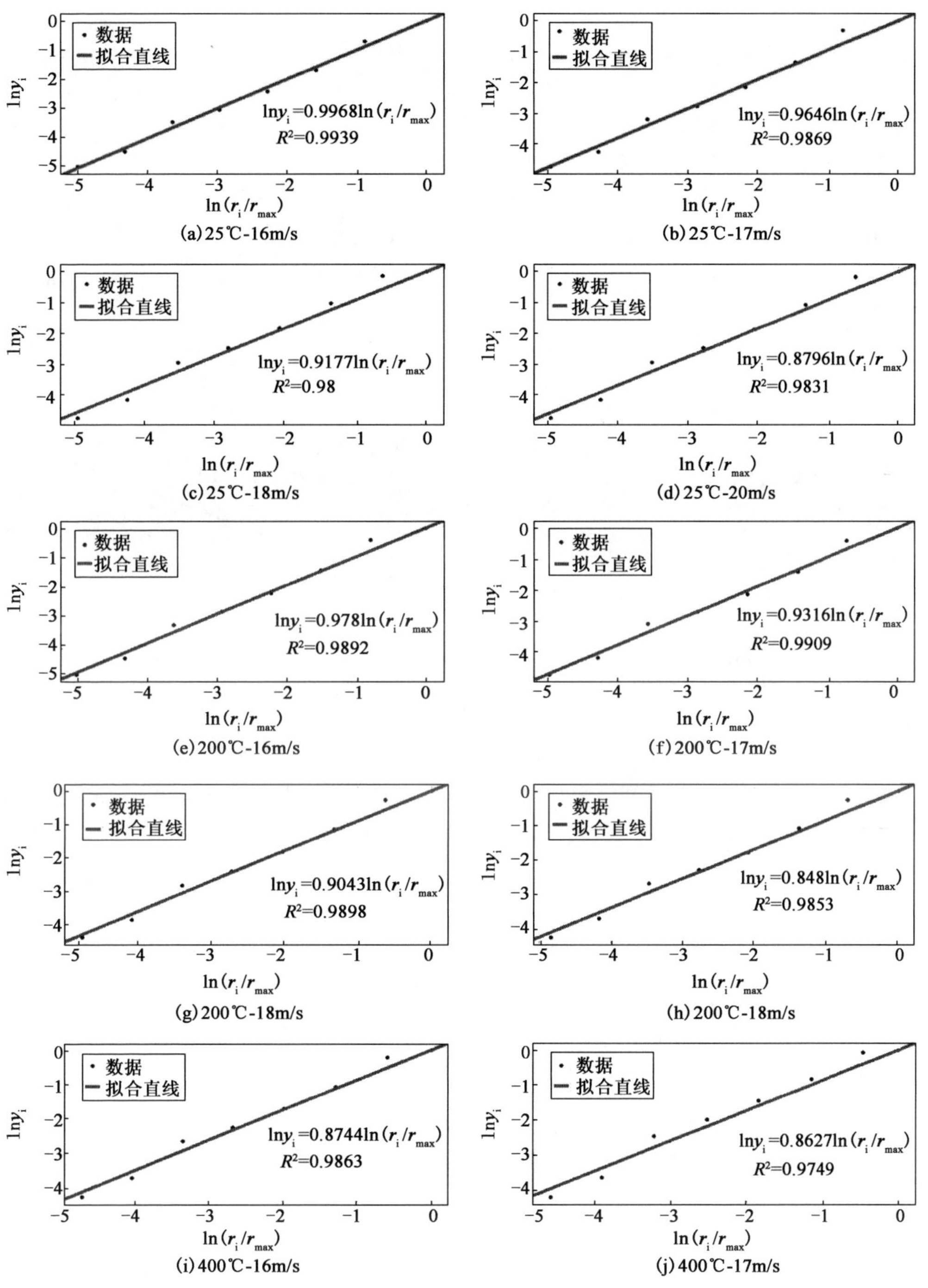

(a) 25℃-16m/s　(b) 25℃-17m/s

(c) 25℃-18m/s　(d) 25℃-20m/s

(e) 200℃-16m/s　(f) 200℃-17m/s

(g) 200℃-18m/s　(h) 200℃-18m/s

(i) 400℃-16m/s　(j) 400℃-17m/s

图　8-4

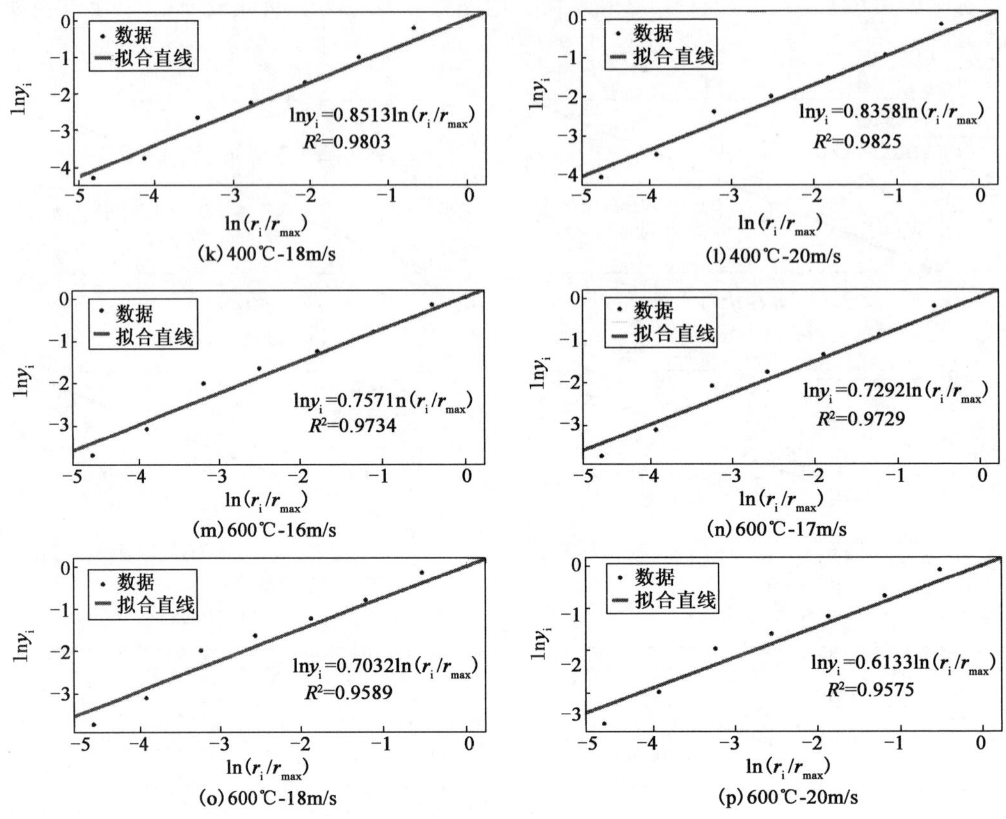

图 8-4 混凝土试件 $\ln y_i$-$\ln(r_i/r_{max})$ 图

分形维数与碎片平均粒径大小可根据式(8-10)、式(8-11)求得，其结果在表 8-3 中给出。图 8-5 为温度为 25℃、200℃、400℃和 600℃下混凝土试件在不同冲击速度下的破碎形态。从表 8-3 和图 8-5 可见，随着冲击速度的增加，碎片粒径明显减少，而碎片数量和分形维数明显增大，这表明可以用分形维数来描述混凝土破碎程度，即分形维数越大，混凝土破碎程度越大。

计算所得分形维数和平均粒径 表 8-3

试件种类	分形拟合公式	相关系数 R^2	分形维数 D_f	平均粒径 d_m(mm)
25℃-16m/s	$\ln y_i=0.9968\ln(r_i/r_{max})$	0.9939	2.0032	13.29
25℃-17m/s	$\ln y_i=0.9646\ln(r_i/r_{max})$	0.9869	2.0354	10.26
25℃-18m/s	$\ln y_i=0.9177\ln(r_i/r_{max})$	0.98	2.0823	8.38
25℃-20m/s	$\ln y_i=0.8796\ln(r_i/r_{max})$	0.9831	2.1204	7.49
200℃-16m/s	$\ln y_i=0.978\ln(r_i/r_{max})$	0.9892	2.022	11.07
200℃-17m/s	$\ln y_i=0.9316\ln(r_i/r_{max})$	0.9909	2.0684	9.60
200℃-18m/s	$\ln y_i=0.9043\ln(r_i/r_{max})$	0.9898	2.0957	8.24
200℃-20m/s	$\ln y_i=0.848\ln(r_i/r_{max})$	0.9853	2.152	6.71

续上表

试件种类	分形拟合公式	相关系数 R^2	分形维数 D_f	平均粒径 d_m(mm)
400℃-16m/s	$\ln y_i = 0.8744\ln(r_i/r_{max})$	0.9863	2.1256	9.16
400℃-17m/s	$\ln y_i = 0.8627\ln(r_i/r_{max})$	0.9749	2.1373	8.19
400℃-18m/s	$\ln y_i = 0.8513\ln(r_i/r_{max})$	0.9803	2.1487	7.20
400℃-20m/s	$\ln y_i = 0.8358\ln(r_i/r_{max})$	0.9825	2.1642	6.40
600℃-16m/s	$\ln y_i = 0.7571\ln(r_i/r_{max})$	0.9734	2.2429	7.38
600℃-17m/s	$\ln y_i = 0.7292\ln(r_i/r_{max})$	0.9729	2.2708	6.57
600℃-18m/s	$\ln y_i = 0.7032\ln(r_i/r_{max})$	0.9589	2.2968	6.19
600℃-20m/s	$\ln y_i = 0.6133\ln(r_i/r_{max})$	0.9575	2.3867	5.05

(a)25℃-16m/s　(b)25℃-17m/s　(c)25℃-18m/s　(d)25℃-20m/s

(e)200℃-16m/s　(f)200℃-17m/s　(g)200℃-18m/s　(h)200℃-20m/s

(i)400℃-16m/s　(j)400℃-17m/s　(k)400℃-18m/s　(l)400℃-20m/s

(m)600℃-16m/s　(n)600℃-17m/s　(o)600℃-18m/s　(p)600℃-20m/s

图8-5　不同温度混凝土在不同冲击速度下的破碎形态

8.4 应变率效应和温度效应

8.4.1 应变率效应

在 SHPB 试验中，不同的冲击速度影响试件的应变速率，不同冲击速度（16m/s、17m/s 和 18m/s）下混凝土试件的应力-应变曲线如图 8-6 所示。在冲击过程中，当试件变形在小应变范围内，得到的应力-应变曲线几乎是线性的。然而，随着应变的增大，试件的变形到一个较大的应变范围内，应变硬化现象显著。

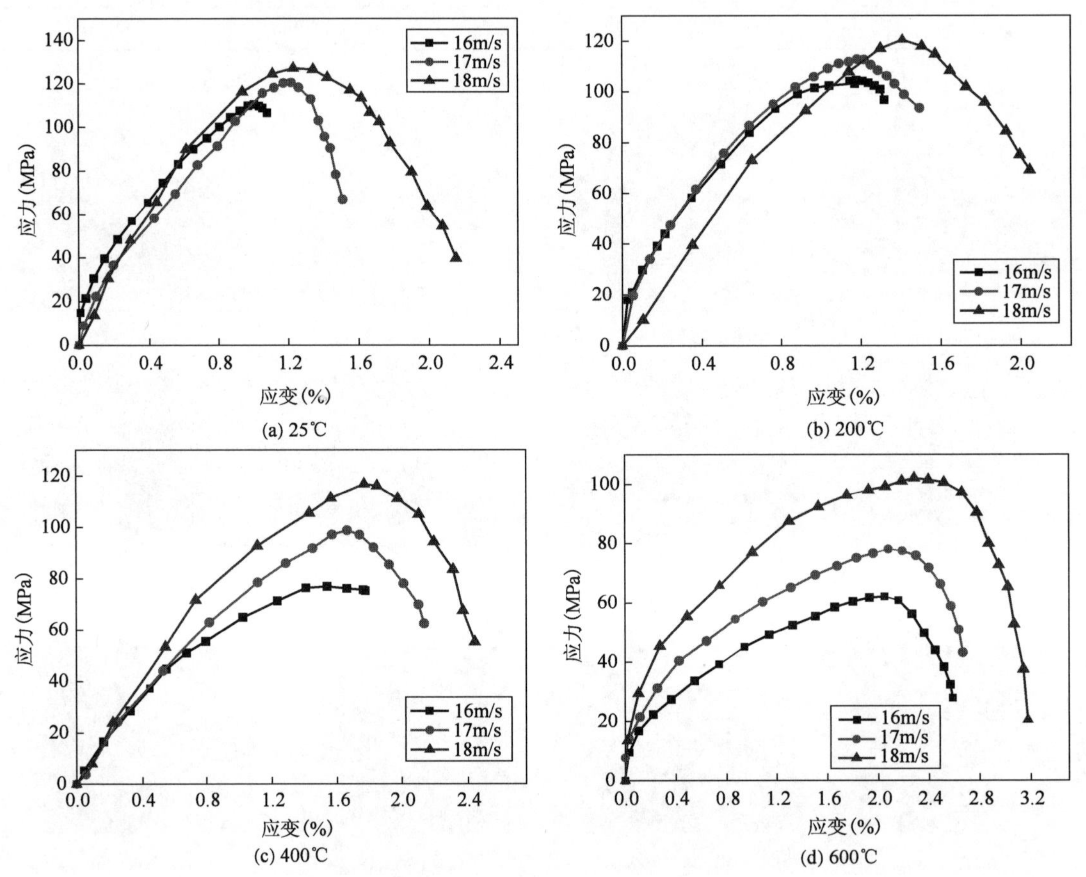

图 8-6　不同冲击速度下混凝土试件的应力-应变曲线

根据试验结果，动态应力-应变曲线分为三个阶段，以常温混凝土试件在冲击速度为 16m/s 的加载条件下得到的应力-应变曲线为例，如图 8-7 所示。第一阶段是线性阶段，初始阶段强度快速增加；第二阶段强度缓慢下降；第三阶段则是强度迅速下降。

将临界动态抗压强度定义为混凝土的初始破坏强度，它大约等于应力-应变曲线直线段的峰值，如图 8-7 所示。超过峰值点后，出现应变软化，试件破坏，随着冲击速度的增加，也就是试件应变速率的增加，高温作用后混凝土应力应变曲线中的应力峰值也在增加。加载后的试件如图 8-8 所示。

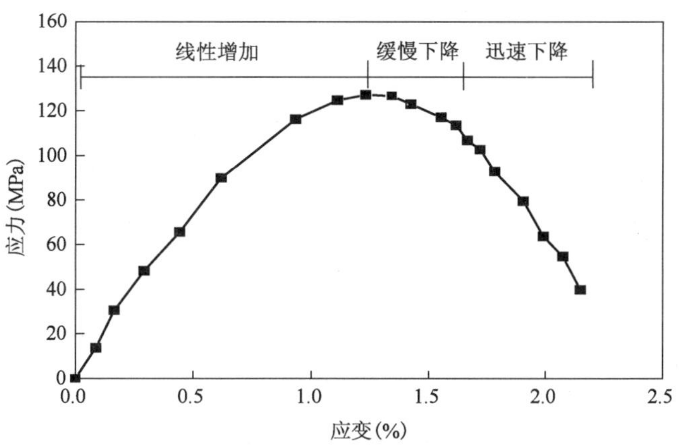

图 8-7 25℃-16m/s 混凝土试件应力-应变曲线

(a)25℃-16m/s

(b)400℃-18m/s

图 8-8 混凝土试件破坏形态

如图 8-9 所示，随着冲击速度（试件应变率）的增加，混凝土应力-应变曲线中的应力峰值增大。因此，峰值应力和应变率之间的关系可以假定为指数关系。

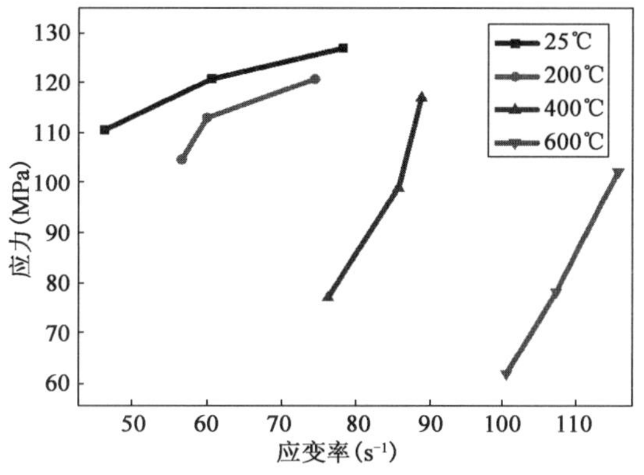

图 8-9 峰值应力与应变率的关系

8.4.2 温度效应

温度是影响混凝土强度的关键因素。在静态、准静态和动态载荷条件下，混凝土的力学性质受温度影响明显[8-9]。

基于现有学者的研究结果以及 SEM 观察发现，随着温度的升高，混凝土内部会发生一系列复杂的物理、化学变化，从而影响混凝土的力学性能。混凝土的温度升高后，水泥浆体脱水收缩，而骨料却膨胀，二者的变形差异导致界面产生微裂缝。而当混凝土的温度降低时，膨胀的骨料逐渐恢复，但水泥浆体却无法恢复，因此水泥浆体与骨料之间产生的微裂缝进一步扩大，混凝土强度随之降低，如图 8-10 所示。

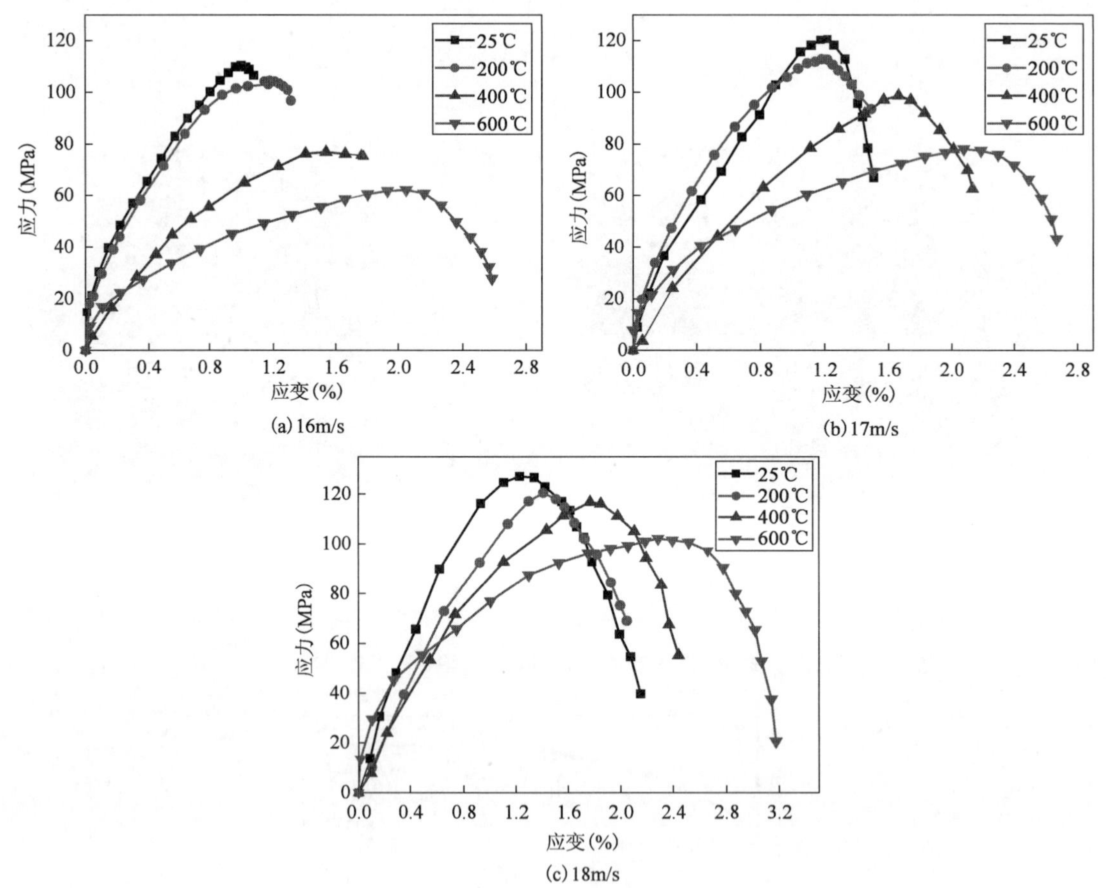

图 8-10 不同温度下混凝土试件的应力-应变曲线

图 8-10 表明，在相同的冲击荷载条件下(即相同的冲击速度之下)，高温作用后混凝土试件的动态抗压强度随着温度的升高而降低。

混凝土试件在 25℃、200℃、400℃和 600℃四种不同温度下的峰值应力如图 8-11 所示。由图可知，高温作用后混凝土应力-应变曲线中的峰值应力随着温度的升高而近似线性降低。

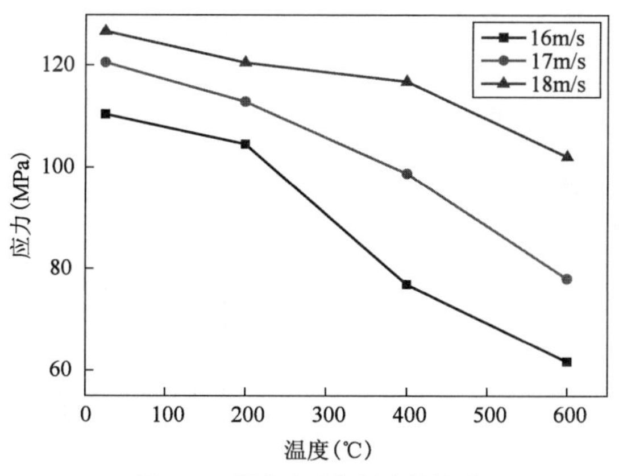

图 8-11　峰值应力与温度的关系

8.5　动态本构模型

8.5.1　模型建立

试验结果表明,混凝土的动态应力-应变响应存在应变率敏感性以及温度相关性,超出应力峰值后出现明显的应变软化。传统的动态本构模型如 Johnson-Cook 模型[10]、Z-W-T 模型[11]不能很好地描述这些特点。因此,建立一个新的本构模型来描述高温作用后混凝土的动态压缩力学特性十分必要。

由于高温作用后混凝土的应力-应变曲线的复杂性,直接建立由应力-应变曲线得到的有明确物理意义的参数组成的动态本构模型是非常困难的。因此,本章基于能量法来间接建立高温作用后混凝土的动态本构模型。

首先,U 被定义为高温作用后混凝土试件单位体积吸收的能量,其值为应力-应变曲线的面积,由数值积分可得[12]:

$$U = \int_0^{\varepsilon_m} \sigma \mathrm{d}\varepsilon \tag{8-12}$$

式中:ε_m——最终应变;

σ——应力。

图 8-12 为混凝土试件的能量吸收-应变曲线,如图所示,在冲击荷载作用下,混凝土试件吸收的能量随压缩应变和应变速率的增大而增大。

从图 8-12 可以看出,在不同加载条件下所得到的高温作用后混凝土试件的能量吸收-应变曲线存在一个相似的演化规律。所以我们可以通过找到混凝土能量吸收公式进而得到高温作用后混凝土的经验公式。

如图 8-12 所示,根据混凝土应力-应变曲线所得到的能量吸收-应变曲线的演化特点,GaussAmp 函数适用于描述这样的演化规律。GaussAmp 函数曲线如图 8-13 所示,它的函数表达式为:

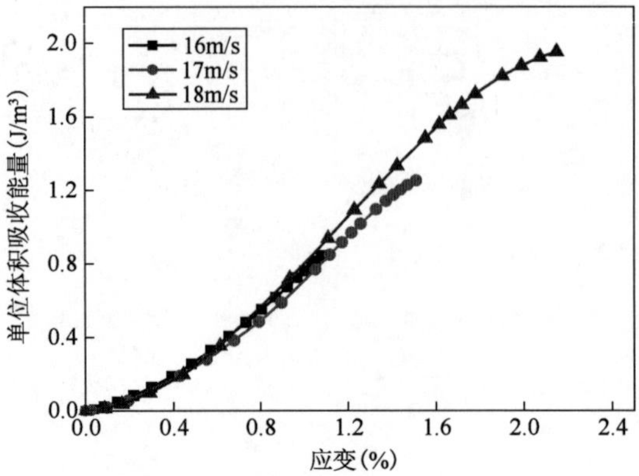

(a)25℃

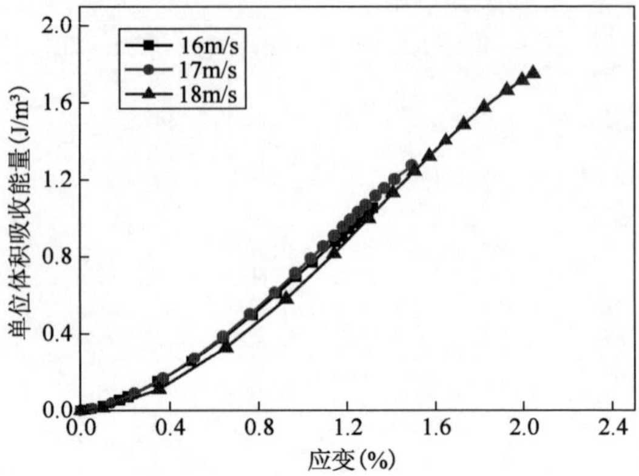

(b)200℃

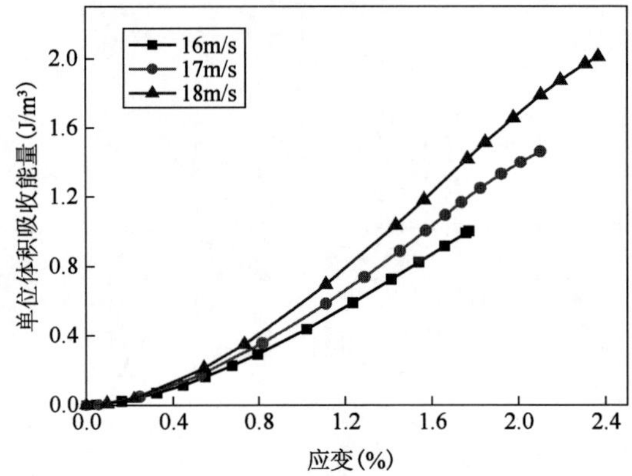

(c)400℃

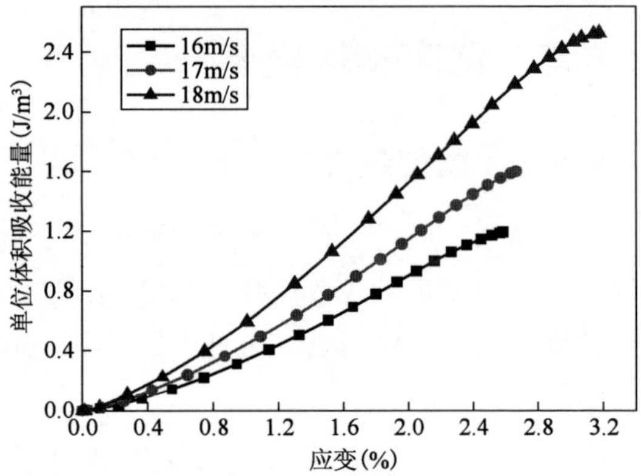

(d)600℃

图 8-12　不同冲击速度下能量吸收-应变曲线

$$y = y_0 + A\mathrm{e}^{-\frac{1}{2}\left(\frac{x - x_c}{w}\right)^2} \tag{8-13}$$

式中：y_0——偏移；

A——振幅；

x_c——峰值的横坐标。

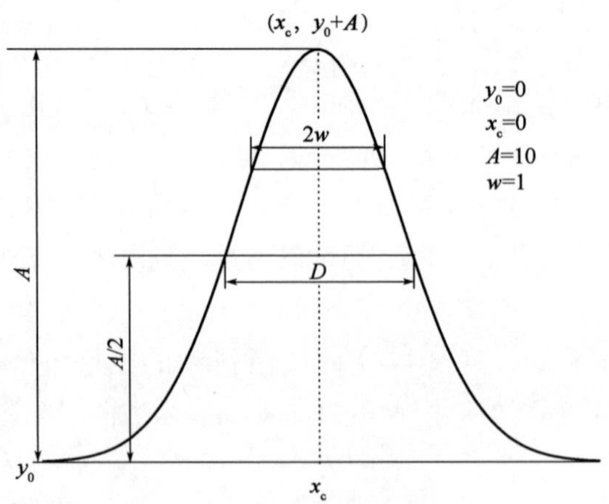

图 8-13　GaussAmp 函数曲线

由于能量吸收-应变曲线是单调递增的，且在每个动态压缩试验结束后达到峰值，因此只需要 GaussAmp 函数的前半部分来描述吸收能量的演变。所以，基于 GaussAmp 函数，吸收的能量 U 的表达式可描述为：

$$U = U_0 + A_0 e^{-\frac{1}{2}\left(\frac{\varepsilon-\varepsilon_c}{w_0}\right)^2} \tag{8-14}$$

如图 8-14 所示，不同温度混凝土在不同冲击条件下的吸收能量-应变曲线，利用 GaussAmp 峰函数可以很好地拟合试验数据。拟合得到的数据见表 8-4。

由式(8-14)可得：

$$\sigma = \frac{\partial U}{\partial \varepsilon} \tag{8-15}$$

式中：ε——应变；

σ——应力。

如果 U_0 为常量，在式(8-15)中，当 $\varepsilon = 0$ 时，$\sigma \neq 0$，这与实际不符，意味着 U_0 一定是一个关于应变 ε 的函数。所以，我们假设 $U_0 = A_1 + B(1-\varepsilon)^n$ 并代入式(8-15)可得：

$$\sigma = -nB(1-\varepsilon)^{(n-1)} + A_0\left(\frac{\varepsilon_c - \varepsilon}{w_0^2}\right)e^{-\frac{1}{2}\left(\frac{\varepsilon_c-\varepsilon}{w_0}\right)^2} \tag{8-16}$$

当 $\varepsilon = 0$ 时，$\sigma = 0$，可得：

$$A_0 = \left(\frac{nBw_0^2}{\varepsilon_c}\right)e^{\frac{1}{2}\left(\frac{\varepsilon_c}{w_0}\right)^2} \tag{8-17}$$

代入式(8-16)可得：

$$\sigma = -nB(1-\varepsilon)^{(n-1)} + \frac{nB(\varepsilon_c - \varepsilon)}{\varepsilon_c}e^{\frac{2\varepsilon\varepsilon_c-\varepsilon^2}{2w_0^2}} \tag{8-18}$$

拟合高温作用后混凝土试件的应力-应变数据，得到的式(8-18)的参数如表 8-5 所示。

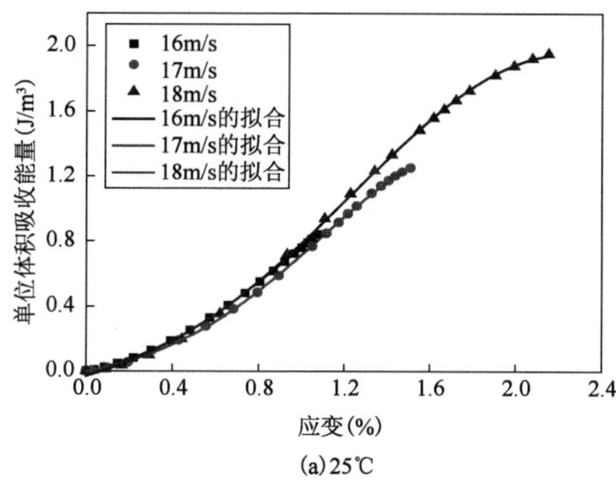

(a)25℃

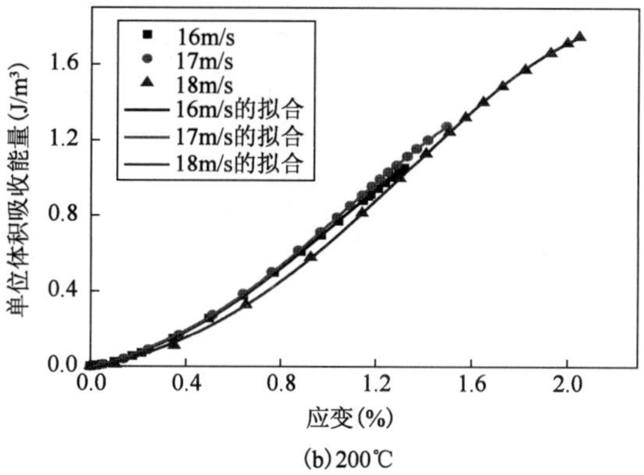

(b)200℃

图　8-14

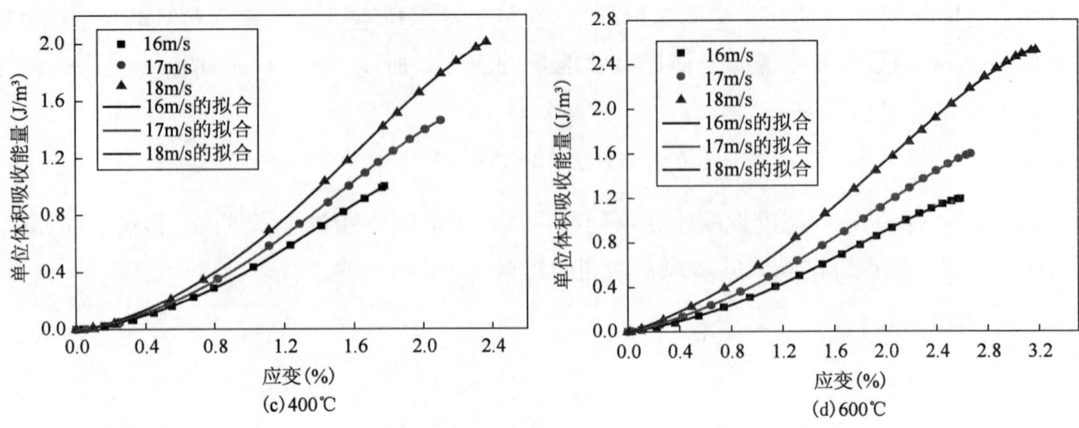

(c)400℃

(d)600℃

图 8-14 GaussAmp 峰函数拟合曲线

吸收能量-应变曲线拟合参数 表 8-4

温度(℃)	应变率(s^{-1})	U_0	A_0	ε_c	w_0
25	46.22	-0.1103	1.35	0.0171	0.0076
25	60.60	-0.0885	1.51	0.0188	0.0078
25	78.28	-0.2016	2.15	0.0225	0.01
200	56.57	-0.1269	1.44	0.0184	0.0082
200	60.00	-0.1477	1.65	0.0198	0.0089
200	74.45	-0.1329	1.97	0.0234	0.0099
400	76.22	-0.0908	1.34	0.0244	0.0103
400	85.74	-0.1153	1.76	0.0262	0.0110
400	88.83	-0.1663	2.33	0.0281	0.0120
600	100.43	-0.1315	1.45	0.0318	0.0144
600	107.15	-0.2270	2.09	0.0352	0.0166
600	115.57	-0.3437	3.07	0.0379	0.0180

高温作用后混凝土应力-应变拟合数据 表 8-5

温度(℃)	应变率(s^{-1})	B	n	ε_c	w_0	峰值应力(MPa)
25	46.22	0.0093	3163	0.0180	0.0079	110.39
25	60.60	0.0059	2782	0.0179	0.0068	120.53
25	78.28	0.2855	196	0.0237	0.0117	126.66
200	56.57	0.0159	1912	0.0198	0.0087	104.49
200	60.00	0.0293	1113	0.0205	0.0091	112.82
200	74.45	0.1529	202	0.0244	0.0105	120.47

续上表

温度(℃)	应变率(s^{-1})	B	n	ε_c	w_0	峰值应力(MPa)
400	76.22	0.0989	291	0.0301	0.0143	76.89
400	85.74	0.0279	599	0.0261	0.0104	98.72
400	88.83	0.0549	418	0.0283	0.0115	116.78
600	100.43	0.0059	2618	0.0306	0.0131	71.71
600	107.15	0.0088	2555	0.0334	0.0148	78.04
600	115.57	0.0083	3548	0.0358	0.0157	102.05

最终应变和应变率可根据下式分别计算：

$$\varepsilon_f = -2\frac{C_0}{L_s}\int_0^T \varepsilon_r(t)\,dt \tag{8-19}$$

$$\dot{\varepsilon} = -2\frac{C_0}{L_s}\varepsilon_r(t) \tag{8-20}$$

式中：$\dot{\varepsilon}$——平均应变率；

T——加载时间；

$\varepsilon_r(t)$——反射波。

$$\varepsilon_f/\dot{\varepsilon} = \frac{\int_0^T \varepsilon_r(t)\,dt}{\varepsilon_r(t)} \tag{8-21}$$

当 Δt 非常小时，设 $T = n\Delta t$，则：

$$\int_0^T \varepsilon_r(t)\,dt = \varepsilon_r(t_1)\Delta t + \varepsilon_r(t_2)\Delta t + \cdots + \varepsilon_r(t_n)\Delta t \tag{8-22}$$

$$\begin{aligned}\dot{\varepsilon} &= -2\frac{C_0}{L_s}\varepsilon_r(t) = \frac{\dot{\varepsilon}_1 + \dot{\varepsilon}_2 + \cdots + \dot{\varepsilon}_n}{n} \\ &= -2\frac{C_0}{L_s}\left(\frac{\varepsilon_r(t_1) + \varepsilon_r(t_2) + \cdots + \varepsilon_r(t_n)}{n}\right)\end{aligned} \tag{8-23}$$

由式(8-19)～式(8-23)可得：

$$\varepsilon_f = T\dot{\varepsilon} \tag{8-24}$$

根据一维弹性波理论[13]，T 是由撞击杆长度和杆的弹性波速度决定的。

由表8-5可得，ε_c 几乎随着 $\dot{\varepsilon}$($\Delta\varepsilon_c/\Delta\dot{\varepsilon}$几乎是定值)线性变化，可得：

$$\varepsilon_c = \varepsilon_f + C_1 = A(\dot{\varepsilon}) + C_1 \tag{8-25}$$

式中：A——关于试验设备的参数，其值为 2.55×10^{-4}，可由任意试验最终应变除以应变率得到；

C_1——材料参数。

将临界压缩应变定义为应力达到峰值时的应变[14]。峰值应力被用于描述混凝土的变形特性。比较表 8-5 的试验结果,可以近似地假定 w_0 等于 ε_c减去应力达到峰值的应变,即:

$$w_0 = \varepsilon_c - \varepsilon_p \tag{8-26}$$

式中:ε_p——应力达到峰值的应变;

ε_c——应力卸载到 0 时的应变。

根据表 8-4,假定:

$$\varepsilon_p / \varepsilon_c = C_2 \tag{8-27}$$

式中:C_2——材料参数。

由式(8-18)可以看出,$n \times B$ 一定是一个应力,令 $n \times B = \sigma_f$,曲线的高度就可以由 σ_f得到。当 $\varepsilon = \varepsilon_p$ 时,有:

$$\varepsilon_p = \varepsilon_f \left\{ (1 - C_2) \mathrm{e}^{\frac{C_2(2 - C_2)}{2(1 - C_2)}} - \left[1 - C_2 \left(A \cdot \frac{\dot{\varepsilon}}{\dot{\varepsilon}_0} + C_1 \right) \right]^{(n-1)} \right\} \tag{8-28}$$

$\left[1 - C_2 \left(A \cdot \frac{\dot{\varepsilon}}{\dot{\varepsilon}_0} + C_1 \right) \right]^{(n-1)}$ 的值非常小可以忽略,则:

$$\varepsilon_p / \varepsilon_f = (1 - C_2) \mathrm{e}^{\frac{C_2(2 - C_2)}{2(1 - C_2)}} \tag{8-29}$$

n 为曲线的初始斜率,其计算式如下:

$$n = C_3 \dot{\varepsilon}^{C_4} \tag{8-30}$$

σ_p 随着应变速率的增大而增大,根据试验结果可得:

$$\sigma_p = C_5 \dot{\varepsilon}^{C_6} \tag{8-31}$$

所以动态本构模型如下:

$$\sigma = \sigma_f \left[-(1 - \varepsilon)^{(n-1)} + \frac{(\varepsilon_c - \varepsilon)}{\varepsilon_c} \mathrm{e}^{\frac{2\varepsilon\varepsilon_c - \varepsilon^2}{2(1 - C_2)^2 \varepsilon_c^2}} \right] \tag{8-32}$$

$$\sigma_f = C_5 \left(\frac{\dot{\varepsilon}}{\dot{\varepsilon}_0} \right)^{C_6} \Big/ \left[(1 - C_2) \mathrm{e}^{\frac{C_2(2 - C_2)}{2(1 - C_2)^2}} \right] \tag{8-33}$$

$$n = C_3 \dot{\varepsilon}^{C_4} \tag{8-34}$$

$$\varepsilon_c = A \dot{\varepsilon} + C_1 \tag{8-35}$$

式中:　　　　A——试验设备参数;

C_1、C_2、C_3、C_4、C_5、C_6——材料参数。

8.5.2 参数测定

上文提出的本构模型含有 7 个未知参数,其测定方法如下:

参数 A 与试验装置有关。从式(8-24)和式(8-25)可以看出,参数 A 是一个定值($A = \varepsilon_f / \dot{\varepsilon}$),可通过校准实验室设备来确定。

其余 6 个参数与试验材料有关。C_1 是最终应变 ε_f到应变 ε_c的差值,通过将应力-应变曲线扩展到应变轴可以得到 ε_c,ε_f 可以通过式(8-24)确定,因此,参数 C_1 可以测定。C_2 为 ε_p 与

ε_c的比值,其值受参数A和试验材料的影响,必须通过试验确定。参数C_3和C_4控制初始段的弹性模量,这两个参数的数值受应变率的影响,可以通过拟合的应力-应变曲线的初始部分得到这两个参数的数值。参数C_5和C_6决定峰值应力和应变率的关系,这两个参数的数值可以通过拟合峰值应力和应变率曲线得到。

8.5.3 模型验证

该模型可以反映不同应变率下高温作用后混凝土试件的弹性模量的变化规律。随着应变速率的增加,混凝土的强度增大。该模型也可以反映高温作用后的混凝土试件在冲击荷载条件下完整的应力应变变化过程,包括最初的弹性阶段、缓慢减小阶段和最终软化阶段。在该模型中混凝土试件的参数如表8-6所示,混凝土的动态应力-应变曲线可以由式(8-31)~式(8-34)得到。

本构模型参数 表8-6

温度(℃)	A	C_1	C_2	C_3	C_4	C_5	C_6
25	2.55×10^{-4}	0.0042	0.61	1.875×10^{7}	-2.2467	41.2286	0.2586
200	2.55×10^{-4}	0.0053	0.58	4.31×10^{18}	-8.7619	17.264	0.4519
400	2.55×10^{-4}	0.0049	0.6321	0.0019	2.7847	7.03×10^{-4}	2.6729
600	2.55×10^{-4}	0.0058	0.5994	0.029	2.4592	4.34×10^{-6}	3.5732

比较试验和理论结果如图8-15所示。可以看出,结果所提出的高温作用后混凝土的动态轴压本构模型与试验结果的契合度比较高。本章提出的高温作用后混凝土的动态轴压本构模型能够较好地反映冲击荷载作用下混凝土的变形特性。

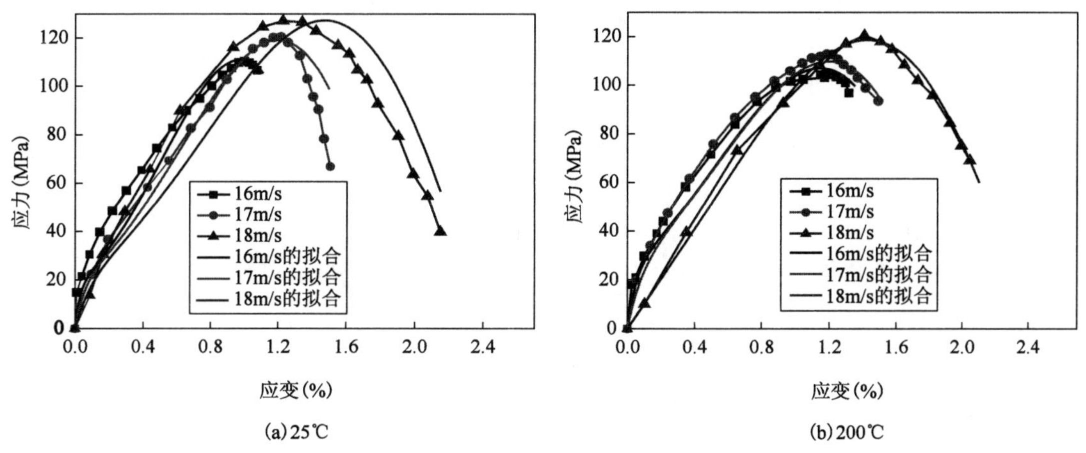

图 8-15

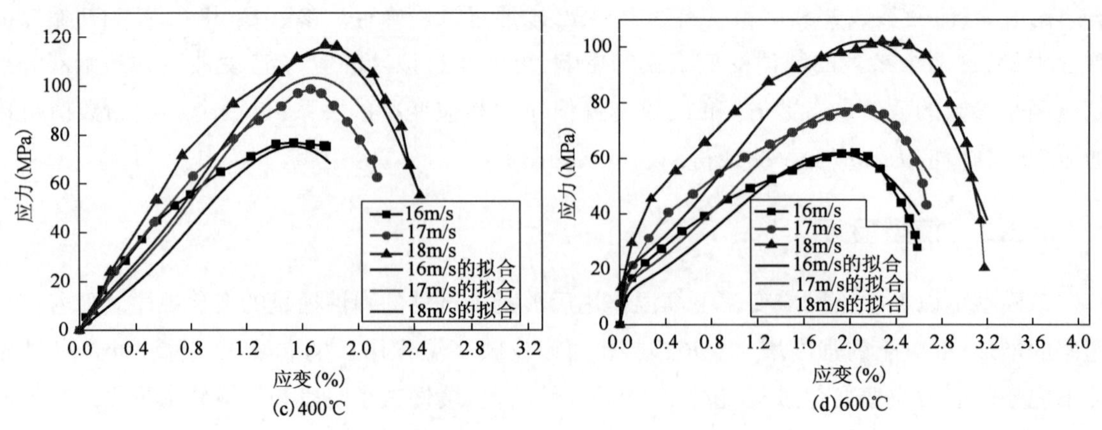

图 8-15　不同温度下理论拟合曲线与试验曲线

8.6　能量耗散分析

根据一维应力波理论,应力波能量可以间接根据 SHPB 试验所获得的入射、反射、透射应力波信号求得[15-16]:

$$\begin{cases} W_{\mathrm{I}} = (A_0 C_0 E_0) \int_0^{\tau} \varepsilon_{\mathrm{I}}^2(t)\,\mathrm{d}t \\ W_{\mathrm{R}} = (A_0 C_0 E_0) \int_0^{\tau} \varepsilon_{\mathrm{R}}^2(t)\,\mathrm{d}t \\ W_{\mathrm{T}} = (A_0 C_0 E_0) \int_0^{\tau} \varepsilon_{\mathrm{T}}^2(t)\,\mathrm{d}t \end{cases} \tag{8-36}$$

式中:W_{I}——测得入射波能量;

W_{R}——测得反射波能量;

W_{T}——测得透射波能量;

A_0——杆横截面积;

C_0——杆中纵波速度;

E_0——杆的弹性模量;

ε_{I}——入射应变;

ε_{R}——反射应变;

ε_{T}——透射应变。

忽略杆与试件间的能量损失,混凝土总能量损耗以及能耗密度的数学表达式如下:

$$\begin{cases} W_{\mathrm{L}} = W_{\mathrm{I}} - (W_{\mathrm{R}} + W_{\mathrm{T}}) \\ E_{\mathrm{v}} = \dfrac{W_{\mathrm{L}}}{V} \end{cases} \tag{8-37}$$

式中:V——混凝土试件体积。

在 SHPB 试验数据的基础上,根据式(8-36)、式(8-37),能量耗散结果如表 8-7 所示。

不同冲击速度下的能量耗散　　表 8-7

试件种类	冲击速度(m/s)	入射能量(J)	反射能量(J)	透射能量(J)	吸收能量(J)	能量密度(J/cm³)
25℃-16m/s	17	412.07	90.89	197.46	123.72	0.78
25℃-17m/s	18	465.26	165.49	139.45	160.32	1.01
25℃-18m/s	19	518.92	185.95	123.55	209.42	1.32
25℃-20m/s	20	649.50	269.83	129.63	250.04	1.57
200℃-16m/s	17	423.34	170.14	136.02	117.18	0.74
200℃-17m/s	18	477.39	144.77	186.26	146.36	0.92
200℃-18m/s	19	478.16	97.96	198.89	181.31	1.14
200℃-20m/s	20	655.12	239.92	196.45	218.75	1.37
400℃-16m/s	17	418.45	150.41	141.67	126.37	0.79
400℃-17m/s	18	480.30	196.24	147.25	136.81	0.86
400℃-18m/s	19	490.33	222.04	103.16	165.13	1.04
400℃-20m/s	20	627.77	388.72	47.81	191.24	1.20
600℃-16m/s	17	417.21	241.37	82.00	93.84	0.59
600℃-17m/s	18	483.15	273.50	97.34	112.31	0.71
600℃-18m/s	19	491.76	292.76	80.22	118.78	0.75
600℃-20m/s	20	606.56	390.56	72.20	143.80	0.90

根据表 8-6、表 8-7 计算得到的数据，能耗密度以及平均碎片粒径的关系如图 8-16 所示。

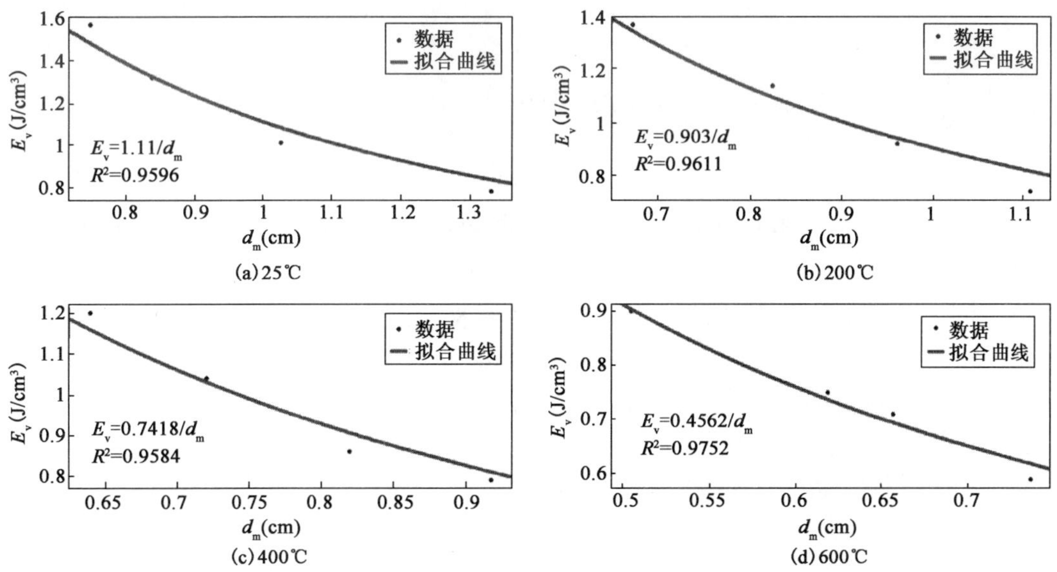

图 8-16　能耗密度与平均粒径的关系

如图 8-16 所示，能源消耗密度-平均粒径曲线存在一个非常明显的反比例关系。即随着混凝土试件能量耗散密度的增加，混凝土破碎颗粒的平均粒径显著减小，进而使得混凝土碎片的断裂表面积增加。两个因素之间的关系可以表示为：

$$E_{\mathrm{v}} = \frac{k}{d_{\mathrm{m}}} \tag{8-38}$$

式中：k——材料参数，25℃、200℃、400℃和600℃的混凝土材料参数 k 分别为1.11、0.903、0.7418和0.4562。

根据定义，断裂表面能以及能耗密度可表示如下：

$$\begin{cases} E_{\mathrm{s}} = \dfrac{W}{\Delta A} \\ E_{\mathrm{v}} = \dfrac{W}{V} \end{cases} \tag{8-39}$$

式中：ΔA——断裂表面积增量。

假设体积为 V 的混凝土试件转化为同体积边长为 D 的立方体，则混凝土表面积为 $A_0 = 6D^2$；破碎后，碎片总数为 $n = \lambda^3 V/d_{\mathrm{m}}$，总表面积为 $\sum A = 6\lambda V/d_{\mathrm{m}}$；$\lambda$ 是校正由于实际碎片形状与理想立方体的差别而造成误差的误差因子，取 $\lambda = 1.3$[17]。断裂表面积增量的公式可由此推出：

$$\Delta A = \sum A - A_0 = \frac{6\lambda V}{d_{\mathrm{m}}} - 6D^2 \tag{8-40}$$

由式(8-39)、式(8-40)可得能耗密度与断裂表面能的关系为：

$$\frac{E_{\mathrm{v}}}{E_{\mathrm{s}}} = \frac{6\lambda}{d_{\mathrm{m}}} - \frac{6}{D} \tag{8-41}$$

当 $D \gg d_{\mathrm{m}}$ 时，式(8-41)可简化为：

$$E_{\mathrm{v}} = \frac{6\lambda}{d_{\mathrm{m}}} E_{\mathrm{s}} \tag{8-42}$$

将式(8-38)代入式(8-42)中进行代换，得到的表面能的数学表达式为：

$$E_{\mathrm{s}} = \frac{k}{6\lambda} \tag{8-43}$$

因此，25℃、200℃、400℃、600℃的混凝土的断裂表面能分别为0.142J/cm²、0.116J/cm²、0.095J/cm²、0.058J/cm²。根据混凝土碎片的颗粒分布和表面能的计算值，利用分形理论模型可得到不同冲击速度下，混凝土的能耗密度，见表8-8。

计算能耗密度 表8-8

试件	冲击速度(m/s)	能耗密度试验值(J/cm³)	能耗密度理论值(J/cm³)	相对误差(%)
600-1	17	0.59	0.69	14.73
600-2	18	0.71	0.83	14.63
600-3	19	0.75	0.81	7.85
600-4	20	0.90	0.84	-7.10

从表8-8可以观察到，能耗密度理论值与试验结果基本一致，其相对误差能够控制在15%以内，这表明模型是有效的，可以用来合理准确预测冲击荷载下混凝土破碎所需的能量。

8.7 本章小结

本章使用 SHPB 试验装置对不同高温作用后的混凝土试件进行冲击轴压试验。探讨不同温度、不同应变率对混凝土动力学性能及能量耗散的影响,得到的主要结论如下:

(1)探究混凝土动态力学性能与温度和应变率的关系,揭示混凝土动态应力-应变响应的应变率敏感性和温度相关性。即,混凝土的强度随着试件应变率的增加而提升,而随着温度的升高而降低。

(2)通过混凝土试件破碎颗粒的分形分析,发现高温作用后的混凝土动态破坏碎片表现出明显的分形特征,破碎颗粒分形维数越大,混凝土破碎的程度越高。分析能量耗散与破碎颗粒变化关系,探明能耗密度和混凝土碎片平均粒径间存在明显的反向关系。即,随着混凝土破碎颗粒的平均粒径的增加,混凝土试件的能耗密度降低。

(3)混凝土动态轴压应力-应变曲线可大致分为三个阶段,即近似线弹性初始增长阶段、缓慢下降阶段以及大幅降低阶段。使用 GaussAmp 峰函数描述单位体积能量吸收曲线,建立高温作用后混凝土动态本构模型。这一模型可很好地描述高温作用后混凝土在不同冲击加载条件下的应力-应变响应。

(4)混凝土破碎过程中吸收的能量基本上是被用来消耗形成新的断裂表面,即随着混凝土试件吸收能量的提高,混凝土碎片数量增大,碎片的断裂表面也在增加。基于这一关系,提出新的分形能耗模型,这一模型能够用来方便地评估冲击荷载下高温作用后混凝土破碎所需能量。此外,还可为火灾后混凝土高效率动态破坏评估提供有效指导。

本章参考文献

[1] Mandelbrot BB. The Fractal Geometry of Nature[J]. American Journal of Physics, 1998, 51(3): 286-287.

[2] Perfect E. Fractal models for the fragmentation of rocks and soils: a review[J]. Engineering Geology, 1997, 48(3-4): 185-198.

[3] Lai J, Wang G. Fractal analysis of tight gas sandstones using high-pressure mercury intrusion techniques[J]. Journal of Natural Gas Science and Engineering, 2015, 24: 185-196.

[4] Hu J, Tang S, Zhang S. Investigation of pore structure and fractal characteristics of the Lower Silurian Longmaxi shales in western Hunan and Hubei Provinces in China[J]. Journal of Natural Gas Science and Engineering, 2016, 28(6): 522-535.

[5] Nagahama H. Fractal fragment size distribution for brittle rocks[J]. International Journal of Rock Mechanics and Mining Science and Geomechanics Abstracts, 1993, 30(4): 469-471.

[6] Carpinteri A, Lacidogna G, Pugno N. Scaling of energy dissipation in crushing and fragmentation: a fractal and statistical analysis based on particle size distribution[J]. International Journal of Fracture, 2004, 129(2): 131-139.

[7] Turcotte D L. Fractals and fragmentation[J]. Journal of Geophysical Research,1986,91(B2):1921-1926.

[8] Papayianni J,Valiasis T. Residual mechanical properties of heated concrete incorporating different pozzolanic materials[J]. Materials and Structures,1991,24(2):115-121.

[9] Long T P,Carino N J. Review of mechanical properties of HSC at elevated temperature[J]. Journal of Materials in Civil Engineering,1998,10(1):58-65.

[10] Johnson G R,Cook W H. A constitutive model and data for metals subjected to large strains, high strain rates and high temperatures [J]. Engineering Fracture Mechanics, 1983, 21: 541-548.

[11] Feng ZZ,Wang X J,Wang F S,et al. Implementation and its application in finite element analysis of constitutive model for ZWT nonlinear viscoelastic material[J]. Journal of Materials Science and Engineering,2007,25(2):269-272.

[12] Mukai T,Kanahashi H,Miyoshi T,et al. Experimental study of energy absorption in a close-celled aluminum foam under dynamic loading[J]. Scripta Materialia,1999,40(8):921-927.

[13] Yang L M, Zhou F H, Wang LL. Foundations of Stress Waves[J]. Foundations of Stress Waves,2007:519-528.

[14] Li W, Xu J. Impact characterization of basalt fiber reinforced geopolymeric concrete using a 100-mm-diameter split Hopkinson pressure bar[J]. Materials Science and Engineering A, 2009,513-514:145-153.

[15] Lundberg B. A split Hopkinson bar study of energy absorption in dynamic rock fragmentation [J]. International Journal of Rock Mechanics and Mining Sciences and Geomechanics Abstracts,1976,13(6):187-197.

[16] Xia K,Yao W. Dynamic rock tests using split Hopkinson (Kolsky) bar system A review[J]. Journal of Rock Mechanics and Geotechnical Engineering,2015,7(1):27-59.

[17] 李启月,顾春宏,李夕兵,等. 冲击加载下矽卡岩破碎能耗与块度关系的试验研究[J]. 矿冶工程,2009,29(04):18-20+23.

第9章

冻融损伤后混凝土动态力学性能

9.1 引言

冻融损伤是造成混凝土耐久性降低的重要原因之一。经历冻融作用的混凝土结构,力学性能会发生显著劣化,这极大缩短了其实际使用年限。目前,有关混凝土材料在冻融循环后的力学性能变化和损伤机理研究取得了不少成果,但对于冻融损伤后混凝土动态力学性能的研究还很少见。而混凝土动力学性能是进行混凝土结构安全性评价的重要参数。因此,系统研究冻融损伤混凝土动态力学性能的变化对确保严寒环境下服役的混凝土结构安全具有重要意义。本章利用 SHPB 试验装置对冻融后的混凝土开展动态压缩和拉伸试验研究,探讨冻融损伤混凝土的动态抗压强度、动态劈拉强度和动态断裂韧度的变化规律,并建立相应数学模型。

9.2 试验方法

9.2.1 试件准备

本章使用的混凝土配合比见表9-1。

每立方米混凝土配合比　　表9-1

w/c	水泥(kg)	水(kg)	砂(kg)	石子(kg)	减水剂(kg)
0.5	410	205	668	1089	2.05

浇筑混凝土的原材料如下:

水泥采用中国水泥厂生产的 P·Ⅱ42.5 水泥,化学成分和物理性能见表9-2 和表9-3。水泥的各项指标满足《通用硅酸盐水泥》(GB 175—2007)的要求。

水泥的主要化学成分及含量(%)　　表 9-2

CaO	SiO_2	Al_2O_3	Fe_2O_3	MgO	SO_3	Na_2O	K_2O	TiO_2	MnO_2	P_2O_5	LOI(烧失量)
64.64	21.7	5.09	4.32	0.92	1.08	0.21	0.53	0.14	0.1	0.05	0.87

水泥的物理性能　　表 9-3

密度(g/cm^3)	比表面积(m^2/kg)	标准稠度用水量(%)	凝结时间(min)		抗折强度(MPa)		抗压强度(MPa)	
			初凝	终凝	3d	28d	3d	28d
3.18	368	26.8	120	245	4.9	7.8	26.5	51.2

细骨料采用南京的天然河砂,石子为碎石。各项指标符合《普通混凝土用砂、石质量及检验方法标准》(JGJ 52—2006)中的规定,详见表 9-4 和表 9-5。

砂的物理性能　　表 9-4

表观密度(kg/m^3)	堆积密度(kg/m^3)	细度模数	级配区	含泥量(%)
2658	1487	2.9	Ⅱ	1.85

石子的物理性能　　表 9-5

表观密度(kg/m^3)	最大粒径(mm)	压碎指标(%)
2754	15	8.27

减水剂为聚羧酸型减水剂。

试件浇筑在内径 110mm 的 PVC 管中成形。成形后试件覆盖养护 24h 后拆模。脱模后的试件放置在标准养护条件下养护 24d。养护完成后在水中浸泡 4d,并进行快速冻融试验。混凝土抗压强度为 54.4MPa。

9.2.2 冻融试验

本试验使用 HDK 快速冻融试验机。当冻融循环试验达到以下三种情况之一时,终止试验:

(1)达到规定的冻融循环次数(本试验确定的最高冻融循环次数为 400 次);

(2)试块的相对动弹性模量下降到初始值的 60%;

(3)试块的质量损失率达 5%。

根据《普通混凝土长期性能和耐久性能试验方法标准》(GB/T 50082—2009),本冻融试验按以下步骤进行:

(1)混凝土试块标准养护 24d,取出并对其进行外观检查,然后将冻融试块浸没在 20℃ ± 2℃的水中 4d,充分饱水后再进行冻融试验。浸泡过程中水面应高出试块顶面 20 ~ 30mm。

(2)浸泡到规定天数以后,将试块取出并用湿布擦除表面水分,然后对试块进行编号并测量试块的初始质量 W_0 和初始动弹性模量 E_0。

(3)将测量好的试块放入试件盒中,然后整齐地放入装有防冻液的冻融试验箱中,摆满试块后向试件盒中注水,水面高出试块顶面5mm为宜。其中,装有中心温度传感器的橡胶盒必须放置在冻融箱的中心位置。按照《普通混凝土长期性能和耐久性能试验方法标准》(GB/T 50082—2009)的规定进行参数的设定后即可开始冻融循环试验。

(4)当试块达到预定的冻融循环次数后设备自动停止运行,从冻融箱中取出试块,将试块表面的浮渣清洗干净并用湿布擦除表面水分,对其进行外部损伤的检查并称量试块的饱水质量 W_n,测量完后将试块进行烘干,并测量其动弹性模量 E_n,测量完后继续进行冻融试验的试块再次放入试件盒内,再放回冻融箱。

另外,冻融循环过程中有以下注意事项:

(1)每次冻融循环应在2~4h之内完成,其中用于融化的时间不应小于整个一次冻融循环时间的1/4。

(2)在冷冻和融化的过程中,试块中心最低和最高温度应分别控制在(-18℃ ±2℃)和(5℃ ±2℃)内。在任意时刻,试块的中心温度都不得高于7℃,并且不得低于-20℃。

(3)每个试块从3℃降至-16℃所用时间不得少于冷冻时间的1/2,每个试块从-16℃升到3℃所用的时间不得少于整个融化时间的1/2,并且,试块的内外温差不宜超过28℃。

(4)冷冻过程和融化过程之间的转换时间不宜超过10min。

(5)当有试块停止试验被取出后,应用其他试块填充空位,保证冻融箱内没有空位。

9.2.3 动态加载试验

使用双刀岩石切割机对完成冻融循环的混凝土试件进行切割,并开展不同工况下的动态加载试验。切割尺寸为 ϕ74mm×74mm的圆柱体混凝土试件用于开展SHPB动态压缩试验;切割尺寸为 ϕ110mm×55mm的圆盘混凝土试件用于开展SHPB动态劈拉试验;切割尺寸为 ϕ110mm×55mm的半圆盘混凝土试件用于开展SHPB弯拉试验,并在半圆盘混凝土试件直径的1/2处切一道宽3mm,深15mm的预制裂缝。

采用SHPB试验装置对切割完成的试件开展动态试验。试验中共使用3种气压,每种气压的子弹速度和平均应变率见表9-6。

子弹速度与平均应变率　　表9-6

序　　号	子弹速度(m/s)	平均应变率(s^{-1})
1	8.52	75
2	11.52	115
3	13.69	135

SHPB动态劈拉试验装置如图9-1所示。试件中部的应变片用于获取动态荷载下应变与时间的关系。入射杆及透射杆上的应变片采集得到的信号可以用来得到试件内部应力和时间的关系。SHPB动态弯拉试验是将半圆形混凝土试件用三点弯垫块固定在入射杆与透射杆之

间,保证其处于弯拉状态,见图 9-2。

图 9-1 SHPB 动态劈拉试验装置图

图 9-2 SHPB 动态弯拉试验装置图

9.3 动态压缩性能

9.3.1 动态应力平衡

对于冻融后的混凝土试件而言,动态压缩试验中典型入射波、反射波及透射波与时间的关系见图 9-3。

为保证入射杆及透射杆应力平衡,将紫铜片作为整形器。动态压缩试验中试件两端动态力见图 9-4。

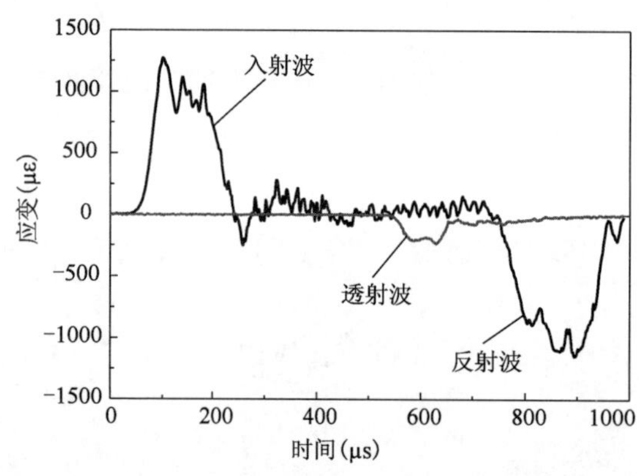

图 9-3 压缩试验中入射波、反射波及透射波与时间的关系

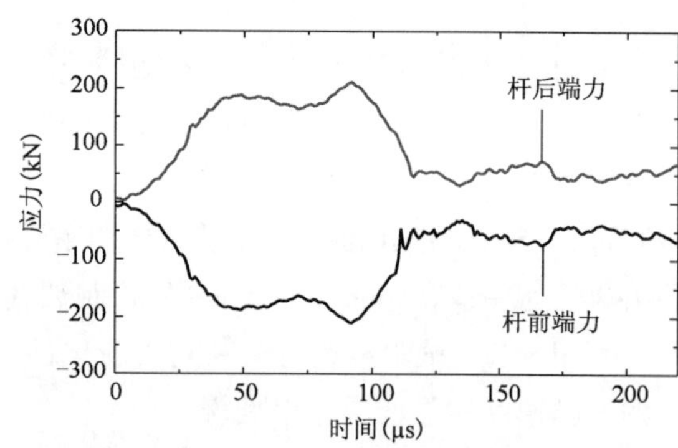

图 9-4 压缩试验中试件两端的动态力

入射应力波和反射应力波之和与透射应力波基本相等,由此可知采用整形器后的 SHPB 动态压缩试验过程中达到应力平衡。所有的动态压缩试件都满足动态应力平衡条件。

9.3.2 静动态抗压强度

1. 静态抗压强度

经历不同冻融循环次数的混凝土静态抗压强度见表 9-7 和图 9-5。本章中,使用符号 F 表示冻融循环,F0 即表示未冻融试件,F50 则表示经历 50 次冻融循环试件。

冻融损伤混凝土的静态抗压强度　　表 9-7

冻融循环次数	F0	F25	F50	F100
静态抗压强度(MPa)	22.21	18.55	14.53	7.21

如图 9-5 所示,混凝土冻融循环后,其强度和耐久性会随着冻融循环次数的增加而降低,其原因可归结于混凝土内部微裂纹随着冻融循环的进行而产生不可逆的扩张,导致混凝土损伤产生不可逆的叠加。混凝土在冻融过程中的损伤可用下式表示:

$$D_N = aN \tag{9-1}$$

式中:D_N——混凝土在冻融过程中累计产生的损伤,其值在 0 ~ 1 之间,当冻融循环次数为 0 时,D_N 的值为 0;

N——冻融循环的次数。

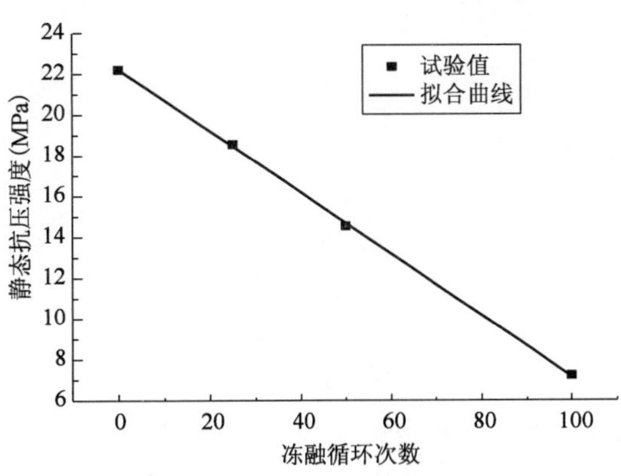

图 9-5　静态抗压强度与冻融循环次数的关系

因此,冻融损伤混凝土的抗压强度可用冻融损伤因子 D_N 来表示:

$$\sigma_c(N) = \sigma_{c0}(1 - D_N) \tag{9-2}$$

式中:$\sigma_c(N)$——混凝土在冻融循环后的抗压强度;

σ_{c0}——混凝土未经过冻融循环时的抗压强度。

通过对试验结果进行拟合,可得 $a = 0.006783$,拟合结果见表 9-8 和图 9-5。

冻融损伤因子 D_N 的拟合结果　　表 9-8

冻融循环次数	F0	F25	F50	F100
冻融损伤因子 D_N	0	0.165	0.346	0.678

2. 动态抗压强度

冻融损伤混凝土不同应变率下的动态抗压强度见表 9-9,散点图见图 9-6。

冻融损伤混凝土不同应变率下的抗压强度(MPa)　　表 9-9

冻融循环次数	应变率(s^{-1})		
	75	115	135
F0	30.42	54.90	67.60
F25	25.21	44.62	56.37
F50	20.89	35.55	42.86
F100	10.54	17.03	21.92

如图 9-6 所示,随着应变率的增大,动态抗压强度增大,且均大于静态抗压强度。随着冻融次数的增加,动态抗压强度也呈现下降趋势,且随着应变率的增大,下降速度增加。

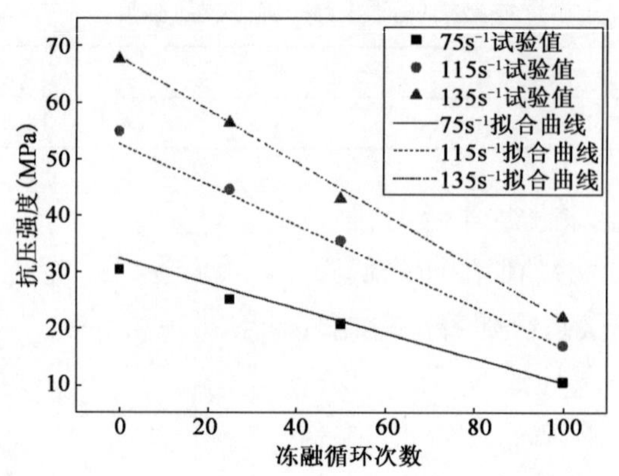

图 9-6　不同应变率下抗压强度与冻融循环次数的关系

由于静态加载速率很小，可视为一个微小的常量。于是提出一个不同冻融循环次数、不同加载速率与动态抗压强度的数学模型，即：

$$\sigma_c^D = \sigma_c(N) + a \times \left(\frac{\acute{\varepsilon}}{300}\right)^{2.55} \tag{9-3}$$

式中：$\sigma_c(N)$——N 次冻融循环后的静态压缩强度；

a——与冻融循环次数相关的独立系数；

$\acute{\varepsilon}$——动态压缩试验的应变率。

参数 a 的拟合结果见表 9-10。冻融损伤混凝土不同应变率下的动态抗压强度试验结果与拟合曲线的对比见图 9-6。

参数 a 拟合结果　　表 9-10

冻融循环次数	参数 a	拟合误差(R^2)
F0	354.1822	0.99
F25	290.9185	0.99
F50	224.5845	0.99
F100	112.9091	0.99

由表 9-10 可知，a 的大小随着冻融次数的增加而减小，用线性函数来拟合 a 与冻融次数的关系，即：

$$a = 351.2 - 2.41 \times N \tag{9-4}$$

式中：N——冻融循环次数。

9.3.3　峰前段动态抗压损伤本构模型

利用分离式霍普金森压杆装置来实现冲击荷载的施加，通过在试件上直接粘贴应变片来测得试件在承受冲击荷载时产生的应变。当试件所受压力达到峰值时，试件破坏，应变片也随之破坏，因此试验过程中仅能得到应力-应变曲线的上升段。冻融损伤混凝土在不同应变率下的动态压缩峰前段应力-应变曲线见图9-7，峰值应变见表9-11。

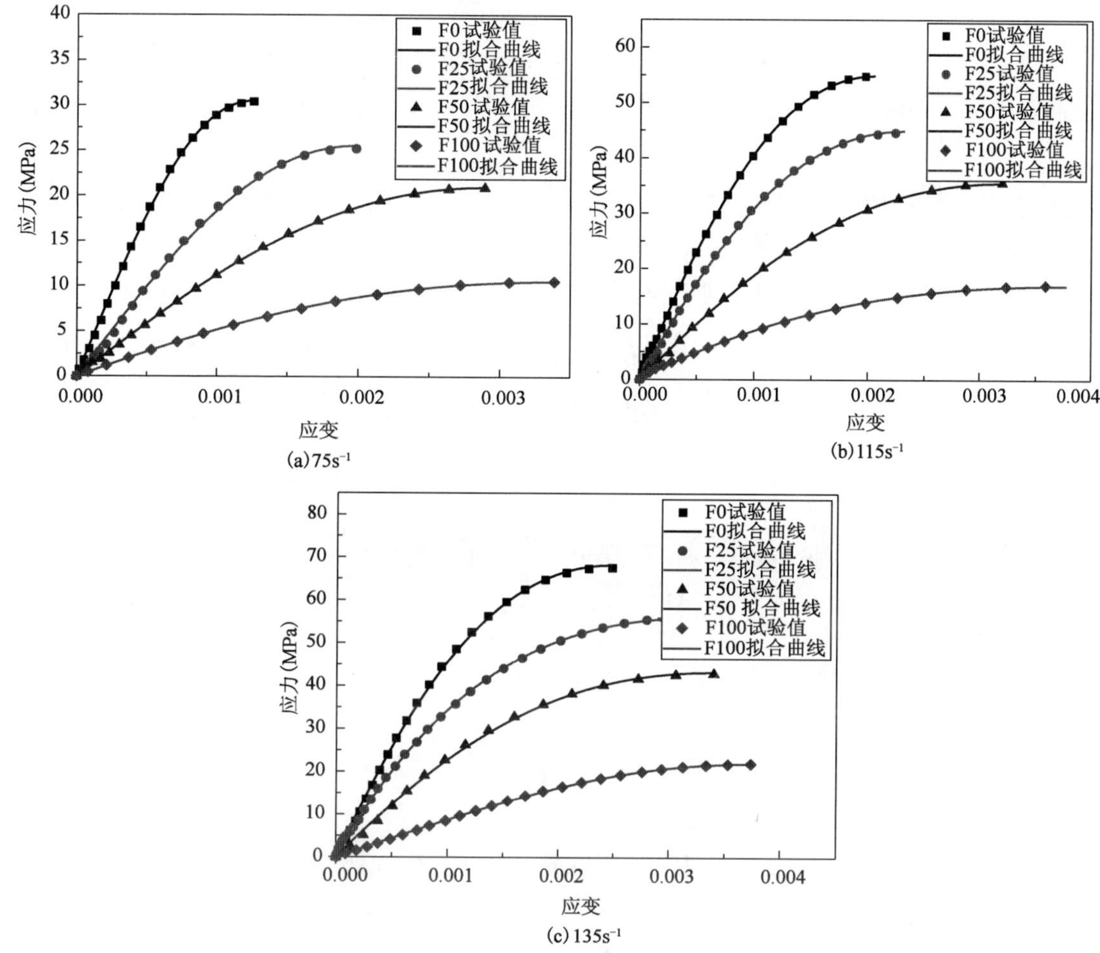

图9-7　不同应变率下不同冻融次数的混凝土动态压缩应力-应变关系

冻融损伤混凝土不同应变率下的峰值应变 ε_c　　表9-11

冻融循环次数	应变率(s^{-1})		
	75	115	135
F0	0.001257	0.002057	0.002483
F25	0.001983	0.002319	0.003300
F50	0.002891	0.003197	0.003400
F100	0.003387	0.003781	0.003735

对于混凝土类材料，其总变形可以分为弹性变形和塑性变形：

$$\varepsilon = \varepsilon_e + \varepsilon_p \tag{9-5}$$

式中：ε——总应变；

ε_e——弹性应变；

ε_p——塑性应变。

基于热力学原理,如果弹性应变与应变硬化无关,则亥姆霍兹自由能 φ 可以用下式来表示:

$$\varphi(\varepsilon, D_0) = \varphi_e(\varepsilon_e, D_0) + \varphi_p(\eta, \varepsilon_p) \tag{9-6}$$

式中:φ_e——亥姆霍兹自由能的弹性部分;

φ_p——亥姆霍兹自由能的塑性部分;

D_0——体现损伤的内部变量;

η——体现延性的内部变量。

在式(9-6)中,φ_e 展开后可用下式表示:

$$\varphi_e(\varepsilon_e, D_0) = \frac{1}{2}(1 - D_0)E\varepsilon_e^2 \tag{9-7}$$

由热动力学第二定律可知,材料损伤增大以及塑性变形是不可逆的过程,所以,该情况满足以下的 Clausius-Duheim 不等式:

$$\sigma\varepsilon - \varphi \geqslant 0 \tag{9-8}$$

根据式(9-6)~式(9-8),可以推导出弹塑性损伤本构模型:

$$\sigma = \frac{\partial \varphi_e}{\partial \varepsilon_e} = (1 - D_0)E(\varepsilon - \varepsilon_p) \tag{9-9}$$

当 $D_0 = 0$ 时,材料中塑性变形的部分遵循塑性力学定律,上述本构模型转换成线弹性模型。当 $\varepsilon_p = 0$ 时,式(9-9)可转换成下式:

$$\sigma = (1 - D_0)E\varepsilon \tag{9-10}$$

这就是经典的 Marzars 损伤模型。

将由外部荷载产生的损伤定义为 D_1,则混凝土微元发生损伤的速率$\varnothing$可用下式来表示:

$$\frac{\mathrm{d}D_1}{\mathrm{d}\varepsilon} = \varnothing(\varepsilon) \tag{9-11}$$

并采用 Weibull 模型来描述混凝土损伤变化:

$$\varnothing(\varepsilon) = \frac{m}{\alpha^m}\left(\frac{\varepsilon - \gamma}{\alpha}\right)^{m-1}\exp\left[-\left(\frac{\varepsilon - \gamma}{\alpha}\right)^m\right] \tag{9-12}$$

式中:α——尺度参数;

γ——位置参数;

m——形状参数。

然后对式(9-11)进行积分,可得:

$$D_1 = 1 - \exp\left[-\left(\frac{\varepsilon - \gamma}{\alpha}\right)^m\right] \tag{9-13}$$

式(9-13)需满足的四个边界条件为:

(1)$\varepsilon = 0, \sigma = 0$;

(2)$\varepsilon = 0, \dfrac{\mathrm{d}\sigma}{\mathrm{d}\varepsilon} = E_0$;

(3)$\varepsilon=\varepsilon_c,\sigma=\sigma_c$;

(4)$\varepsilon=\varepsilon_c,\dfrac{d\sigma}{d\varepsilon}=0$。

其中,ε_c、σ_c 分别为峰值应变和峰值应力。

对式(9-10)进行微分,可得下式:

$$d[(1-D_1)E\varepsilon]=Ed\left\{\exp\left[-\left(\frac{\varepsilon-\gamma}{\alpha}\right)^m\right]\varepsilon\right\} \tag{9-14}$$

即为:

$$\frac{d\sigma}{d\varepsilon}=E\left\{-\frac{m\varepsilon}{\alpha}\left(\frac{\varepsilon-\gamma}{\alpha}\right)^{m-1}\exp\left[-\left(\frac{\varepsilon-\gamma}{\alpha}\right)^m\right]+\exp\left[-\left(\frac{\varepsilon-\gamma}{\alpha}\right)^m\right]\right\} \tag{9-15}$$

将边界条件[式(9-5)]代入式(9-10)和式(9-13)中得:

$$\ln\frac{E}{E'}=\left(\frac{\varepsilon_c-\gamma}{\alpha}\right)^m \tag{9-16}$$

式中:E'——峰值处的割线模量,其值为 σ_c/ε_c。

由式(9-16)可以得到尺度参数 α 的表达式为:

$$\alpha=\frac{\varepsilon_c-\gamma}{\left(\ln\dfrac{E}{E'}\right)^{\frac{1}{m}}} \tag{9-17}$$

将边界条件[式(9-13)]代入式(9-15)中得:

$$E\left\{-\frac{m\varepsilon_c}{\alpha}\left(\frac{\varepsilon_c-\gamma}{\alpha}\right)^{m-1}\exp\left[-\left(\frac{\varepsilon_c-\gamma}{\alpha}\right)^m\right]+\exp\left[-\left(\frac{\varepsilon_c-\gamma}{\alpha}\right)^m\right]\right\}=0 \tag{9-18}$$

移项:

$$\frac{m\varepsilon}{\alpha}\left(\frac{\varepsilon-\gamma}{\alpha}\right)^{m-1}\exp\left[-\left(\frac{\varepsilon-\gamma}{\alpha}\right)^m\right]=\exp\left[-\left(\frac{\varepsilon-\gamma}{\alpha}\right)^m\right] \tag{9-19}$$

两边均除以非零项 $\exp\left[-\left(\frac{\varepsilon-\gamma}{\alpha}\right)^m\right]$,可得:

$$\frac{m\varepsilon}{\alpha}\left(\frac{\varepsilon-\gamma}{\alpha}\right)^{m-1}=1 \tag{9-20}$$

将式(9-16)代入式(9-20)中:

$$\frac{m\varepsilon}{\alpha}\ln\frac{E}{E'}=\frac{\varepsilon_c-\gamma}{\alpha} \tag{9-21}$$

由此可得形状参数的表达式:

$$m=\frac{\varepsilon_c-\gamma}{\varepsilon_c\ln\dfrac{E}{E'}} \tag{9-22}$$

所以,综合式(9-10)、式(9-13)、式(9-17)和式(9-22),冻融循环后混凝土峰前动态损伤抗压本构模型可由下式来表示:

$$\sigma = E\varepsilon(1-D_1) = E\varepsilon\ \exp\left[-\left(\frac{\varepsilon-\gamma}{\alpha}\right)^m\right] = E\varepsilon\exp\left[-\frac{\varepsilon_c-\gamma}{m\varepsilon_c}\left(\frac{\varepsilon-\gamma}{\varepsilon_c-\gamma}\right)^m\right] \tag{9-23}$$

在上升段即 $\varepsilon \leqslant \varepsilon_c$ 时，$\gamma = 0$。由此，可得到冻融破坏混凝土峰前动态压缩损伤本构模型：

$$\sigma = E\varepsilon\exp\left[-\frac{1}{m}\left(\frac{\varepsilon}{\varepsilon_c}\right)^m\right] \tag{9-24}$$

通过对试验数据进行拟合，拟合结果见表 9-12 和图 9-8。

m、E 拟合结果 表 9-12

冻融循环次数	应变率为 75s⁻¹		应变率为 115s⁻¹		应变率为 135s⁻¹	
	m	E(MPa)	m	E(MPa)	m	E(MPa)
F0	2.238	37958	1.632	49243	1.427	55358
F25	2.203	20284	1.554	36852	0.978	47249
F50	2.202	11848	1.61	20669	1.409	25841
F100	1.733	5526	1.157	10614	2.473	11864

由表 9-12 可知，弹性模量 E 和 m 值的大小均与应变率 $\acute{\varepsilon}$ 及冻融损伤 D_N 有关系。混凝土的弹性模量变化规律见图 9-8。

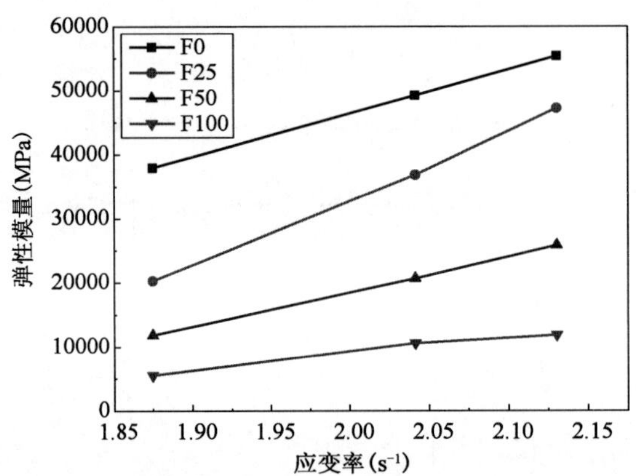

图 9-8 冻融损伤混凝土不同应变率下的弹性模量

如图 9-8 所示，弹性模量随着冻融次数的增加而减小，随着应变率的增大而增大。对参数 m 进行拟合，得到拟合公式：

$$m = 8.625 - 0.9941D_N^2 - 3426\lg\acute{\varepsilon} \qquad (R^2 = 0.89) \tag{9-25}$$

拟合结果见图 9-9。

同样地，也可通过对试验数据的拟合得到峰值应变和峰值应力与应变率 $\acute{\varepsilon}$ 及冻融损伤 D_N 的关系。峰值应变与应变率 $\acute{\varepsilon}$ 及冻融损伤 D_N 的关系见图 9-10。

$$\varepsilon = -0.03595\exp(-1.9463D_N)(\lg\varepsilon)^{-3.8896} + 0.004313 \qquad (R^2 = 0.94)$$

峰值应力与应变率 $\acute{\varepsilon}$ 及冻融损伤 D_N 的关系见图 9-11。

$$\sigma = 2.365\exp(-1.182D_N)[\lg(\acute{\varepsilon})^{4.652}] - 10.53 \qquad (R^2 = 0.98)$$

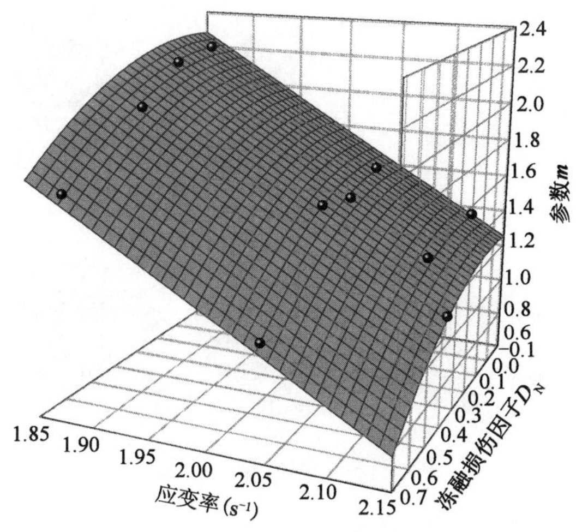

图9-9　参数 m 与应变率 $\acute{\varepsilon}$ 及冻融损伤 D_N 的关系

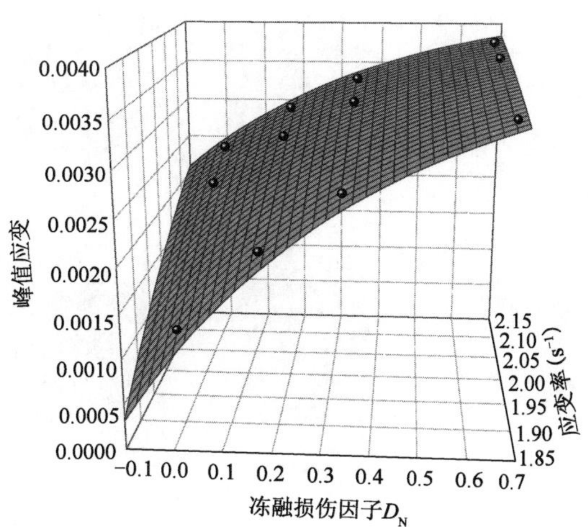

图9-10　峰值应变与应变率 $\acute{\varepsilon}$ 及冻融损伤 D_N 的关系

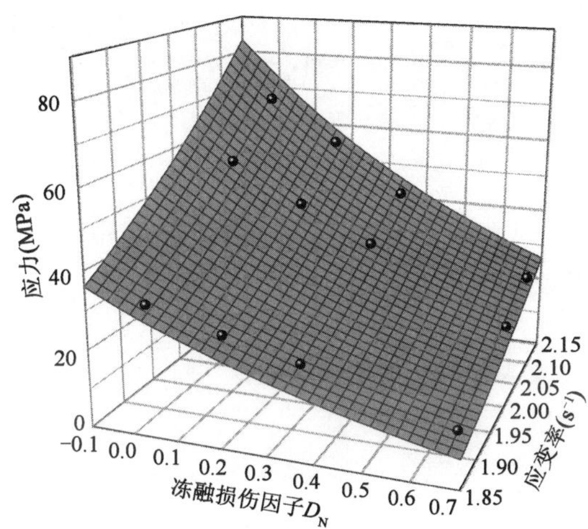

图9-11　峰值应力与应变率 $\acute{\varepsilon}$ 及冻融损伤 D_N 的关系

9.3.4　动态压缩破坏的分形维数

收集冲击破坏后的混凝土碎渣，见图9-12。使用孔径为0.075mm、0.15mm、0.3mm、0.6mm、1.25mm、2.5mm、5.0mm和10.0mm的筛子进行筛分，称量每级粒径碎渣的质量，并记录。

碎渣有两种非常典型的分布，分别是R-R(Rosin-Rammler)分布和G-G-S(Gate-Gaudin-Schuhmann)分布。其中R-R分布的公式为：

$$y = 1 - \exp\left[-\left(\frac{r}{r_0}\right)^{\alpha}\right] \tag{9-26}$$

式中：r_0——特征尺寸；

α——分布参数。

图 9-12　冻融损伤混凝土不同应变率下的破坏碎渣

G-G-S 分布的公式为：

$$y = \left(\frac{r}{r_{\mathrm{m}}}\right)^{b} \tag{9-27}$$

式中：r_{m}——碎渣的最大尺寸；

b——回归系数。

通过比较,忽略这两个公式的高次项可以得到同样的计算结果。因此可以得到：

$$\frac{m(r)}{M} = \left(\frac{r}{r_{\mathrm{m}}}\right)^{b} \tag{9-28}$$

式中：$m(r)$——通过特征尺寸为 r 的碎渣的百分比；

M——碎渣的总质量。

根据式(9-28)可以得到：

$$\mathrm{d}m \propto r^{b-1}\mathrm{d}r \tag{9-29}$$

由碎渣粒径与质量的关系可以得到：

$$\mathrm{d}m \propto r^{3}\mathrm{d}N \tag{9-30}$$

根据分形的定义可以得到以下关系：

$$D = \frac{\ln N(F)}{\ln r} \tag{9-31}$$

式中：r——粒径；

$N(F)$——用粒径 r 测量碎渣的数量。

综上所述,可得以下关系：

$$N \propto r^{-D} \tag{9-32}$$

$$\mathrm{d}N \propto r^{-D-1}\mathrm{d}r \tag{9-33}$$

通过式(9-29)～式(9-31)可得：

$$D = 3 - b \tag{9-34}$$

由此可以计算得到不同冻融次数和不同冲击速度对混凝土碎渣的分形维数的影响：

$$Z = 0.0088x + 0.0018y + 1.8003 \qquad (R^2 = 0.975)$$

式中：x——加载速度；

y——冻融循环次数。

分形维数与冻融次数及冲击速度的关系见图9-13。

由图9-13可知，随着冲击速度和冻融次数的增加，分形维数也在增加，这就说明混凝土碎渣中粒径较小的越多，混凝土碎得就越厉害。

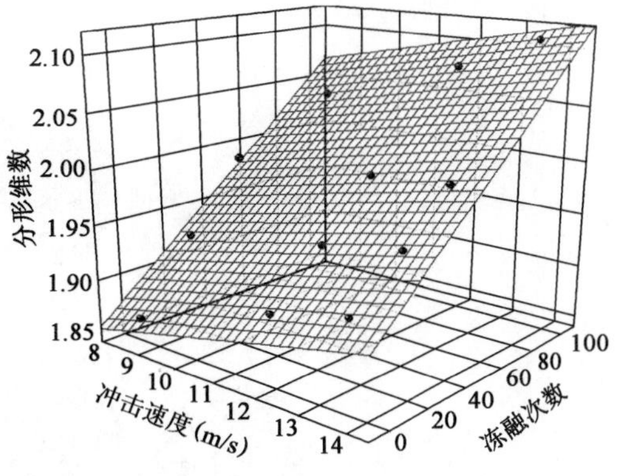

图9-13　分形维数与冻融次数及冲击速度的关系

9.4　动态劈拉性能

9.4.1　动态应力平衡

对于冻融后的混凝土试件而言，动态劈拉试验中典型入射波、反射波及透射波与时间的关系见图9-14。为了保证入射杆及透射杆的应力平衡，将紫铜片作为整形器。劈拉试验中试件两端的动态力见图9-15。

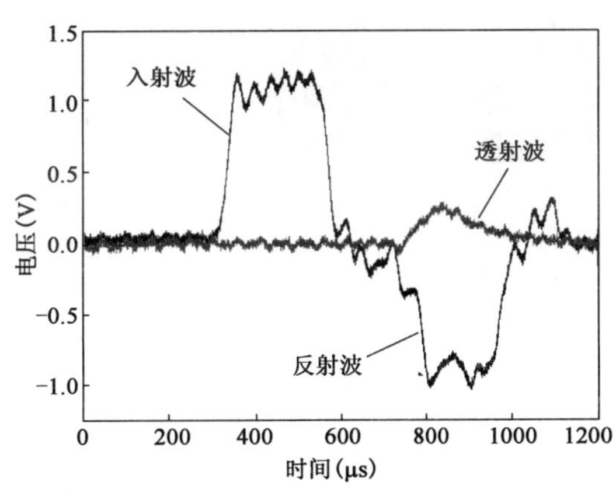

图9-14　劈拉试验中入射波、反射波和透射波与时间的关系

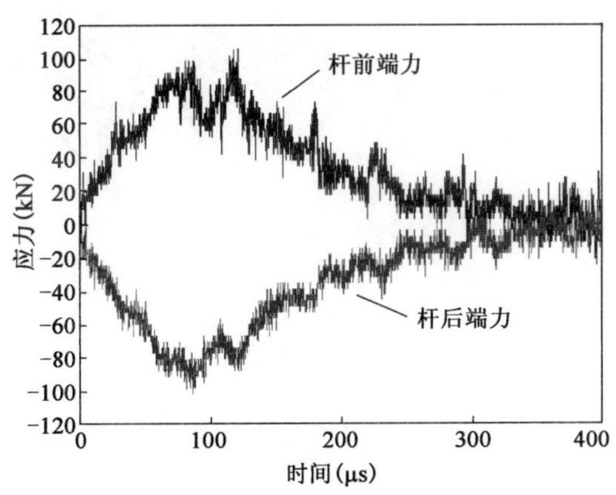

图9-15　劈拉试验中试件两端的动态力

入射应力波和反射应力波之和与透射应力波几乎相等，由此可知，采用整形器后的SHPB动态劈拉试验过程中达到应力平衡。所有动态劈拉试件都满足了动态应力平衡条件。

9.4.2　动态劈拉破坏模式

不同冻融损伤混凝土试件典型劈拉破坏模式见图9-16，所有试件都沿加载路径破裂成两半，对比不同冻融循环次数的试件，经历冻融作用的试件损伤程度比未冻融的试件大。冻融次数越多的试件，由于冻融之后内部产生较多孔隙和裂缝，这些孔隙和裂缝相互连通形成薄弱面,因此试件除了沿加载路径断成两部分之外,在其明显的薄弱面上也发生断裂现象。

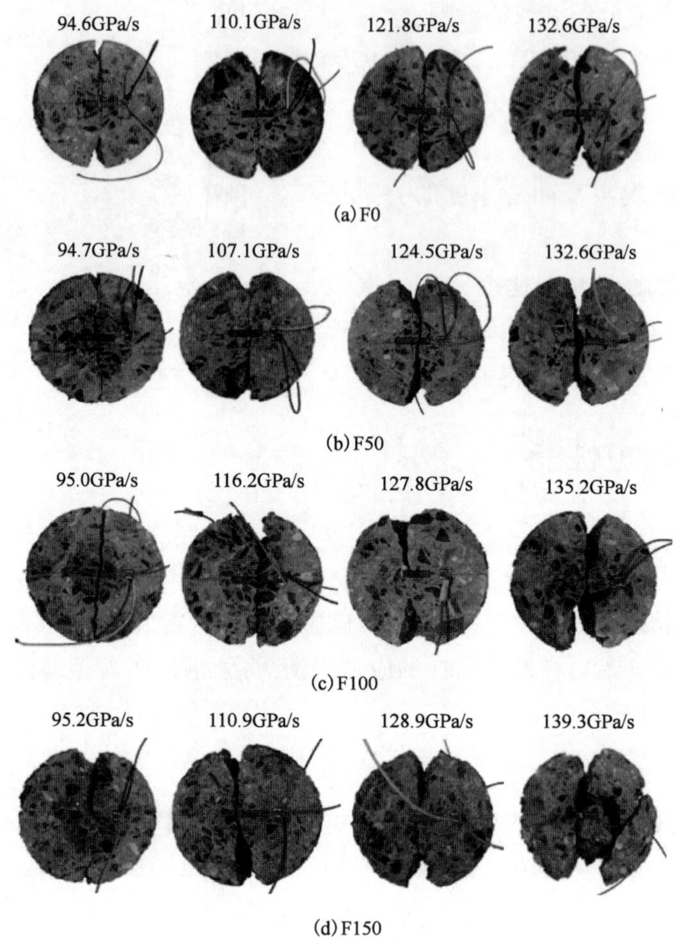

图 9-16 不同冻融循环后试件动态劈拉破坏模式

9.4.3 静动态劈拉强度

1. 静态劈拉强度

不同冻融循环次数下试件的静态劈拉强度见表 9-13 和图 9-17。

不同冻融循环次数下的试件静态劈拉强度 表 9-13

冻融循环次数	F0	F25	F50	F100
静态劈拉强度(MPa)	4.32	4.01	3.49	2.57

如图 9-17 所示,静态劈拉强度随着冻融次数的增加而减小,且下降速度增大。在冻融循环的前期,混凝土的破坏更多地集中于试件的表面,内部的裂缝还未开始大面积的扩展,强度下降缓慢。但随着冻融循环次数的增加,混凝土的内部裂缝开始发展,加剧了混凝土的损伤,曲线的斜率明显增大,静态劈拉强度下降加快。

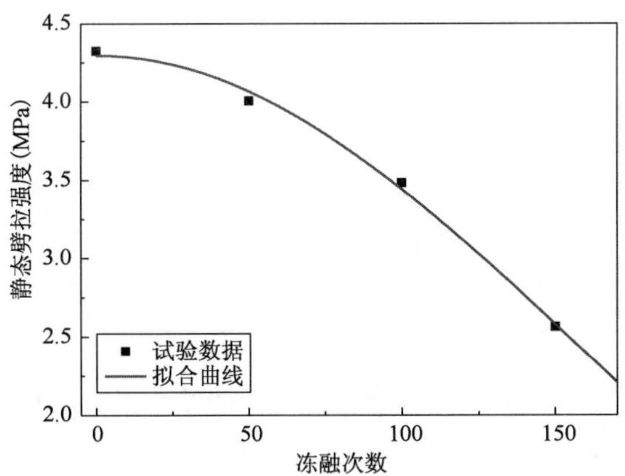

图 9-17　静态劈拉强度与冻融循环次数的关系

根据表 9-13 中的数据,对静态劈拉强度和冻融次数的数据点进行拟合,可以得到静态劈拉强度与冻融循环次数的关系:

$$\sigma_t(N)=\frac{8.650}{1+\left(\frac{N}{300}\right)^{2.016}}-4.356\qquad(R^2=0.99)\tag{9-35}$$

式中:N——冻融循环次数。

拟合结果见图 9-17。

2. 动态劈拉强度

所有试件的动态劈拉强度见表 9-14。对比静态劈拉强度,可以发现动态劈拉强度值较大。随着冻融次数的增大,动态劈拉强度逐渐下降,且下降趋势和静态相同,即冻融次数越大,下降速度增快。不同冻融循环次数下的动态劈裂强度与加载速率的散点图见图 9-18。由图可知,随着加载速率的增大,动态劈拉强度增大。

动态劈拉试验中试件的劈拉强度值　　表 9-14

F0		F50		F100		F150	
$\dot{\sigma}_t$(GPa/s)	σ_t^D(MPa)	$\dot{\sigma}_t$(GPa/s)	σ_t^D(MPa)	$\dot{\sigma}_t$(GPa/s)	σ_t^D(MPa)	$\dot{\sigma}_t$(GPa/s)	σ_t^D(MPa)
94.6	7.38	80.4	6.82	101.2	6.9	113.4	6.83
121.8	8.99	127.3	7.91	101.5	6.95	121	6.96
115.4	8.35	94.7	7.27	95	6.67	95.2	6.26
98.5	7.95	132.6	8.58	98.5	6.81	109.2	6.79
90.8	7.16	107.1	7.55	129.5	8.07	123.9	7.03
107.3	8.11	110.2	7.59	139.1	8.38	97.6	6.3
98.7	7.94	136.1	9.06	119.9	7.97	110.9	6.77
110.1	8.18	124.5	7.89	116.2	7.8	128.9	7.32
102.8	7.99	86.8	6.9	127.8	8.06	138.2	7.55
132.6	9.23	117.6	7.7	148.1	8.62	171.7	8.8
142.5	9.58	132.6	8.59	135.2	8.16	186.6	9.23

续上表

F0		F50		F100		F150	
$\dot{\sigma}_t$(GPa/s)	σ_t^D(MPa)	$\dot{\sigma}_t$(GPa/s)	σ_t^D(MPa)	$\dot{\sigma}_t$(GPa/s)	σ_t^D(MPa)	$\dot{\sigma}_t$(GPa/s)	σ_t^D(MPa)
117.5	8.55	135.7	8.96	146.1	8.56	139.3	7.76
176	10.01	95.4	7.31	140.9	8.38		
121.8	9.04	138.9	9.18				
128.9	9.14						

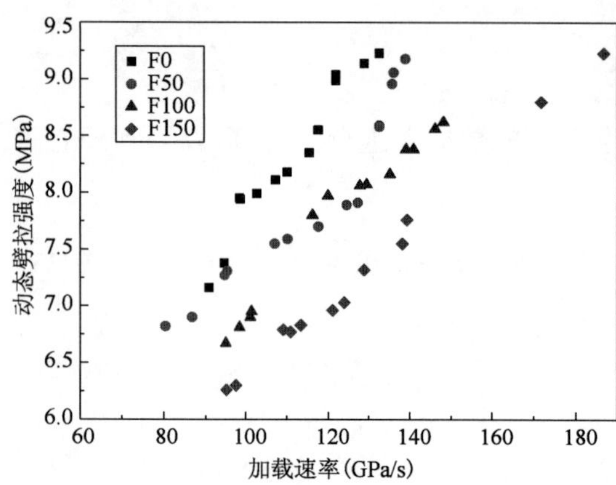

图 9-18　不同冻融循环次数下的动态劈裂强度与加载速率的关系

由于静态加载速率很小,可视为一个微小的常量。于是提出一个不同冻融循环次数下加载速率与动态劈拉强度的数学模型:

$$\sigma_t^D = \sigma_t(N) + a \times \left(\frac{\dot{\sigma}_t}{300}\right)^b \tag{9-36}$$

式中:σ_t^D——与冻融循环次数相关的动态劈拉强度;

$\sigma_t(N)$——与冻融循环次数相关的静态劈拉强度;

a、b——与冻融循环次数相关的独立系数;

$\dot{\sigma}_t$——动态劈拉试验的加载速率。

通过对试验所得数据进行拟合,可得拟合结果见表 9-15。

动态劈拉强度的系数拟合值　　表 9-15

冻融循环次数	$\sigma_t(N)$	a	b	拟合误差(R^2)
F0	4.294	13.71	1.24	0.95
F50	4.067	11.62	1.15	0.90
F100	3.443	10.84	1.02	0.96
F150	2.579	10.15	0.90	0.99

由表 9-15 可知,参数 a、b 随冻融次数增加而减小。因此对 a、b 与冻融次数之间的关系进行拟合:

$$a = 4.473 + \frac{9.235}{1 + \left(\frac{N}{300}\right)^{0.697}} \tag{9-37}$$

$$b = 1.125 - 0.0023N \tag{9-38}$$

拟合结果见图 9-19,由图可见,拟合效果较好。

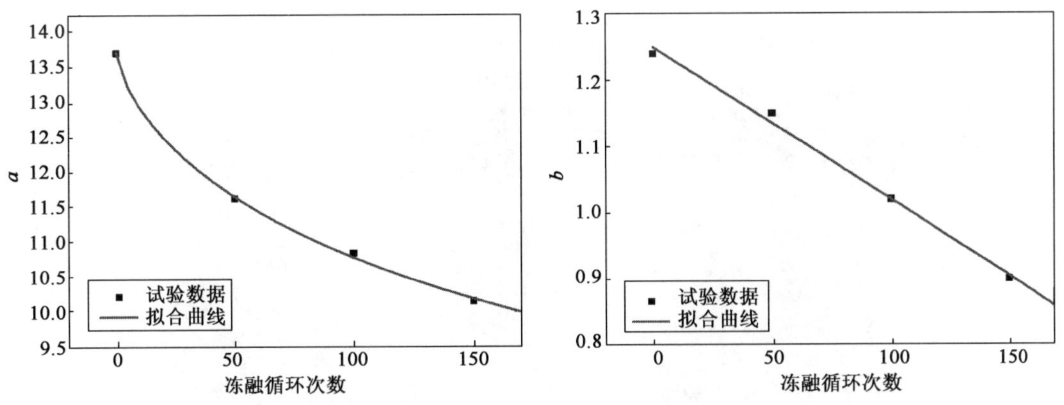

图 9-19　系数 a、b 的拟合结果

9.5　动态弯拉性能

9.5.1　动态应力平衡

同巴西圆盘劈拉试验，由 SHPB 试验得到的动态弯拉试件应力与时间的曲线见图 9-20。弯拉试验中试件两端的动态力见图 9-21，由图可知，入射应力波和反射应力波之和与透射应力波相等，从而满足了动态弯拉中的应力平衡条件。所有动态弯拉试件都满足动态应力平衡条件。

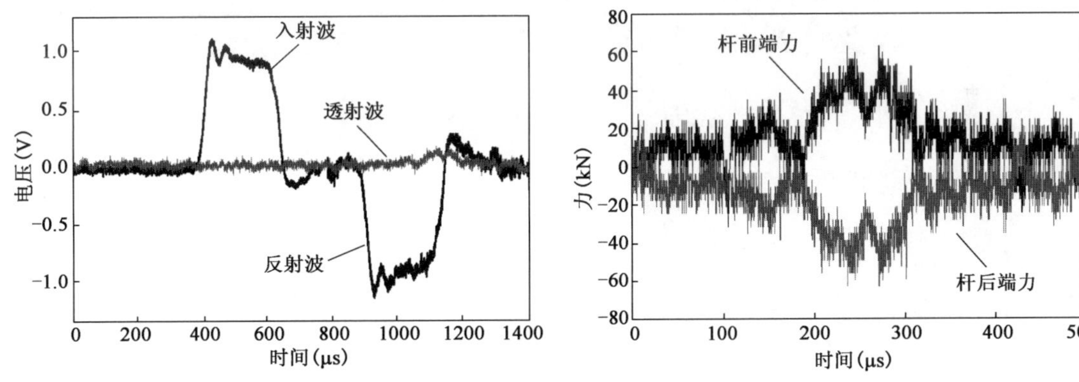

图 9-20　弯拉试验中入射波、反射波及透射波与时间的关系

图 9-21　弯拉试验中试件两端的动态力

9.5.2　动态弯拉破坏模式

在弯拉试验中，半圆形试件的典型破坏模式见图 9-22。通常情况下，试件破碎成两个部分，其破坏面沿预制裂缝处展开，即试件沿弯矩最大截面处破坏。对比不同冻融循环次数的试件，随着冻融次数的增加，破坏面的宽度增大。

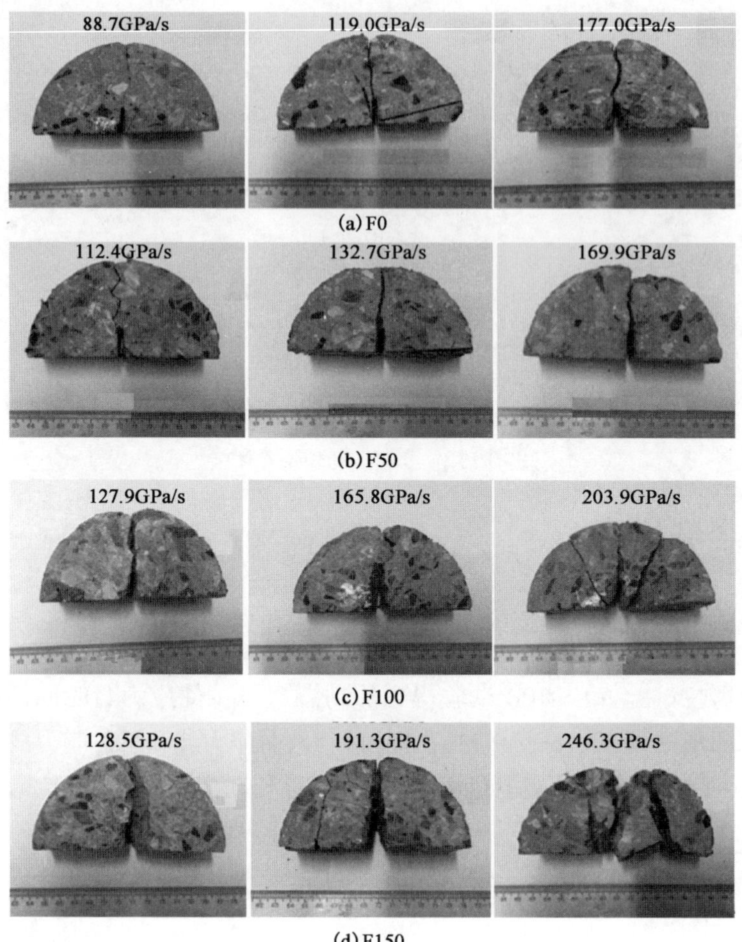

(a) F0

(b) F50

(c) F100

(d) F150

图 9-22 动态弯拉试件的破坏模式

9.5.3 静动态断裂韧度

1. 断裂韧度计算

对于半圆形三点弯拉试件,应力强度因子按以下公式计算:

$$K_{\mathrm{I}} = \frac{PS}{BR^{3/2}} Y\left(\frac{a}{2R}\right) \tag{9-39}$$

式中:K_{I}——准静态应力强度因子;

P——随时间变化的加载力;

R——试件的半径;

B——试件的厚度;

a——预制裂缝的长度。

$Y\left(\frac{a}{2R}\right)$是一个与试件裂缝有关的无因次函数,其可以通过有限元软件 ANSYS 计算得出[1]：

$$Y = 2.22 + 2.87\left(\frac{a}{2R}\right) + 4.54\left(\frac{a}{2R}\right)^2 \tag{9-40}$$

其中，$a = 15\text{mm}$，$R = 55\text{mm}$，$B = 50\text{mm}$，$S = 70\text{mm}$。则$\frac{a}{2R} = 0.136$，$Y = 2.696$。

K_I最大值定义为断裂韧度 K_{IC}。但上述的断裂韧度的计算仅适用于静态加载。在动态加载中，只有当动力平衡条件达到，上述公式才可以用于动态三点弯拉断裂韧度的分析计算。

2. 静态断裂韧度

不同冻融循环次数下试件的静态断裂韧度见表 9-16。

不同冻融循环次数下试件的静态断裂韧度　　表 9-16

冻融循环次数	F0	F25	F50	F100
静态断裂韧度（$MPa \cdot m^{1/2}$）	2.17	1.92	1.71	1.29

冻融损伤混凝土的静态断裂韧度见图 9-23。如图 9-23 所示，随着冻融次数的增大，断裂韧性逐渐下降。利用线性函数拟合静态断裂韧度与冻融循环次数之间的关系：

$$K_{IC}(N) = aN + b \tag{9-41}$$

式中：N——冻融循环次数；

a、b——相互独立的参数。

对试验数据进行拟合，得出 $a = 0.0055$，$b = 2.182$。拟合结果见图 9-23，$R^2 = 0.97$。

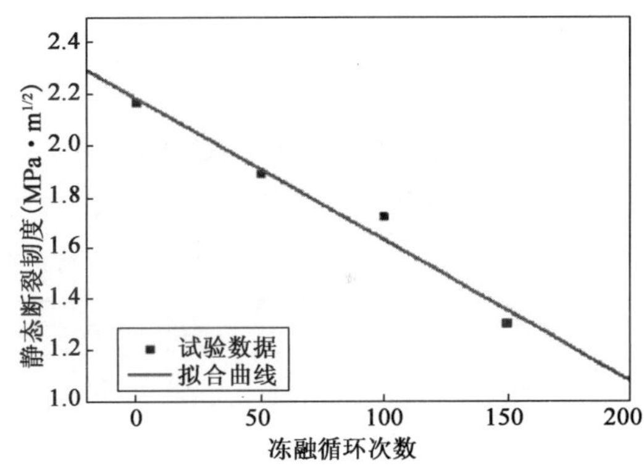

图 9-23　静态断裂韧性与冻融循环次数的关系

3. 动态断裂韧度

当应力平衡条件达到时，式(9-41)可以用来计算动态断裂韧度，试验中试件的加载速率和动态断裂韧度见表 9-17。不同冻融循环次数下，试件加载速率与试件动态断裂韧度散点图见图 9-24。

动态弯拉试验中试件的动态断裂韧度　　表 9-17

F0		F50		F100		F150	
$\dot{K}_I$（GPa/s）	K_{IC}（$MPa \cdot m^{1/2}$）	$\dot{K}_I$（GPa/s）	K_{IC}（$MPa \cdot m^{1/2}$）	$\dot{K}_I$（GPa/s）	K_{IC}（$MPa \cdot m^{1/2}$）	$\dot{K}_I$（GPa/s）	K_{IC}（$MPa \cdot m^{1/2}$）
69.9	8.66	84.1	7.51	72.5	6.88	116.6	6.82
88.7	8.93	112.4	7.98	127.9	7.43	128.5	7.44
119.2	9.48	128.5	8.51	137.1	7.45	139.9	7.72
177	11.14	132.7	8.64	165.8	8.46	154.3	8.11
181.9	11.21	159.5	8.99	169.1	8.49	175.7	8.28
204.5	12.41	164.7	9.01	178.9	9.85	191.3	8.31

续上表

F0		F50		F100		F150	
$\dot{K}_I$(GPa/s)	K_{IC} (MPa·$m^{1/2}$)	$\dot{K}_I$ (GPa/s)	K_{IC} (MPa·$m^{1/2}$)	$\dot{K}_I$ (GPa/s)	K_{IC} (MPa·$m^{1/2}$)	$\dot{K}_I$ (GPa/s)	K_{IC} (MPa·$m^{1/2}$)
205.6	12.50	169.9	10.69	203.9	11.53	230.2	9.51
208.4	12.90	262.2	14.06	233.1	12.88	246.3	9.94
218	14.21	288.7	14.25	356.4	14.81	293.1	11.40
219.2	14.32						
221.9	14.46						

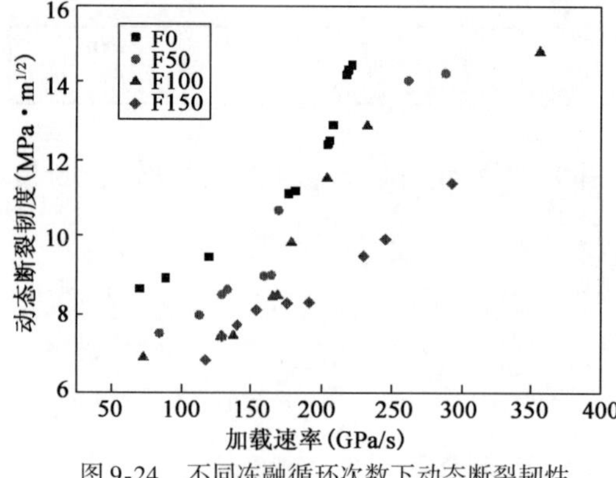

图 9-24　不同冻融循环次数下动态断裂韧性与加载速率的关系

同动态劈拉强度，将静态弯拉的加载速率看作微小的常数。于是提出一个不同冻融循环次数下加载速率与动态断裂韧度的数学模型：

$$K_{IC}^{D}=K_{IC}+x_1(N)\dot{K}_I \tag{9-42}$$

式中：N——冻融循环次数；

K_{IC}——与冻融循环次数有关的静态断裂韧度；

$x_1(N)$——与冻融循环次数有关的参数；

$\dot{K}_I$——加载速率。

利用动态断裂韧度试验数据进行拟合，参数拟合结果见表 9-18。

动态断裂韧度的参数拟合值　　表 9-18

冻融循环次数	动态断裂韧度 K_{IC}(MPa·$m^{1/2}$)	x_1($\times10^{-3}$)	拟合系数
F0	2.182	0.0539	0.90
F50	1.907	0.0468	0.95
F100	1.632	0.0427	0.89
F150	1.357	0.0377	0.97

从表 9-18 可以看出，$x_1(N)$随冻融循环次数增加而减小，于是对参数 $x_1(N)$和冻融循环次数 N 的关系利用式(9-43)进行拟合，拟合结果见图 9-25。

$$x_1(N)=\frac{0.0478}{1+\left(\frac{N}{300}\right)^{1.018}}-0.0060 \quad (R^2=0.99) \tag{9-43}$$

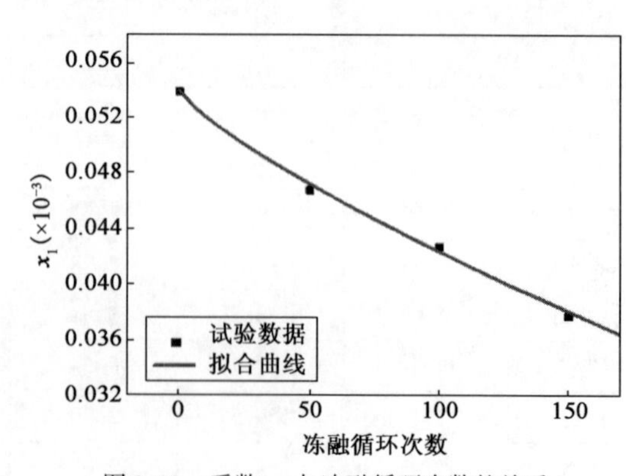

图 9-25　系数 x_1 与冻融循环次数的关系

9.6　本章小结

混凝土的拉伸性能和断裂韧性是评价其抵抗裂纹失稳扩展的重要参数。对不同冻融次数后的普通混凝土试件进行分离式霍普金森杆动态劈拉试验和动态弯拉试验后,主要得出以下结论:

(1)冻融后的混凝土试件率敏感性十分明显,随着应变率的提高,其动态强度有明显提高。随着冻融次数的增加,其强度降低,峰值应变增大。

(2)使用冻融损伤因子 D_N 描述不同冻融循环次数后混凝土的静态抗压强度损失,建立混凝土抗压强度与冻融次数 N 及应变率 $\dot{\varepsilon}$ 之间关系的数学模型。提出基于 Weibull 分布模型的冻融损伤混凝土峰前段动态抗压损伤本构模型,并利用分形模型实现混凝土破碎状态的定量表征。

(3)混凝土的劈拉强度和断裂韧度随冻融次数的增加而减小,动态劈拉强度和动态断裂韧度随加载速率的增大而增大。建立了劈拉强度、断裂韧度与冻融次数以及加载速率之间关系的数学模型。

本章参考文献

[1] Shi DD,Chen X D. Flexural tensile fracture behavior of pervious concrete under static preloading [J]. Journal of Materials in Civil Engineering,2018,30(11): 1-7.